Anita Dorfmayr · August Mistlbacher · Katharina Sator

thema mathematik

Übungen

3

Unter Mitarbeit von:
Alfred Nussbaumer, Heidemarie Schuster, Edeltraud Schwaiger

Ed. Hölzel

VER**1**TAS
Gemeinsam besser lernen

Mit Bescheid des Bundesministeriums für Bildung vom 25. Jänner 2017, BMBF–5.018/0120–B/8/2015) gemäß den derzeit geltenden Lehrplänen als für den Unterrichtsgebrauch an allgemein bildenden höheren Schulen - Unterstufe sowie an Neuen Mittelschulen für die 3. Klasse Unterrichtsgegenstand Mathematik geeignet erklärt.

Schulbuchnummer: **180.053**

Dieses Werk wurde auf Grundlage eines zielorientierten Lehrplans verfasst. Konkretisierung, Gewichtung und Umsetzung der Inhalte erfolgen durch die Lehrerinnen und Lehrer.

Liebe Schülerin, lieber Schüler,
du bekommst dieses Schulbuch von der Republik Österreich für deine Ausbildung.
Bücher helfen nicht nur beim Lernen, sondern sind auch Freunde fürs Leben.

Verwendete Symbole

Diese Aufgabe könnt ihr in einer Gruppenarbeit lösen.

Zum Lösen dieser Aufgabe ist ein Taschenrechner oder ein Computer hilfreich.

E   Erweiterungsstoff

© VERITAS-Verlag, Linz und Ed. Hölzel Verlag, Wien

Alle Rechte vorbehalten. Das Werk und seine Teile sind urheberrechtlich geschützt. Jede Nutzung in anderen als den gesetzlich zugelassenen Fällen bedarf der vorherigen schriftlichen Einwilligung des Verlages.

4. Auflage 2021
Auf umweltfreundlichem Papier gedruckt bei: siehe https://produkt.veritas.at/35389#additional
Die 1. bis 4. Auflage kann im Unterricht nebeneinander verwendet werden.

Lektorat: Veronika Weidenholzer
Herstellung: Elisabeth Prinz
Umschlaggestaltung und Layout: Irene Demelmair
Illustrationen: A. Slama, Hausbrunn
Satz und Konstruktionen: Doku-Consult KG, Wien
Bildredaktion: Alexandra Rittberger
Umschlagfoto: Fotolia.com/Vera Kuttelvaserova
Umschlagillustration: Irene Demelmair
Schulbuchvergütung/Bildrechte: © Bildrecht/Wien
Alle Ausschnitte mit Zustimmung der Bildrecht/Wien

Der Verlag hat sich bemüht, alle Rechtsinhaber ausfindig zu machen. Sollten trotzdem Urheberrechte verletzt worden sein, wird der Verlag nach Anmeldung berechtigter Ansprüche diese entgelten.

ISBN 978-3-7101-0451-0

Inhalt

1. Zahlen

1.1 Positive und negative Zahlen

Positive und negative Zahlen im Alltag verwenden

1 Entscheide, ob es sich um eine positive oder negative Zahl handelt, und kreuze an!

H3

	−2	+5	7	−32	+43	65	0	98	+32	−43	−76
positiv	○	○	○	○	○	○	○	○	○	○	○
negativ	○	○	○	○	○	○	○	○	○	○	○

2 Ordne jeweils sinnvolle mögliche Temperaturen zu. Trage dazu die entsprechenden Buchstaben ein!

H3

Temperatur im Kühlschrank	
Temperatur in der Gefriertruhe	
Temperatur von Eiswasser	
Temperatur eines Badesees im Sommer	
Lufttemperatur am Südpol im Winter	

A	22 °C
B	5 °C
C	0 °C
D	−18 °C
E	−65 °C

3 Beschrifte das Thermometer vollständig und löse damit die folgenden Aufgaben:

H3

a) 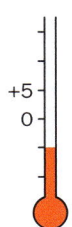   b) 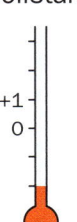   c) 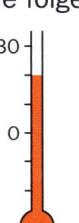   d)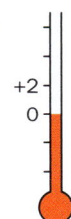

(1) Wie viel Grad zeigt das Thermometer an?

a) _____ b) _____ c) _____ d) _____

(2) Welche höchste bzw. niedrigste Temperatur kannst du mit diesem Thermometer messen?

höchste Temperatur: a) _____ b) _____ c) _____ d) _____

niedrigste Temperatur: _____ _____ _____ _____

(3) Es wird wärmer. Gib zwei Temperaturen an, die höher sind als die angezeigte.

a) _____ b) _____ c) _____ d) _____

(4) Es wird kälter. Gib zwei Temperaturen an, die niedriger sind als die angezeigte.

a) _____ b) _____ c) _____ d) _____

4 Ein Thermometer zeigt eine Temperatur von T_1 Grad Celsius. Um wie viel °C muss seine Temperatur steigen, damit die Temperatur T_2 angezeigt wird?

H3

Ordne jeweils die richtige Temperatur zu, indem du die entsprechenden Buchstaben einträgst!

$T_1 = -39\,°C$	$T_2 = -11\,°C$	
$T_1 = -15\,°C$	$T_2 = 15\,°C$	
$T_1 = -17\,°C$	$T_2 = -5\,°C$	
$T_1 = -3\,°C$	$T_2 = 15\,°C$	

A	12 °C
B	18 °C
C	28 °C
D	30 °C

5 a) Sarah steigt im 1. Stock (Etage + 1) eines Kaufhauses in den Lift und fährt in die Tiefgarage.
H3   An der Digitalanzeige liest sie der Reihe nach die Stockwerk-
nummern ab: 1, 0, −1, −2. Wie viele Etagen ist Sarah gefahren?

b) Wie viele Etagen muss Selina mit dem grünen Auto fahren, um
zum Ausgang (Etage 0) zu kommen?

c) Simon fährt vom 2. Stock bis zum blauen Auto. Wie viele Etagen fährt er?

| Etage +2 |
| Etage +1 |
| Etage 0 |
| Etage −1 |
| Etage −2 |
| Etage −3 |
| Etage −4 |

6 Die unten angeführten Aussagen beziehen sich auf den abgebildeten Kontoauszug.
H3   Sind die Aussagen richtig oder falsch? Kreuze an!

```
Kontonummer          71020                    Bankleitzahl 925 522 22
Sparkasse Musterstadt
BuTag      Wert      Verwendungszweck         Buchungsnummer          Betrag
                                              Alter Kontostand         700,00−
2910       2910      Gehalt Oktober           95725826               2 000,00+
                     Beispiel AG
0211       0211      Rechnung Oktober         58037839                100,00−
                     Handland XXL
0711       0711      Miete November           98779272                900,00−
                     Basic HausbauGmbH
0911       0911      Barauszahlung            79279383                400,00−
                     Automatennummer 0889

Kontostand kann Beträge mit späterer Wertstellung beinhalten, s. Rückseite

*** IHRE INTERNATIONALE KONTO-NR: (IBAN): AT55 9255 2222 0007 1020
*** IHRE INTERNATIONALE BANKIDENTIFIKATION (BIC): NOLAATWW

Herr                 Ihr Kredit               Neuer Kontostand
Egon Primus          EUR 3 000,00    EUR                       100,00−
Musterstr. 12                        Auszug vom        Nr.  Blatt
8939 Musterstadt                     14.11.2016        1     1
```

	richtig	falsch
Bevor Herr Primus sein Gehalt bekommen hat, hatte er 700 € Schulden.	○	○
900 € wurden vom Konto aus für die Miete bezahlt.	○	○
Durch die Barauszahlung von 400 € wurde der Kontostand höher.	○	○
Das Konto befindet sich jetzt im Plus.	○	○

7 Anna, Karoline und Jens haben mit Spielgeld Poker gespielt. Zuletzt haben Anna und Jens Schulden,
H1   Anna 45 € und Jens 210 €. Nur Karoline hat ein Guthaben von 380 €.
Schreibe den Spielstand aller Spieler mit positiven bzw. negativen Zahlen auf.

Anna: _____   Karoline: _____   Jens: _____

8 Herr Meier hat 1 200 € Schulden. Nach Überweisung des Monatsgehaltes auf sein Konto hat er
H3   doppelt so viel Guthaben, wie er vorher Schulden hatte.
Kreuze an, wie hoch sein Gehalt ist!

○ 1 200 €   ○ 1 800 €   ○ 2 400 €   ○ 3 600 €   ○ 4 200 €

1.2 Zahlengerade und Zahlenmengen

Zahlen vergleichen und ordnen

9 Lies die Zahlen von der Zahlengeraden ab:

	a	b	c	d	e	f
a)						
b)						
c)						
d)						
e)						
f)						

a)
-6 -4 -2 0 2 4 6 8 10

b)
-12 -9 -6 -3 0 3

c)
-140 -120 -100 -80 -60 -40 -20 0 20 40

d)
-1,6 -1,4 -1,2 -1,0 -0,8 -0,6 -0,4 -0,2

e)
-10 -8 -6 -4 -2 0

f)
-1,5 -1 -0,5 0 0,5 1 1,5 2 2,5

10 Stelle die Zahlen auf einem passenden Ausschnitt der Zahlengeraden dar:

a) −9, +3, −3, +2, 0, −6

b) −17, −5, −11, −14, −19, −7

c) +0,2; −0,7; +0,4; −0,1; −0,8; −0,3

d) −6,8; −5,9; −6,2; −6; −6,4; −5,7

e) +350, −200, +300, +450, −100

f) +5 000, +2 000, −3 500, −4 000, −1 000

11 H1 Nenne mindestens drei Zahlen, für die gilt:

a) Die Zahlen sind kleiner als −10: _____

b) Die Zahlen liegen zwischen −7 und 2: _____

c) Die Zahlen sind größer als −2,5: _____

d) Die Zahlen liegen zwischen −9 und −3: _____

e) Die Zahlen sind kleiner als 1,2: _____

f) Die Zahlen liegen zwischen −3 und −0,5: _____

12 H1 Setze jeweils das Zeichen < oder > ein:

a) +44___+8 | −8___−2 | −7___−10 | −1___+1 | +7___−4 | −10___−11

b) −3,4___−3,6 | −6,7___−7,6 | −0,4___−0,9 | +0,33___+0,3 | −4,7___−4,07 | −0,01___−0,1

c) $-\frac{2}{3}$ ___ $-\frac{5}{3}$ | $+\frac{1}{2}$ ___ $-\frac{3}{4}$ | $+\frac{5}{8}$ ___ $+\frac{3}{4}$ | $-\frac{4}{9}$ ___ $-\frac{2}{3}$ | $-\frac{6}{7}$ ___ $-\frac{13}{14}$ | $-\frac{3}{10}$ ___ $-\frac{1}{2}$

d) −9,4___$-9\frac{1}{2}$ | −0,6___$-\frac{2}{3}$ | $-\frac{5}{8}$ ___−0,7 | $+\frac{7}{10}$ ___+0,9 | +3,7___$-3\frac{9}{10}$ | $+\frac{7}{12}$ ___−0,4

13 H1 Ordne die Kälte- und Hitzerekorde der Reihe nach. Beginne mit der tiefsten Temperatur.

Kälteweltrekord (Antarktis): −89 °C

höchste Temperatur am Südpol: −12 °C

Hitzeweltrekord (Death Valley, USA): 57 °C

tiefste Temperatur in Europa (Russland): −58 °C

höchster Wert in Europa (Griechenland): 48 °C

tiefste Temperatur in Österreich (Zwettl im Waldviertel): −37 °C

höchster Wert in Österreich (Bad Deutsch-Altenburg): 41 °C

_____ < _____ < _____ < _____ < _____ < _____ < _____

14 H3 Schreibe zwei Bruchzahlen auf, die sich nur durch ihr Vorzeichen unterscheiden. Wie weit sind die Zahlen auf der Zahlengeraden jeweils vom Nullpunkt entfernt?

15 H2 Entscheide, ob die folgenden Aussagen richtig oder falsch sind, und kreuze an!

	richtig	falsch
Alle negativen Zahlen liegen auf der Zahlengeraden rechts von null.	○	○
Jede positive Zahl ist größer als jede negative Zahl.	○	○
Null hat einen Vorgänger in $\mathbb{N}$.	○	○
Es gibt eine natürliche Zahl, die keinen Nachfolger in $\mathbb{N}$ hat.	○	○
Es gibt eine größte negative ganze Zahl.	○	○
Der Betrag einer ganzen Zahl ist der Abstand dieser Zahl vom Nullpunkt	○	○
Die nicht negativen ganzen Zahlen sind die natürlichen Zahlen.	○	○

16 Ordne folgende Zahlen der Größe nach und schreibe sie in Form einer Ungleichungskette. Beginne
H1 dabei mit der kleinsten Zahl.

a) +17, −3, +4, −8, −12, +10, −20

_____ < _____ < _____ < _____ < _____ < _____ < _____

b) −1, +4, +2, −10, +8, −5, 0

_____ < _____ < _____ < _____ < _____ < _____ < _____

c) +200, +150, −30, −60, −200, +230, +190

_____ < _____ < _____ < _____ < _____ < _____ < _____

d) −130, +80, −200, +140, −80, +30, −50

_____ < _____ < _____ < _____ < _____ < _____ < _____

e) +2,8; −2,9; −3,1; −2,09; +3,1; +2,99; +2,09

_____ < _____ < _____ < _____ < _____ < _____ < _____

f) −0,5; −0,05; +0,07; +0,3; −0,1; −0,09; +0,9

_____ < _____ < _____ < _____ < _____ < _____ < _____

g) $-\frac{7}{24}$, $+\frac{5}{12}$, $+\frac{3}{4}$, $-\frac{5}{8}$, $-\frac{7}{12}$, $-\frac{2}{3}$, $+\frac{8}{12}$

_____ < _____ < _____ < _____ < _____ < _____ < _____

h) $+\frac{4}{5}$, $-\frac{7}{10}$, $+\frac{9}{20}$, $-\frac{1}{2}$, $+\frac{9}{10}$, $+\frac{1}{4}$, $-\frac{2}{5}$

_____ < _____ < _____ < _____ < _____ < _____ < _____

17 Gib den Betrag der folgenden Zahlen an:
H2

a) $|+7| = $ _____ $|-4| = $ _____ $|+150| = $ _____ $|-0,4| = $ _____

b) $|+2,9| = $ _____ $\left|-\frac{3}{5}\right| = $ _____ $\left|+1\frac{5}{8}\right| = $ _____ $|-0,\dot{3}| = $ _____

18 Gib den Betrag und die Gegenzahl an:
H2

Zahl	−6	+2,7	3	0	$-\frac{5}{7}$	+12	−8,01	−10	$\frac{4}{5}$	−76	$-9\frac{3}{8}$	−0,03	+874
Betrag													
Gegenzahl													

19 Setze das Zeichen >, < oder = ein, sodass die Aussage richtig ist.
H1

a) $|-8|$ ___ $|+3|$ $|-5|$ ___ $|5|$ $|-27|$ ___ $|-38|$

b) $|+5,3|$ ___ $|+3,5|$ $|+0,9|$ ___ $|-0,9|$ $|-2,8|$ ___ $|+4,7|$

c) $|-5|$ ___ -4 -657 ___ $|-1\,027|$ $|+47|$ ___ -52

d) $-0,9$ ___ $|-0,9|$ $|-8,2|$ ___ $+8,6$ $|-0,03|$ ___ $+0,03$

Zahlenmengen kennen und vergleichen

20 Entscheide, ob die folgenden Aussagen richtig oder falsch sind, und kreuze an!
H3

	richtig	falsch
Null liegt auf der Zahlengeraden zwischen den positiven und den negativen Zahlen.	○	○
Null ist kleiner als jede negative ganze Zahl.	○	○
Jede natürliche Zahl ist auch eine ganze Zahl.	○	○
Zwischen zwei ganzen Zahlen liegen auf der Zahlengeraden unendlich viele rationale Zahlen.	○	○

21 a) Begründe: −7,4 ist eine rationale Zahl.
H4

Begründung:

b) Begründe: 22 ist eine rationale Zahl.

Begründung:

22 Entscheide, ob die Aussage richtig oder falsch ist, und kreuze an!
H3

a)

	richtig	falsch
$8,3 \in \mathbb{Z}$	○	○
$-\frac{8}{12} \in \mathbb{Q}^-$	○	○
$9 \in \mathbb{N}$	○	○
$-34 \in \mathbb{Q}^-$	○	○

b)

	richtig	falsch
$-\frac{3}{5} \in \mathbb{Z}^-$	○	○
$0 \in \mathbb{N}$	○	○
$-4,8 \in \mathbb{Z}$	○	○
$-\frac{1}{3} \in \mathbb{Q}$	○	○

c)

	richtig	falsch
$-17,2 \in \mathbb{Z}^-$	○	○
$-0,04 \in \mathbb{Q}$	○	○
$123 \in \mathbb{N}$	○	○
$-\frac{3}{8} \in \mathbb{Z}$	○	○

23 Entscheide jeweils, ob die Zahl in der Zahlenmenge liegt, und kreuze an!
H3

	$\mathbb{N}$	$\mathbb{N}^*$	$\mathbb{Z}$	$\mathbb{Z}^+$	$\mathbb{Z}^-$	$\mathbb{Q}$	$\mathbb{Q}^+$	$\mathbb{Q}^-$
$-\frac{8}{2}$ liegt in	○	○	○	○	○	○	○	○
$-4,5$ liegt in	○	○	○	○	○	○	○	○
$\frac{7}{3}$ liegt in	○	○	○	○	○	○	○	○
$25,3$ liegt in	○	○	○	○	○	○	○	○
0 liegt in	○	○	○	○	○	○	○	○
-125 liegt in	○	○	○	○	○	○	○	○
$\frac{15}{5}$ liegt in	○	○	○	○	○	○	○	○
$-\frac{1}{2}$ liegt in	○	○	○	○	○	○	○	○

1.3 Addieren und Subtrahieren

Eine positive Zahl addieren und subtrahieren

24 Beschreibe mit Worten, wie sich die Temperatur (in °C) verändert. Schreibe auch eine passende Rechnung auf!

H1

a) vorher – nachher **b)** vorher – nachher **c)** vorher – nachher **d)** vorher – nachher

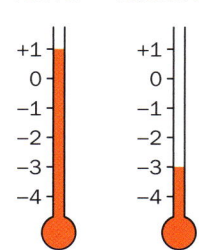 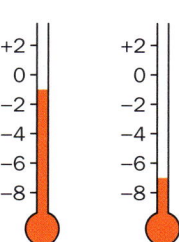 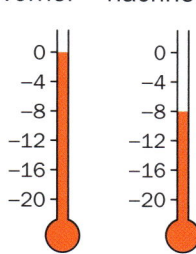 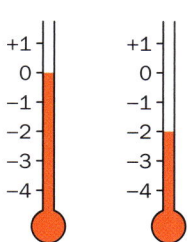

25 Bei einem Spiel kannst du Geldscheine bekommen oder verlieren. Erkläre, wie sich das Vermögen verändert, und schreibe eine passende Rechnung auf.

H3

a) vorher: dann:

Vermögen am Anfang: _____

_____ € kommen _____

Vermögen am Ende: _____

Rechnung: _____

b) vorher: dann:

Vermögen am Anfang: _____

_____ € kommen _____

Vermögen am Ende: _____

Rechnung: _____

c) vorher: dann:

Vermögen am Anfang: _____

_____ € kommen _____

Vermögen am Ende: _____

Rechnung: _____

d) vorher: dann:

Vermögen am Anfang: _____

_____ € kommen _____

Vermögen am Ende: _____

Rechnung: _____

26 Stelle die Rechnungen mit Geld- und Schuldscheinen dar und berechne das Ergebnis!

H1

a) $(+10) + (+20) =$

vorher: dann:

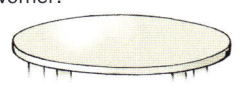 

b) $(-50) + (+100) =$

vorher: dann:

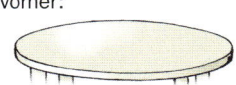 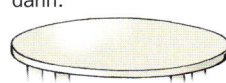

c) $(+220) - (+20) =$

vorher: dann:

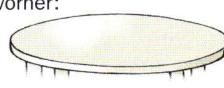

d) $(-20) - (+5) =$

vorher: dann:

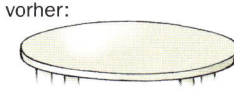 

27 Stelle die Rechnungen auf der Zahlengeraden dar und berechne das Ergebnis!
H1

a) $(+3) - (+8) = $ _____

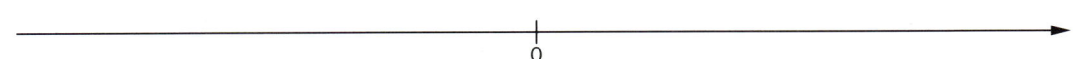

b) $(+2) - (+5{,}5) = $ _____

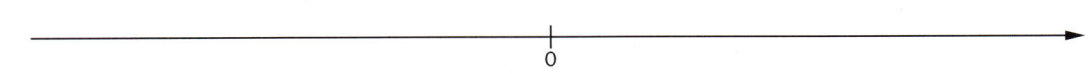

28 Schreibe ohne Klammern und berechne das Ergebnis.
H2

a) $(+5) - (+7) = $ _____   b) $(-2) - (+5) = $ _____

c) $(-74) - (+67) = $ _____   d) $(-43) + (+98) = $ _____

e) $(-93) + (172) = $ _____   f) $(+92) - (+36) = $ _____

g) $(-48) + (+7) = $ _____   h) $(+53) - (+46) = $ _____

29 Entscheide, ob die folgenden Aussagen richtig oder falsch sind, und kreuze an!
H3

a)

	richtig	falsch
$-8 + (+9) > 9 - (+8)$	○	○
$-4 + (+2) < -3 - (+4)$	○	○
$-23 + (+87) < -51 + (+127)$	○	○
$-83 - (+32) < -92 - (+18)$	○	○
$243 - (+831) > 472 - (+963)$	○	○

Nebenrechnungen:

b)

	richtig	falsch
$1{,}2 - (+5{,}3) < -2{,}9 - (+3{,}5)$	○	○
$-7{,}9 - (+3{,}6) > -0{,}1 - (+11{,}8)$	○	○
$-1{,}5 + (+2{,}6) < -4{,}8 - (+0{,}4)$	○	○
$5{,}9 - (+6{,}4) < -7{,}4 + (+8{,}9)$	○	○
$-4{,}1 + (+5{,}7) > 2{,}9 - (+7{,}3)$	○	○

30 Ein Bergsteiger startet seine Tour auf den Kilimandscharo bei einer Temperatur von 15 °C. Auf dem
H1 Weg zum Gipfel sinkt die Temperatur um 23 °C. Gib an, welche Temperatur auf dem Gipfel herrscht.

31 In St. Petersburg hat es im Juli +20 °C. Im Jänner ist die Temperatur um 34 °C niedriger.
H1|H3 In Buenos Aires hat es im Juli +6 °C. Im Jänner ist die Temperatur um 20 °C höher.

Berechne jeweils die Temperatur im Jänner. Um wie viel Grad ist es im Jänner in Buenos Aires wärmer als in St. Petersburg?

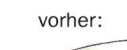 **Eine negative Zahl addieren und subtrahieren**

32 Stelle die Rechnungen mit Geld- und Schuldscheinen dar und berechne das Ergebnis!

a) (+20) + (−10) =

vorher: dann:

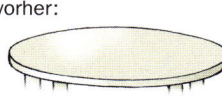

b) (−100) + (−100) =

vorher: dann:

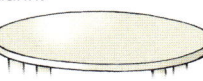

c) (−100) − (−50) =

vorher: dann:

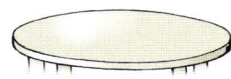 

d) (−80) − (−30) =

vorher: dann:

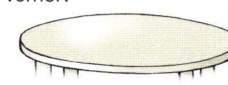 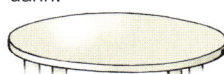

33 Entscheide, ob die folgenden Aussagen richtig oder falsch sind, und kreuze an!

	richtig	falsch
(−48) − (−6) > (−48) + (+8)	○	○
17 − (−17) > 17 + (−17)	○	○
−123 + (−82) < −250 + (−30)	○	○
(−48) − (−6) < (−48) − (+8)	○	○
19 − (−19) > 19 + (−19)	○	○
−290 − 43 > −250 + 76	○	○

Nebenrechnungen:

34 Berechne:

a) −3 − (−5) − (−3) = _____

b) −3 − |−5| − (−3) = _____

c) −4 − (−6) − (−4) = _____

d) −4 − |−6| − (−4) = _____

35 Im Laufe eines Tages werden auf einem Konto folgende Buchungen durchgeführt:

+490 €, −270 €, +130 €, −340 €, −120 €

(1) Berechne, wie sich der Kontostand insgesamt verändert hat.

(2) Berechne den neuen Kontostand, wenn der alte Kontostand +50 € betragen hat.

36 Beantworte:

a) Welche Zahl musst du zu −20 addieren, um −25 zu erhalten?   Zahl: _____

b) Welche Zahl musst du von −20 subtrahieren, um −13 zu erhalten?   Zahl: _____

c) Zu welcher Zahl musst du −5 addieren, um −20 zu erhalten?   Zahl: _____

d) Zu welcher Zahl musst du −3 addieren, um +17 zu erhalten?   Zahl: _____

e) Von welcher Zahl musst du −8 subtrahieren, um +12 zu erhalten?   Zahl: _____

f) Von welcher Zahl musst du −23 subtrahieren, um +15 zu erhalten?   Zahl: _____

1.4 Multiplizieren und Dividieren

  Mit einer positiven Zahl multiplizieren und durch eine positive Zahl dividieren

37 Das Thermometer zeigt −0,5 °C. In der Nacht wird es jede Stunde um gleich viel Grad kälter.
H1
Ermittle, um wie viel Grad es in der angegebenen Zeit kälter wird. Zeichne diese Veränderung ein und schreibe eine passende Multiplikation auf. Gib an, wie kalt es zuletzt ist.

a) Es wird 5 Stunden lang jede Stunde um 0,5 °C kälter.

Vorher: Nach 1 h: Nach 2 h: Nach 3 h: Nach 4 h: Nach 5 h:

Rechnung:

_____

_____

b) Es wird 3 Stunden lang jede Stunde um 1,5 °C kälter.

Vorher: Nach 1 h: Nach 2 h: Nach 3 h:

Rechnung:

_____

_____

38 Ein Schuldschein hat den angegebenen Wert. Berechne jeweils den Wert von drei solchen Schuld-
H1 scheinen. Schreibe jede Rechnung als Summe und als Produkt auf.

a) −20 € _____

b) −45 € _____

c) −80 € _____

d) −140 € _____

39 Berechne jeweils den Wert eines Schuldscheins.
H3
a) 9 gleiche Schuldscheine sind insgesamt −225 € wert.

b) 6 gleiche Schuldscheine sind insgesamt −192 € wert.

40 Die Temperatur ändert sich in einem Zimmer in 7 Stunden gleichmäßig um insgesamt −10,5 °C.
H3 Um wie viel Grad wird es pro Stunde wärmer oder kälter?

41 Entscheide, ob das Ergebnis der Rechnung positiv oder negativ ist, und kreuze an!

H3

a)

	positiv	negativ
$(-6) \cdot (-9)$	◯	◯
$(+8,3) \cdot (-2,4)$	◯	◯
$(+0,8) \cdot (+7,4)$	◯	◯
$\left(-\frac{5}{7}\right) \cdot \left(+\frac{9}{17}\right)$	◯	◯

b)

	positiv	negativ
$(+0,034) \cdot (-0,23)$	◯	◯
$\left(-3\frac{8}{9}\right) \cdot \left(+\frac{3}{4}\right)$	◯	◯
$(-2,3) \cdot (-0,09)$	◯	◯
$(+9,4) \cdot (+5,8)$	◯	◯

42 Berechne im Kopf!

H2

a) $-99 : 11 =$ _____

b) $-81 : 3 =$ _____

c) $-14 \cdot 7 =$ _____

d) $-104 : 8 =$ _____

e) $-72 : 9 =$ _____

f) $-45 : 5 =$ _____

g) $-2,4 \cdot 20 =$ _____

h) $-15,6 : 2 =$ _____

i) $-7,5 : 3 =$ _____

43 Kennzeichne Rechnungen mit dem gleichen Ergebnis jeweils mit derselben Farbe.

H2

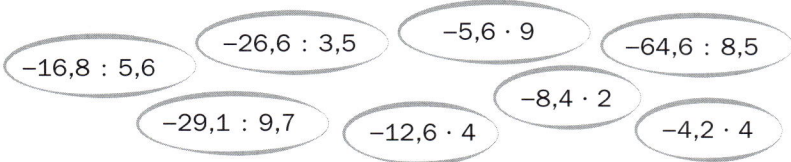

$-16,8 : 5,6$ $-26,6 : 3,5$ $-5,6 \cdot 9$ $-64,6 : 8,5$

$-29,1 : 9,7$ $-12,6 \cdot 4$ $-8,4 \cdot 2$ $-4,2 \cdot 4$

44 Berechne und mach die Probe!

H2

a) $-89,1 : 40,5 =$

b) $17,64 : 2,8 =$

Probe:

Probe:

d) $13,02 : 2,1 =$

d) $-95,4 : 18 =$

Probe:

Probe:

45 Berechne:

H2

a) $\left(-\frac{5}{8}\right) \cdot 5 =$ _____

b) $\left(-\frac{2}{3}\right) \cdot 4 =$ _____

c) $\left(-7\frac{5}{6}\right) \cdot \frac{9}{15} =$ _____

d) $\left(-4\frac{6}{7}\right) \cdot \frac{2}{3} =$ _____

e) $\left(-3\frac{9}{10}\right) \cdot 3\frac{2}{3} =$ _____

Mit einer negativen Zahl multiplizieren und durch eine negative Zahl dividieren

46 Löse die Aufgaben und verfolge so, beginnend mit dem Start, das Lösungswort!

H2

$-3,2 \cdot (-7) \rightarrow 11,7 : (-4,5) \rightarrow 4,1 \cdot (-8) \rightarrow (-57) : (-6) \rightarrow (-12,7) \cdot (-2) \rightarrow$

$54,6 : (-6,5) \rightarrow 19,5 : (-7,8) \rightarrow (-38,7) : (-4,5) \rightarrow 2,2 \cdot (-0,5)$

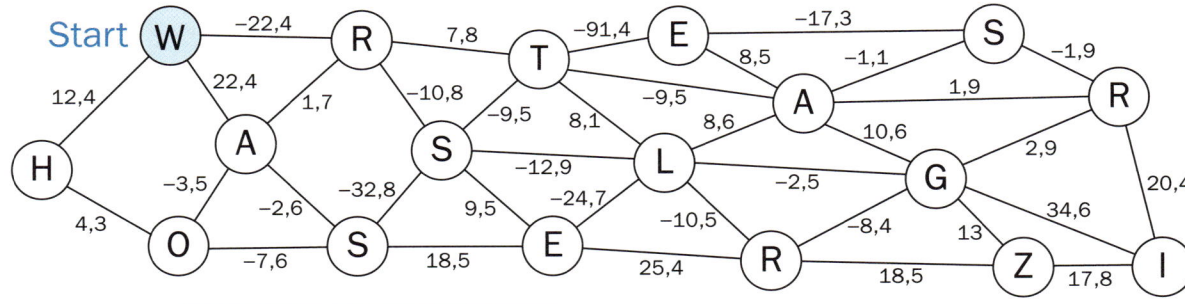

Lösungswort:

47 Ist die Aussage richtig oder falsch? Begründe deine Entscheidung!

H4

a) Wenn d eine ganze Zahl ist, dann ist $d : (-3)$ sicher kleiner als d.

b) Wenn s eine ganze Zahl ist, dann ist $s : 2$ sicher kleiner als s.

c) Wenn a eine ganze Zahl ist, dann ist $[(a) : (-1)] : (-1)$ dasselbe wie a.

48 Bestimme das Vorzeichen ohne zu rechnen. Begründe deine Entscheidung!

H4

a) $-9 \cdot [(-36) : (+12)]$

b) $[(-80) \cdot (+2)] : 4$

c) $-125 \cdot [(-50) : (-10)]$

49 Schreibe unter der angegebenen Rechnung zwei weitere Rechnungen auf, die dasselbe Ergebnis haben. Verändere dafür nur die Vorzeichen.

H2

a) $-99 : [5,5 \cdot (-2)]$ b) $[(-100) : 50] \cdot (-2,5)$ c) $[(-35) \cdot 6] : [(-5) \cdot 7]$

50 Clemens hat herausgefunden, warum das Produkt von zwei negativen Zahlen immer positiv ist. Er

H4 begründet das an Hand eines Beispiels so:

$$(-2) \cdot (-5) =$$
$$= (4-6) \cdot (-5) =$$
$$= 4 \cdot (-5) - 6 \cdot (-5) =$$
$$= (-20) - (-30) =$$
$$= -20 + 30 = 10$$

Erklärt, wie Clemens vorgegangen ist. Probiert seinen Trick an einem selbst gewählten Beispiel aus!

1.5 Verbinden der vier Grundrechnungsarten

 Vorrangregeln, Rechengesetze und Vorzeichenregeln kennen und anwenden

51 Ordne jeder Rechnung das richtige Ergebnis zu, indem du die entsprechenden Buchstaben einträgst!

H2

$(-9) \cdot (-6) - (-12) : (-3) =$		A	−54
$(-9) \cdot [(-6) - (-12) : (-3)] =$		B	−18
$(-9) \cdot [(-6) + (-12)] : (-3) =$		C	18
		D	50
		E	90

52 Löse die Aufgaben! Du findest zur Kontrolle unten alle Lösungen.

H2

a) $(-15) : 3 + (-2) \cdot 3 =$

b) $(-3) + (-10) : 2 - (-6) =$

c) $[4 \cdot (-2) + (-8) + 5] \cdot (-1) =$

d) $(-14) \cdot (-3) - 2 \cdot [(-2) - (-16) \cdot 4] =$

e) $[(-2 + 9) \cdot 8 - (6 - 5)] : (-11) =$

f) $[(-20) : (-4) + (-12) - (-91) : 7] \cdot (-9) - (3{,}5) \cdot 8 + 130 =$

−82	−11	−5	−2	11	48

53 Julia hat die folgende Rechnung richtig gelöst. Welche Rechenregeln hat sie dabei verwendet? Schreib die Regeln dazu und markiere die entsprechende Stelle! Erkläre außerdem in Worten, welche Schritte sie ausführt!

H2

$(-22) \cdot (-13) - 6 \cdot [(-120) : (+3) - 2 \cdot |-5|] \cdot [|-3| - (-30) : (-6) + 1] =$

$= +286 - 6 \cdot [-40 - 2 \cdot 5] \cdot [3 - 5 + 1] =$

$= 286 - 6 \cdot (-50) \cdot (-1) =$

$= 286 - 300 = -14$

54 Ordne jeder Rechenanweisung die richtige Rechnung zu. Trage dazu die entsprechenden Buchstaben ein!

H3

Subtrahiere −5 vom Produkt der Zahlen −3 und +4.		A	$(-3) \cdot 4 - 5$
Dividiere die Differenz von −3 und −5 durch 4.		B	$(-3 - 4) \cdot (-3 + 4)$
Multipliziere die Differenz der Zahlen −3 und 4 mit ihrer Summe.		C	$(-3) \cdot 4 - (-5)$
Addiere +4 zum Produkt von −5 und −3.		D	$(-5) \cdot (-3) + 4$
		E	$(-3 - (-5)) : 4$
		F	$-3 - 4 \cdot (-3 + 4)$

55 Entscheide zuerst, welches Vorzeichen der Doppelbruch hat, und berechne anschließend das Ergebnis!

H2

	a)	b)	c)	d)
Bruch	$\dfrac{\frac{-7}{-3}}{\frac{-4}{6}}$	$\dfrac{\frac{4}{-3}}{\frac{2}{-5}}$	$-\dfrac{\frac{-2}{3}}{\frac{-4}{-9}}$	$\dfrac{\frac{4}{5}}{\frac{-3}{2}}$
positiv	○	○	○	○
negativ	○	○	○	○
Ergebnis				

	e)	f)	g)	h)
Bruch	$-\dfrac{\frac{1}{4}}{\frac{-2}{-3}}$	$\dfrac{\frac{-3}{-4}}{\frac{1}{-6}}$	$\dfrac{\frac{7}{-3}}{\frac{-2}{3}}$	$\dfrac{\frac{-5}{-4}}{\frac{20}{16}}$
positiv	○	○	○	○
negativ	○	○	○	○
Ergebnis				

2. Potenzen

2.1 Potenzen

🎯 Produkte als Potenzen schreiben

56 Fülle die Tabelle aus:

H2

a	8	−8	$\frac{1}{4}$	$-\frac{1}{4}$	0,1	−0,1	$\frac{7}{6}$	$-\frac{7}{6}$
$a \cdot 2$								
a^2								
$a \cdot 3$								
a^3								

57 Fülle die Tabelle aus:

H2

a	1	−1	2	−2	$\frac{1}{2}$	$-\frac{1}{2}$	$\frac{1}{3}$	$-\frac{1}{3}$
a^2								
a^3								

58 Die Variable n steht für eine positive, natürliche Zahl. Erkläre, welche Bedingungen die Variable n

H3 erfüllen muss, damit folgende Aussagen richtig sind:

(1) $(-1)^n = 1$ falls _____

(2) $(-1)^n = -1$ falls _____

59 Erkläre: Was ist der Unterschied zwischen -5^4 und $(-5)^4$?

H3 Haben beide Potenzen das gleiche Ergebnis?

60 Schreibe als Potenzen:

H1

a) $a \cdot a \cdot a \cdot a =$ _____ $z \cdot n \cdot z \cdot z \cdot n =$ _____

b) $4 \cdot w \cdot 4 \cdot 4 \cdot 4 \cdot w =$ _____ $6 \cdot g \cdot g \cdot g \cdot 6 =$ _____

c) $2 \cdot 3 \cdot 3 \cdot 2 \cdot 5 \cdot 3 =$ _____ $u \cdot u \cdot k \cdot h \cdot h \cdot h \cdot k =$ _____

61 Bestimme die Primfaktorenzerlegung und schreibe sie als Potenzen:

H1

a) $160 =$ _____

b) $108 =$ _____

c) $810 =$ _____

d) $4\,725 =$ _____

e) $3\,375 =$ _____

62
H1|H3

(1) Schätze, wie oft du ein Blatt Papier (A4) entlang der Hälfte falten kannst, und notiere diesen Wert.

(2) Probiere es nun aus! Wie viele Faltungen schaffst du?

(3) Nimm an, ein Blatt Papier hat eine Dicke von 0,2 mm. Gib an, wie dick das Blatt werden würde, wenn du es 1-mal, 2-mal, 3-mal, ..., 10-mal faltest. Verwende dazu die Potenzschreibweise und schreibe die Dicke in Millimeter in die dritte Zeile!

1-mal	2-mal	3-mal	4-mal	5-mal	6-mal	7-mal	8-mal	9-mal	10-mal
$0,2 \cdot 2^1$	$0,2 \cdot 2^2$								

(4) Versuche mithilfe des Taschenrechners herauszufinden, wie oft du ein Blatt Papier falten müsstest, damit es so dick wie der Abstand Erde–Mond (ca. 380 000 km) wäre.

63
H3

Die Bilder zeigen dir, wie du Schritt für Schritt eine *Schneeflockenkurve* zeichnen kannst.

Schritt 0   Schritt 1

Schritt 2   Schritt 3

(1) Beschreibe in eigenen Worten, wie diese Kurve entsteht.

(2) Berechne für Schritt 0 bis 5:
Aus wie vielen Strecken und aus wie vielen Ecken besteht eine Schneeflockenkurve? Trage die Rechnungen und Ergebnisse in der Tabelle ein, verwende dabei die Potenzschreibweise.

	Schritt 0 (Anfang)	Schritt 1	Schritt 2	Schritt 3	Schritt 4	Schritt 5
Anzahl der Strecken	1	4	$16 = 4^2$			
Anzahl der Ecken	0	$3 = 4^1 - 1$	$15 = 4^2 - 1$			

2.2 Addieren und Subtrahieren

 Potenzen addieren und subtrahieren

64 Schreibe die dargestellten Rechnungen auf und vereinfache sie:

H1

a)

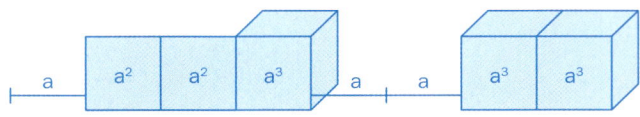

_____

_____

b)

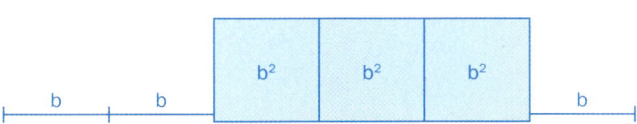

_____

_____

c)

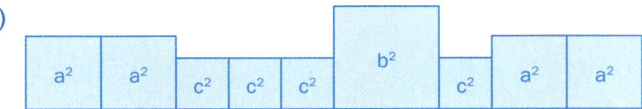

_____

_____

65 Das Regal in der Abbildung besteht aus Würfeln in zwei verschiedenen Größen.

H1

a) Schreibt mindestens drei verschiedene Terme für das Volumen V des gesamten Regals an.

b) Die großen Würfel haben gemeinsam ein größeres Volumen als die kleinen Würfel. Gebt einen Term für den Unterschied an.

c) Gebt zwei verschiedene Terme für die (untere) Breite und einen Term für die Höhe des Regals an.

66 Vereinfache den Term und mach die Probe für $a = 2$ und $b = 3$ mit dem Taschenrechner!

H2

a) $4a^2 + 5b + a^3 - 6b^2 + 5a^2 - 3b + 4b^2 =$ _____

Probe: Angabe: _____

Ergebnis: _____

b) $7a - 3b^2 + 4b^3 - 6a^2 + 8b^2 - 10a - 5b^3 =$ _____

Probe: Angabe: _____

Ergebnis: _____

c) $2b^2 - 8a^3 + 5b - 3a^2 + b^2 - 4b + 5a^2 =$ _____

Probe: Angabe: _____

Ergebnis: _____

67 Sind die folgenden Rechnungen richtig oder falsch? Kreuze an!

H3

a)

	richtig	falsch
$7a^2 + 4a = 11a^3$	○	○
$3b^3 + b^2 - b^3 = 2b^3 + b^2$	○	○
$c + c^2 + c^3 = c^6$	○	○
$d^2 - 4d + 3d^2 = 0$	○	○

b)

	richtig	falsch
$\frac{3}{2}a^2 - \frac{1}{2}a^2 = a^2$	○	○
$(-b)^2 + b^2 = 0$	○	○
$(-c)^3 + (-c)^2 = -c^3 + c^2$	○	○
$(-d)^2 - (-d)^3 = d^3 + d^2$	○	○

68 Vereinfache den Term:

H2

a) $\frac{3}{8}a^2 + 4a - \frac{a^2}{4} - \frac{3a}{4} =$ _____

b) $\frac{b}{3} + b^2 - \frac{2}{5}b^2 + \frac{5}{6}b =$ _____

c) $c^3 - \frac{3}{5}c^2 + \frac{c^3}{5} - \frac{1}{2}c^2 =$ _____

d) $d^2 - \frac{2d^3}{3} + \frac{1}{8}d^2 - d^3 =$ _____

2.3 Multiplizieren und Dividieren

Potenzen multiplizieren und dividieren

69 Sind die folgenden Rechnungen richtig oder falsch? Kreuze an!

H3

a)

	richtig	falsch
$7a^2 \cdot 2a^2 = 14a^2$	○	○
$3a^3 \cdot 2a^3 = 5a^3$	○	○
$7a^4 \cdot 2a^2 = 14a^8$	○	○
$3a^2 \cdot 2a^5 = 6a^{10}$	○	○
$4b^3 \cdot 3b^2 = 12b^5$	○	○

b)

	richtig	falsch
$\frac{a^5}{a^3} = a^2$	○	○
$\frac{15a^4}{5a} = \frac{3}{a^3}$	○	○
$\frac{5a^5}{5a^3} = a^2$	○	○
$\frac{6a^4}{18a^2} = \frac{a^2}{3}$	○	○
$\frac{10a^2}{10a^3} = \frac{1}{a}$	○	○

70 Ordne jeder Rechnung das richtige Ergebnis zu, indem du die entsprechenden Buchstaben ein-
H2 trägst.

a)

$5y^3 \cdot (-6y^2)$	
$(-3y^3) \cdot (-10y^3)$	
$-2y \cdot (-15y^4)$	

A	$30y^9$
B	$-30y^5$
C	$30y^5$
D	$-30y^6$
E	$30y^6$

b)

$\frac{15y^3}{(-5)y^2}$	
$\frac{5(-y)^3}{15y^2}$	
$\frac{5(-y)^4}{15(-y)^2}$	

A	$\frac{-y}{3}$
B	$\frac{-y^2}{3}$
C	$\frac{y^2}{3}$
D	$-3y$
E	$\frac{-3}{y}$

71 Vereinfache den Term und führe die Probe für $a = 3$ und $b = 2$ durch.

H2

a) $5a^3 \cdot 4a^2 =$ _____

   Probe: Angabe: _____ Ergebnis: _____

b) $6(-a)^2 \cdot 5a^3 =$ _____

   Probe: Angabe: _____ Ergebnis: _____

c) $3a^2(-b)^3 \cdot (-5ab^3) =$ _____

   Probe: Angabe: _____ Ergebnis: _____

d) $(-6a^3b^2) \cdot 4ab^2 =$ _____

   Probe: Angabe: _____ Ergebnis: _____

e) $\frac{(-5)a^3}{5a^2} =$ _____

   Probe: Angabe: _____ Ergebnis: _____

f) $\frac{2(-a)^2}{(-4)(-a)^3} =$ _____

   Probe: Angabe: _____ Ergebnis: _____

g) $\frac{36ab^2}{a^3b^3} =$ _____

   Probe: Angabe: _____ Ergebnis: _____

h) $\frac{2a^4 \cdot (-b) \cdot ab^2}{(-a)^3 \cdot (-b)^2} =$ _____

   Probe: Angabe: _____ Ergebnis: _____

72 Stelle fest, ob richtig gerechnet wurde! Wenn nicht, korrigiere den Fehler!

H3

		richtig	falsch	Korrektur
a)	$5a^3b \cdot (-2b^2) = 3a^3b^3$	◯	◯	
b)	$3a^3b^2 \cdot 5a^2b^2 = 15a^5b^4$	◯	◯	
c)	$7a^3b \cdot 2a^2b^3 = 9a^5b^4$	◯	◯	
d)	$\frac{10a^3b^5}{12a^2b^2} = \frac{5ab^3}{6}$	◯	◯	
e)	$\frac{20a^5(-b)^2}{4a^5b^6} = \frac{5a}{b^4}$	◯	◯	
f)	$-\frac{24(-a)^2b^4 \cdot a^2b}{14a^4b^3} = \frac{12b^2}{7}$	◯	◯	
g)	$\frac{4a^2b^3 \cdot 4a^3b^4}{-6a^2b^4 \cdot a(-b)^2} = -\frac{8a^2b}{3}$	◯	◯	

2.4 Potenzieren

 Produkte, Quotienten und Potenzen potenzieren

73 Schreibe ausführlich und vereinfache anschließend:
H2

a) $(3x)^2 = (3x) \cdot (3x) = $ _____ $(6e)^2 = $ _____

b) $(4k)^3 = $ _____ $(2m)^4 = $ _____

c) $(-2u)^3 = $ _____ $(-7z)^4 = $ _____

d) $\left(\frac{h}{2}\right)^2 = $ _____ $\left(\frac{k}{3}\right)^3 = $ _____

e) $\left(-\frac{b}{5}\right)^4 = $ _____ $\left(\frac{-r}{7}\right)^3 = $ _____

f) $\left(-\frac{2w}{5}\right)^3 = $ _____ $\left(\frac{-4d}{7}\right)^2 = $ _____

74 Sind die folgenden Rechnungen richtig oder falsch? Kreuze an!
H2

a)

	richtig	falsch
$(3a^3)^2 = 6a^5$	○	○
$(3a^2)^3 = 27a^6$	○	○
$(2a^4)^2 = 4a^8$	○	○
$(5a^4)^4 = 20a^8$	○	○

b)

	richtig	falsch
$2(a^2)^3 = 8a^6$	○	○
$5(a^3)^3 = 15a^9$	○	○
$(-2a^2)^3 = 8a^6$	○	○
$(-2a^4)^3 = -8a^{12}$	○	○

75 Stelle fest, ob richtig gerechnet wurde! Wenn nicht, korrigiere den Fehler!
H3

	richtig	falsch	Korrektur
$(-6 \cdot 3)^3 = -6 \cdot 3 \cdot 3 = -54$	○	○	
$\left(\frac{2}{3}\right)^3 \cdot (-2)^2 = \frac{2^3}{3} \cdot (-2) \cdot (-2) = \frac{8}{3} \cdot 4 = \frac{32}{3}$	○	○	
$(3^2)^3 = (3 \cdot 3)^3 = (3 \cdot 3) \cdot (3 \cdot 3) \cdot (3 \cdot 3) = 3^6$	○	○	
$(2^3)^3 = 6^3$	○	○	
$(-1^3)^2 = ((-1) \cdot (-1) \cdot (-1))^2 = (-1)^2$	○	○	

76 Begründe, dass gilt:
H4

a) $(a^2 b^2)^3 = a^6 b^6$ _____

b) $(a^2 b^3)^2 = a^4 b^6$ _____

c) $\left(\frac{a^2}{b^3}\right)^2 = \frac{a^4}{b^6}$ _____

77 Ein Quadrat mit Seitenlänge a hat den Flächeninhalt a^2. Wie viel Mal größer oder kleiner ist der
H1|H3 Flächeninhalt des zweiten Quadrates mit der Seitenlänge b? Verwende eine Skizze und einen Term.

a) $b = 2 \cdot a$ *Skizze:* 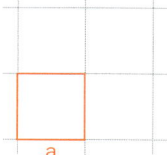   *Term:*

Antwort: _____

b) $b = 5 \cdot a$ *Skizze:* 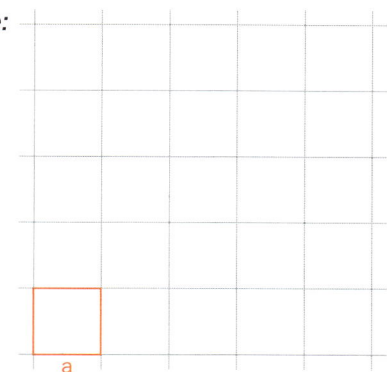   *Term:*

Antwort: _____

c) $b = \dfrac{a}{2}$ *Skizze:* 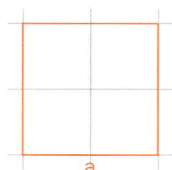   *Term:*

Antwort: _____

- -

78 Ordne den gegebenen Termen jeweils den passenden vereinfachten Term zu, indem du die entspre-
H2 chenden Buchstaben einträgst.

a)

$(3a^2)^2 - 3a^4$	
$(2a^2)^2 - (-2a^2)^2$	
$-2(a^2)^3 + a^6$	
$(-1a)^5 - a^5$	

A	$-a^6$
B	1
C	$-2a^5$
D	$6a^4$
E	0
F	a^5

b)

$(3a)^2 - 3a^2$	
$10a^6 + (-3a^3)^2$	
$(-a^4)^3 + (-a^3)^4$	
$(3a^2)^3 - 4(a^3)^2$	

A	$6a^6$
B	0
C	$-2a^{12}$
D	$6a^2$
E	$23a^6$
F	$19a^6$

- -

79 Vereinfache:
H2

a) $(a^2b)^2 \cdot (ab^2)^2 = $ _____

b) $(a^2b)^3 \cdot (b^2)^2 = $ _____

c) $(a^3b^2)^2 \cdot (ab^2)^2 = $ _____

d) $(ab^2)^3 \cdot (ab)^2 = $ _____

e) $\dfrac{(a^2b^3)^3}{(a^2b^2)^2} = $ _____

f) $\dfrac{(ab^3)^3}{(ab^2)^2} = $ _____

g) $\dfrac{(ab^3)^3}{(ab^4)^2} = $ _____

h) $\dfrac{(a^3b^3)^2}{(a^2b)^3} = $ _____

80
H2

Vereinfache den Term und führe die Probe für $a = 2$ und $b = 3$ durch:

a) $\dfrac{(3\,a^2\,b)^3}{(-2\,a\,b)^2} = $ _____

   Probe: Angabe: _____   Ergebnis: _____

b) $\dfrac{a^2 \cdot (4\,a^2)^3}{4\,a^5} = $ _____

   Probe: Angabe: _____   Ergebnis: _____

c) $-\dfrac{(6\,b)^3 \cdot (-5\,a\,b^2)^2}{5\,a^3 \cdot (-3\,b)^3} = $ _____

   Probe: Angabe: _____   Ergebnis: _____

d) $\dfrac{4\,a^4 \cdot (-9\,b)^3}{(-3\,a^3)^2 \cdot 32\,a^2\,b^3} = $ _____

   Probe: Angabe: _____   Ergebnis: _____

e) $\dfrac{(-2\,a^2)^2 \cdot (3\,a\,b^3)^2}{-a\,b^2 \cdot (-2\,a)^5 \cdot 3\,b^3} = $ _____

   Probe: Angabe: _____   Ergebnis: _____

81
H2

Ordne jeder Rechnung das richtige Ergebnis zu, indem du die entsprechenden Buchstaben einträgst.

$a \cdot (2\,a)^2 - (3\,a)^3$		A	$31\,a^3$	
$a \cdot 2\,a^2 - 3\,a^3$		B	$-a^3$	
$a \cdot (2\,a)^2 - (-3\,a^3)$		C	$7\,a^3$	
$a \cdot (-2\,a)^2 - (-3\,a)^3$		D	a^3	
$a \cdot (-2\,a^2) - (-3\,a^3)$		E	$-23\,a^3$	

82
H3

Entscheide, ob die folgenden Aussagen richtig oder falsch sind. Kreuze an und korrigiere gegebenenfalls!

	richtig	falsch	Korrektur
Potenzen mit gleicher Basis werden multipliziert, indem man ihre Hochzahlen multipliziert, z. B.: $3^5 \cdot 3^3 = 3^{15}$	◯	◯	
Das Quadrat der Potenz a^n erhält man, indem man n verdoppelt, z. B.: $(3^5)^2 = 3^{10}$	◯	◯	
Stehen in einem Bruch im Zähler und im Nenner Potenzen gleicher Basis, so darf man zur Vereinfachung die Hochzahlen dividieren, z. B.: $\dfrac{3^6}{3^2} = 3^3$	◯	◯	
Alle Potenzen sind stets größer als 1, z. B.: $3^2 = 9$	◯	◯	

2.5 Zehnerpotenzen und Gleitkommadarstellung

Zehnerpotenzen kennen und anwenden

83 Ordne richtig zu, indem du die entsprechenden Buchstaben einträgst.

H3

a)

10 000		A	10^3	
1 000 000		B	10^4	
10 000 000		C	10^5	
1 000		D	10^6	
100 000		E	10^7	

b)

1 000 000 000		A	10^5	
10 000 000		B	10^6	
100 000		C	10^7	
100 000 000		D	10^8	
1 000 000		E	10^9	

84 Entscheide, ob es günstig ist, Zehnerpotenzen zu verwenden!

H1

	günstig	ungünstig
In der Klasse sind 25 Kinder.	○	○
Die österreichischen Bundesforste verwalten rund 510 000 Hektar Wald.	○	○
VW produzierte 2015 laut Wikipedia 1 827 000 PKW der Marke Audi.	○	○
Bei einer Umfrage wurden 350 Personen befragt.	○	○

85 Ordne richtig zu, indem du den entsprechenden Buchstaben einträgst.

H3

a)

12 000 000 W		A	1,2 kW
1 200 000 000 W		B	12 MW
1 200 W		C	1,2 GW
1 200 000 W		D	1,2 MW
120 000 W		E	120 kW

b)

53 000 000 000 B		A	530 kB
5 300 000 B		B	53 GB
530 000 000 B		C	5,3 MB
5 300 000 000 B		D	5,3 GB
530 000 B		E	530 MB

86 Sind die folgenden Aussagen richtig oder falsch? Kreuze an und korrigiere gegebenenfalls!

H3

	richtig	falsch	Korrektur
100 Mt = 100 000 000 t = 10^8 t	○	○	
10 kt = 1 000 t = 10^3 t	○	○	
1 Mt = 1 000 000 t = 10^6 t	○	○	
100 kt = 100 000 t = 10^5 t	○	○	

Zahlen in Gleitkomma- und Festkommadarstellung angeben

87 Ordne jeder Festkommadarstellung die passende Gleitkommadarstellung zu, indem du die entsprechenden Buchstaben einträgst.

H3

a)

60 000		A	$6 \cdot 10^2$
600		B	$6 \cdot 10^3$
6 000 000		C	$6 \cdot 10^4$
60 000 000		D	$6 \cdot 10^5$
6 000		E	$6 \cdot 10^6$
600 000		F	$6 \cdot 10^7$

b)

37 000 000 000		A	$3,7 \cdot 10^5$
3 700 000		B	$3,7 \cdot 10^6$
370 000 000		C	$3,7 \cdot 10^7$
3 700 000 000		D	$3,7 \cdot 10^8$
370 000		E	$3,7 \cdot 10^9$
37 000 000		F	$3,7 \cdot 10^{10}$

88 Schreibe in Gleitkommadarstellung:

H1

a) $3\,430\,000 =$ _____ $12\,400 =$ _____

b) $35\,000\,000 =$ _____ $5\,120\,000 =$ _____

c) $34\,000 =$ _____ $48\,900\,000 =$ _____

d) $9\,200 =$ _____ $127\,000\,000 =$ _____

89 Schreibe in Festkommadarstellung:

H1

a) $7,2 \cdot 10^3 =$ _____ $5,05 \cdot 10^5 =$ _____

b) $3,2 \cdot 10^4 =$ _____ $5,83 \cdot 10^8 =$ _____

c) $2,8 \cdot 10^2 =$ _____ $1,27 \cdot 10^9 =$ _____

d) $9,801 \cdot 10^6 =$ _____ $7,39 \cdot 10^5 =$ _____

90 Entscheide, ob die Zahl richtig in Gleitkommadarstellung geschrieben wurde. Kreuze an und korri-

H3 giere gegebenenfalls!

	richtig	falsch	Korrektur
$3\,200 = 3,2 \cdot 10^3$	◯	◯	
$21\,000 = 21 \cdot 10^3$	◯	◯	
$49\,100\,000 = 4,91 \cdot 10^6$	◯	◯	
$981 = 9,81 \cdot 10^2$	◯	◯	

91 Die Erde hat einen Radius von etwa $6\,378\,000$ m und

H1|H3 eine Masse von ca. $5,97 \cdot 10^{24}$ kg.

Sie ist ca. $150\,000\,000$ km von der Sonne entfernt.

a) Schreibe die angeführten Daten in der jeweils geforderten Einheit in Gleitkommadarstellung an:

$149\,600\,000$ km = _____ km

$6\,378\,000$ m = _____ km

$5,97 \cdot 10^{24}$ kg = _____ t

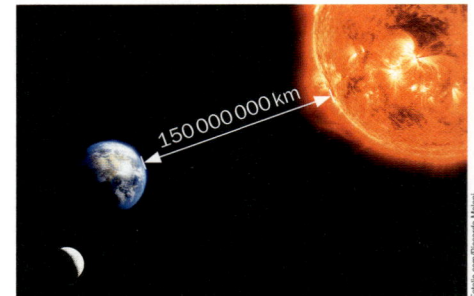

b) Stell dir vor, du müsstest die Masse der Erde ohne Gleitkommadarstellung anschreiben. Wie viele Nullen hätte diese Zahl?

$5,97 \cdot 10^{24}$ kg hat _____ Nullen.

3. Flächeninhalte

3.1 Kartesisches Koordinatensystem

 Kartesische Koordinaten anwenden

92 In einem Hotel führen die Gänge in jedem Stockwerk links und rechts von der Lifttür weg.
H1 Wir stellen die Stockwerke eines Gebäudes senkrecht dar. Das Erdgeschoß trägt die Nummer 0, der 1. Stock die Nummer 1, der 2. Stock die Nummer 2 und so weiter. Für die beiden Garagenebenen sind die Nummern −1 (die erste Garagenebene unter dem Erdgeschoß) und −2 (die unterste Ebene) angegeben.

Gib die Positionen von allen Personen mithilfe von Koordinaten an:

Albert $($ | $)$

Bertram $($ | $)$

Camilla $($ | $)$

Doris $($ | $)$

Ernst $($ | $)$

Franziska $($ | $)$

Goran $($ | $)$

Herta $($ | $)$

Ines $($ | $)$

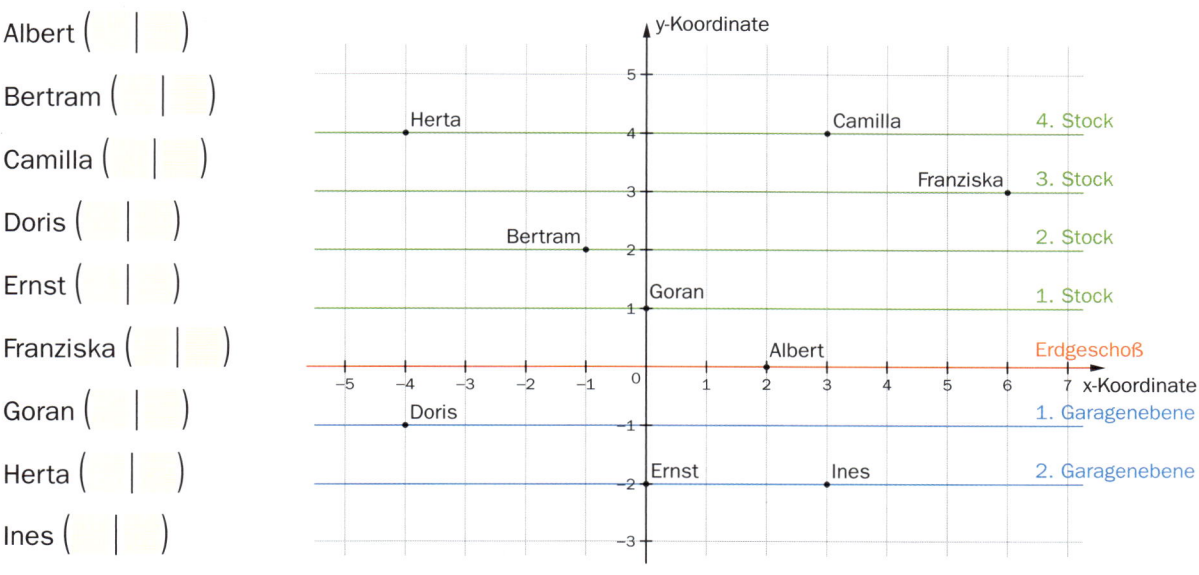

93 Trage die folgenden Punkte im Koordinatensystem ein, bei **a)** rot, bei **b)** blau.
H1
a) $A(1|0)$, $B(3|−5)$, $C(−5|2)$, $D(−3|−4)$, $E(4|2)$, $F(5|−3)$, $G(−4|2)$, $H(−5|−1)$, $I(3|−2)$

b) $L(7|4)$, $M(−7|−1)$, $N(6|−2)$, $P(−2|−1)$, $R(1|−4)$, $S(5|−5)$, $T(−3|5)$, $U(−6|4)$, $W(−1|−5)$

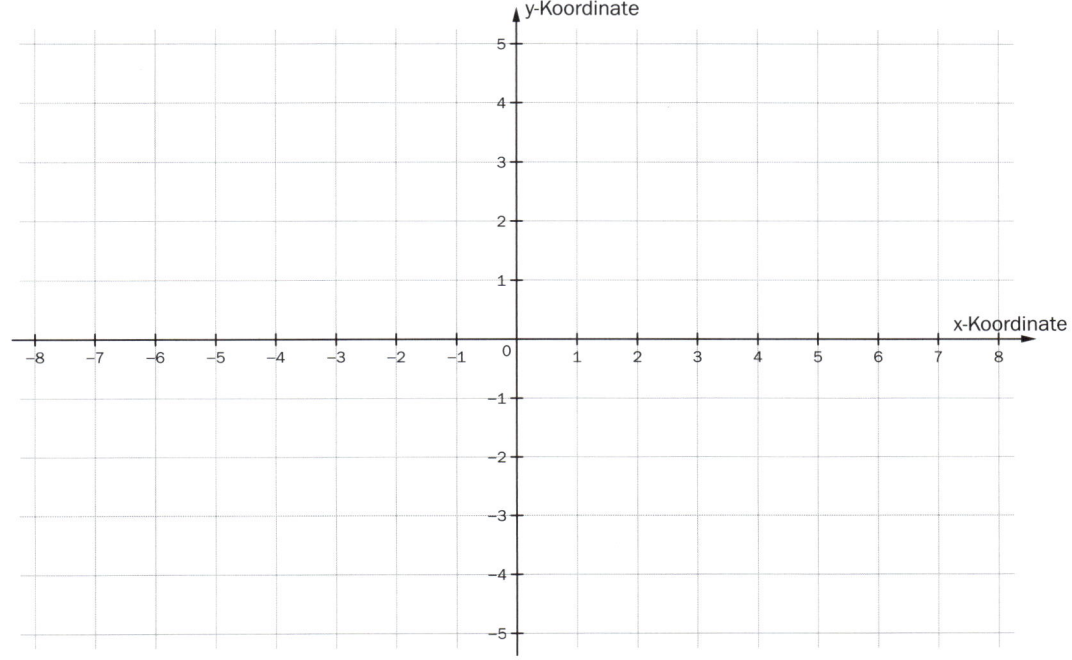

94 Gib vier Punkte an, die

H1|H3

a) im 1. Quadranten   **b)** im 2. Quadranten   **c)** im 3. Quadranten   **d)** im 4. Quadranten

e) auf der waagrechten Achse   **f)** auf der senkrechten Achse liegen.

Gib auch an, was die vier Punkte jeweils gemeinsam haben!

Gemeinsamkeit:

a) A(|), B(|), C(|), D(|) _____

b) A(|), B(|), C(|), D(|) _____

c) A(|), B(|), C(|), D(|) _____

d) A(|), B(|), C(|), D(|) _____

e) A(|), B(|), C(|), D(|) _____

f) A(|), B(|), C(|), D(|) _____

- -

95 Wo liegen die angegebenen Punkte? Ordne jedem Punkt die passende Lage zu, indem du den ent-

H3   sprechenden Buchstaben einträgst.

a)

$(-3|2)$	
$(3|-2)$	
$(-3|-2)$	
$(0|-2)$	

A	1. Quadrant
B	2. Quadrant
C	3. Quadrant
D	4. Quadrant
E	x-Achse
F	y-Achse

b)

$(-5|0)$	
$(5|-4)$	
$(-5|-4)$	
$(0|-4)$	

A	x-Achse
B	y-Achse
C	1. Quadrant
D	2. Quadrant
E	3. Quadrant
F	4. Quadrant

- -

96 Zeichne das gegebene Vieleck in das Koordinatensystem und berechne seinen Flächeninhalt. Teile

H1   es dazu in Rechtecke und rechtwinklige Dreiecke.

a) $[A(-2|-2),\ B(3|-2),\ C(5|3),$ **b)** $[A(-2|0),\ B(0|-3),\ C(3|-2),$
    $D(-2|3)]$ $D(3|2),\ E(-2|2)]$

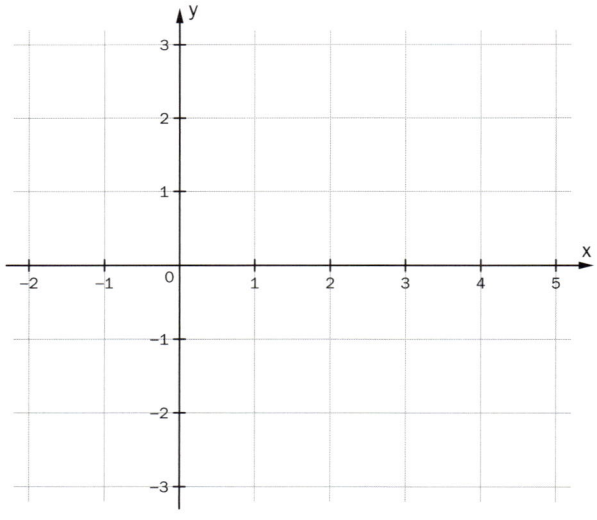

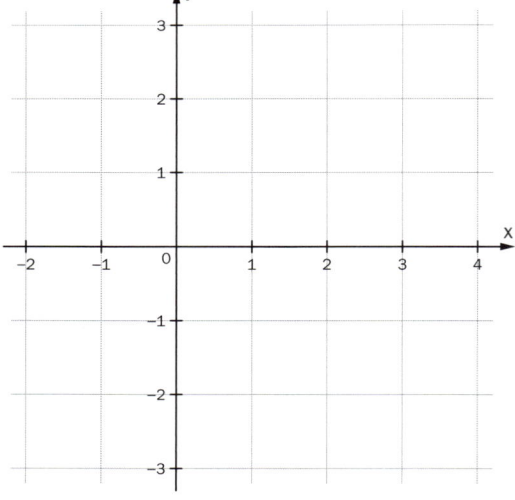

Flächeninhalt: Flächeninhalt:

3.2 Parallelogramm und Raute

  Flächeninhalt eines Parallelogramms und einer Raute berechnen

97 Berechne den Flächeninhalt des gegebenen Parallelogramms:

H2

a) $a = 4\,cm$, $h_a = 2,5\,cm$ b) $b = 3\,cm$, $h_b = 8\,cm$ c) $a = 6,8\,cm$, $h_a = 5,4\,cm$

---

98 Von einem Parallelogramm $ABCD$ kennst du die Koordinaten von drei Eckpunkten.

H2

(1) Zeichne das Parallelogramm, beschrifte es vollständig und gib die Koordinaten des fehlenden Eckpunkts an.

(2) Berechne auch den Flächeninhalt des Parallelogramms (1 Einheit $\triangleq$ 1 cm).

a) $ABCD\,[A(-3\,|\,2),\ B(4\,|\,2),\ C(8\,|\,6)]$ b) $ABCD\,[B(-3\,|\,2),\ C(2\,|\,1),\ D(2\,|\,5)]$

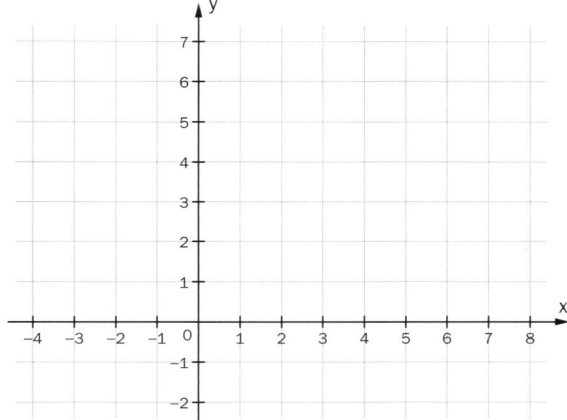 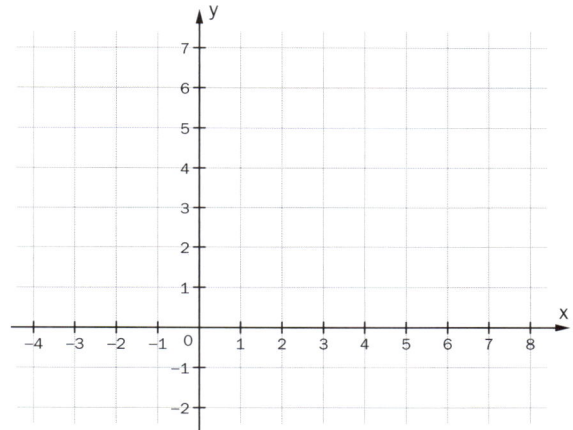

---

99 Skizziere drei Parallelogramme, die den gleichen Flächeninhalt wie das gegebene Rechteck haben!

H1

100 Der rechts abgebildete Wegweiser hat eine Höhe von
H2|H4 26 cm. Seine Unterkante ist 55 cm lang.

Argumentiere, dass der Wegweiser aus zwei gleich großen Parallelogrammen besteht, und berechne seinen Flächeninhalt!

101 Amelies Mutter wünscht sich zum Geburtstag eine Schmuck-
H1|H2 schatulle. Der Deckel soll mit einer Einlegearbeit aus Holz verziert sein, wie sie rechts unter dem Foto skizziert ist.
Jedes der Holzparallelogramme im Muster hat folgende Abmessungen:

$a = 4{,}2$ cm, $h_a = 2$ cm, $b = 2{,}5$ cm.

(1) Berechne den Flächeninhalt eines Holzparallelogramms.

(2) Welche Abmessungen hat der gesamte Deckel der Schatulle, so wie er rechts in der Skizze dargestellt ist? Die Dreiecke am Rand haben die Höhe 1,5 cm.
Berechne den Flächeninhalt des Deckels auf zwei Arten.

102 In einem Parallelogramm werden die Seite a und die Höhe h_a verlängert oder verkürzt.
H3 Wie verändert sich dabei der Flächeninhalt? Vervollständige die Sätze!

a) Verdoppelt man die Seitenlänge a, so _____ sich der Flächeninhalt.

b) Halbiert man die Seitenlänge a, so _____ sich der Flächeninhalt.

c) Verdreifacht man die Seitenlänge a, so _____ sich der Flächeninhalt.

d) Verdoppelt man die Höhe h_a, so _____ sich der Flächeninhalt.

e) Vervierfacht man die Höhe h_a, so _____ sich der Flächeninhalt.

f) Viertelt man die Höhe h_a, so _____ sich der Flächeninhalt.

3.3 Deltoid

 Flächeninhalt eines Deltoids berechnen

103 Berechne den Flächeninhalt des Deltoids *ABCD*. Entnimm dazu benötigte Längen aus der Zeichnung.
H2

a) 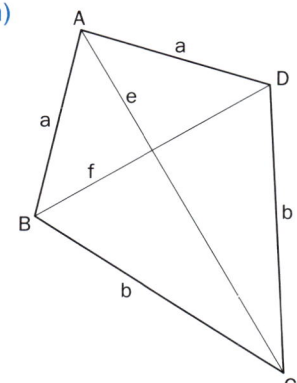   **b)** 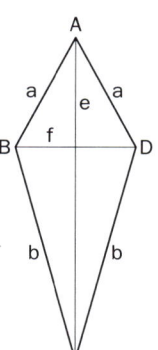   **c)** 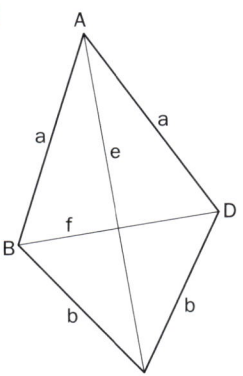   **d)**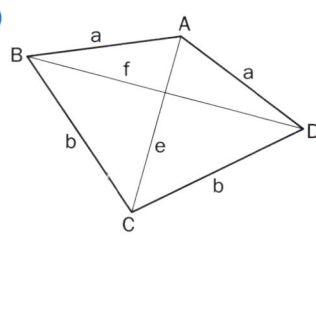

....

104 Berechne den Flächeninhalt des Deltoids *ABCD*.
H2   Entnimm dazu benötigte Längen einer Konstruktion.

a) $a = 3\,\text{cm}$, $e = 5,1\,\text{cm}$, $\alpha = 70°$ **b)** $a = 3,4\,\text{cm}$, $b = 2,5\,\text{cm}$, $\delta = 108°$

....

105 Welche Deltoide haben denselben Flächeninhalt, wie das rote Deltoid?
H3

① 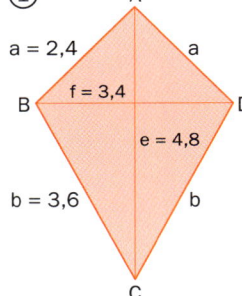   ② 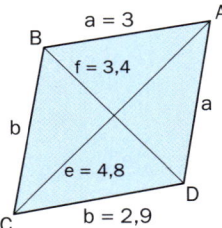   ③ 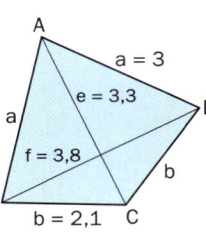   ④ 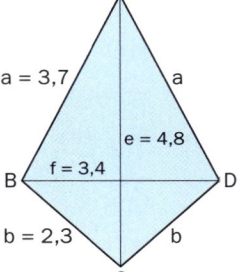   ⑤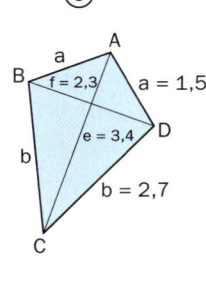

Gleichen Flächeninhalt haben die Deltoide ① und _____.

106 Von einem Deltoid *ABCD* kennst du die Koordinaten von drei Eckpunkten.

H2

(1) Zeichne das Deltoid, beschrifte es vollständig und gib die Koordinaten des fehlenden Eckpunkts an.

(2) Berechne den Flächeninhalt der Figur (1 Einheit ≙ 1 cm).

a) $A(-2|5)$, $B(-5|1)$, $C(-2|-2)$

b) $A(1|4)$, $C(1|-1)$, $D(3|3)$

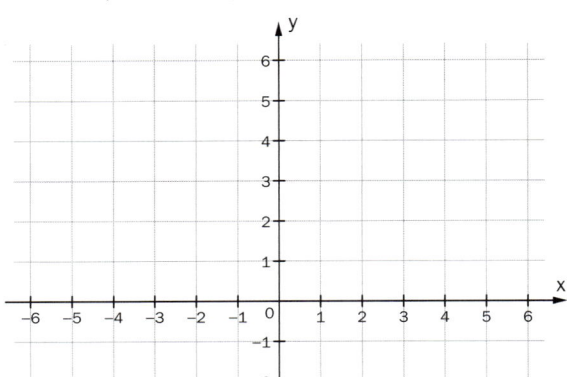
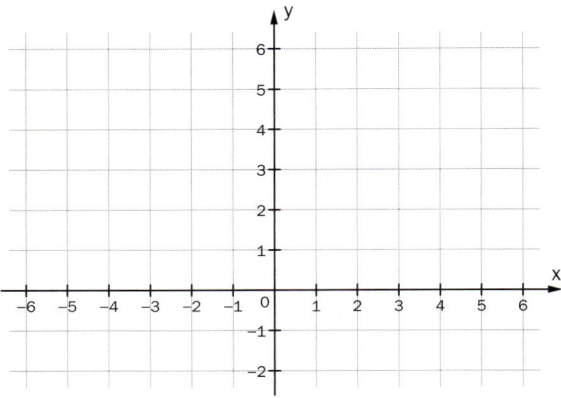

107 Berechne den Flächeninhalt der Raute, ohne diese zu konstruieren!

H2

a) $e = 6,7\,cm$, $f = 3,2\,cm$

b) $e = 10,2\,cm$, $f = 6\,cm$

108 Für welche geometrischen Figuren gilt die Flächeninhaltsformel $A = \dfrac{e \cdot f}{2}$?

H4

Kreuze an und begründe deine Entscheidung!

◯ Rechteck   ◯ Quadrat   ◯ Parallelogramm   ◯ Raute

109 Du kannst die Flächeninhaltsformel des Deltoids auf verschiedene Arten anschreiben. Aber eine der

H3

folgenden Schreibweisen stimmt nicht – welche? Kreuze an!

$A = \dfrac{e \cdot f}{2}$	$A = \dfrac{e}{2} \cdot \dfrac{f}{2}$	$A = \dfrac{1}{2} \cdot e \cdot f$	$A = \dfrac{e}{2} \cdot f$	$A = e \cdot \dfrac{f}{2}$
◯	◯	◯	◯	◯

110 „Bei Verdopplung einer Diagonale verdoppelt sich der Flächeninhalt eines Deltoids. Welche Diago-

H4

nale verdoppelt wird, spielt dabei keine Rolle."

Stimmt diese Aussage? Argumentiere mit der entsprechenden Formel!

3.4 Trapez

🎯 Flächeninhalt eines Trapezes berechnen

111 Berechne den Flächeninhalt des Trapezes *ABCD*.
H2 Entnimm dazu benötigte Längen einer Konstruktion.

a) $a = 7\,cm$, $b = 6\,cm$, $h = 3\,cm$,
$\alpha = 75°$, $\beta < 90°$

b) $a = 75\,mm$, $b = 34\,mm$, $c = 6\,cm$, $\beta = 80°$

· ·

112 Zeichne im abgebildeten Trapez die Höhe ein und gib eine Formel für seinen Flächeninhalt an.
H1

a)
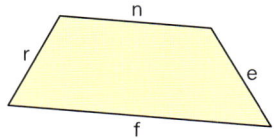
$A = $ _____

b)
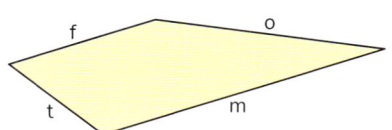
$A = $ _____

c)
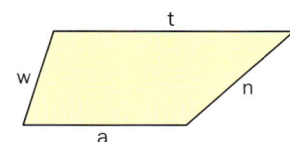
$A = $ _____

d)
 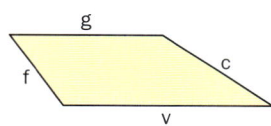
$A = $ _____

e)
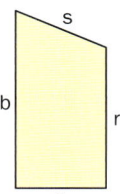
$A = $ _____

f)
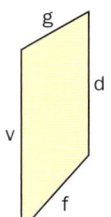
$A = $ _____

· ·

113 Gilt die angegebene Formel jeweils für die abgebildete Figur? Begründe deine Entscheidung!
H4

Figur					
Formel	$A = \dfrac{(a+a)\cdot b}{2}$	$A = \dfrac{a^2 \cdot h}{2}$	$A = \dfrac{(a+a)\cdot b}{2}$	$A = (a+a)\cdot b$	$A = \dfrac{(a+a)\cdot h}{2}$
gilt	○	○	○	○	○
gilt nicht	○	○	○	○	○
Begründung					

114 Berechne den Flächeninhalt des abgebildeten Trapezes (1 Einheit ≙ 1 cm).

H2

a)

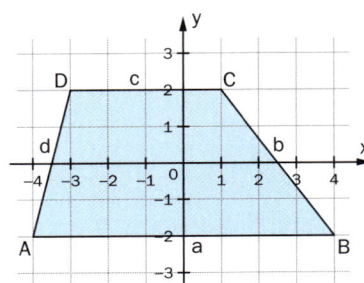

b)

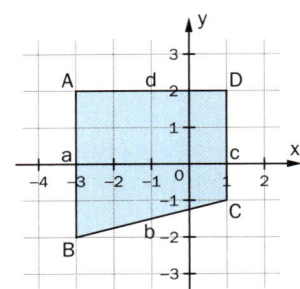

c)

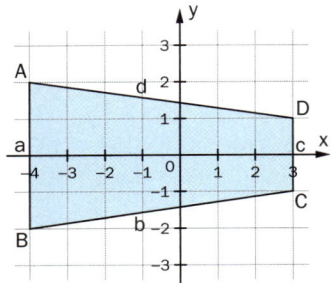

115 Berechne die sichtbare Fläche der Handtasche (ohne Henkel)!

H1|H2

44 cm

32 cm

28 cm

Fotolia.com/ffolia

116 Skizziere fünf Trapeze, die den gleichen Flächeninhalt wie das abgebildete Trapez haben!

H1

117 Ordne den Satzanfängen die passende Fortsetzung zu. Trage dazu die entsprechenden Buchstaben ein!

H3

Verdoppelt man die Höhe h des Trapezes, …	
Halbiert man die Höhe h des Trapezes, …	
Verdreifacht man die Höhe h des Trapezes, …	

A	so viertelt sich der Flächeninhalt.
B	so halbiert sich der Flächeninhalt.
C	so verdoppelt sich der Flächeninhalt.
D	so verdreifacht sich der Flächeninhalt.
E	so vervierfacht sich der Flächeninhalt.

3.5 Dreieck

Flächeninhalt eines Dreiecks berechnen

118 Berechne den Flächeninhalt des Dreiecks mit folgenden Abmessungen:

H2

a) $a = 9\,cm$, $h_a = 7\,cm$

b) $b = 6\,cm$, $h_b = 3\,cm$

c) $c = 7\,cm$, $h_c = 3\,cm$

119 Zeichne alle drei Höhen im Dreieck ein und berechne den Flächeninhalt auf drei Arten.

H2 Stimmen die Ergebnisse jeweils überein?

a)

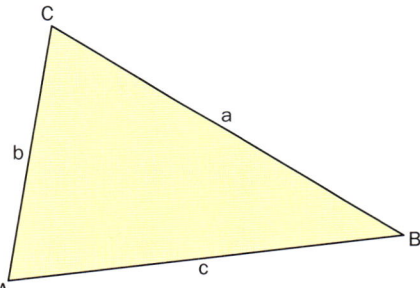

b)

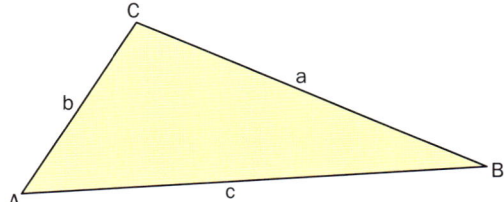

c)

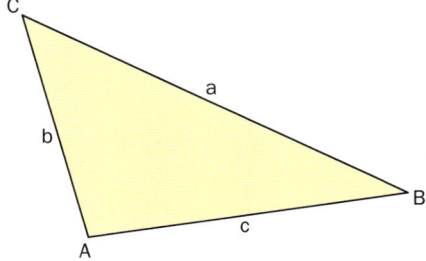

120 Erkläre, warum du in Aufgabe 119 nicht jeweils dreimal genau das gleiche Ergebnis erhalten hast.
H3 Wie genau würdest du das Ergebnis jeweils angeben?

121 Berechne den Flächeninhalt des dargestellten Drei-
H1|H4 ecks! Begründe, mit welcher Formel du den exakten
Wert des Flächeninhalts bekommst!

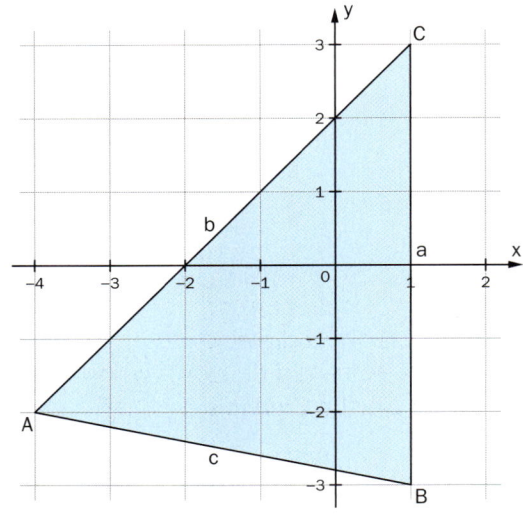

122 Zeichne das Dreieck und berechne den genauen Wert des Flächeninhalts (1 Einheit ≙ 1 cm).
H2 **a)** $A(-30|-10)$, $B(25|20)$, $C(-30|40)$

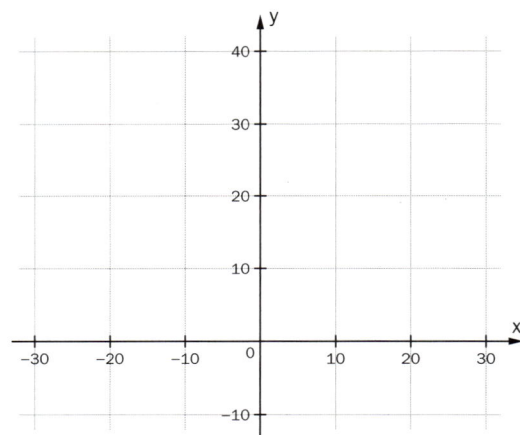

b) $A(15|-10)$, $B(30|40)$, $C(-30|40)$

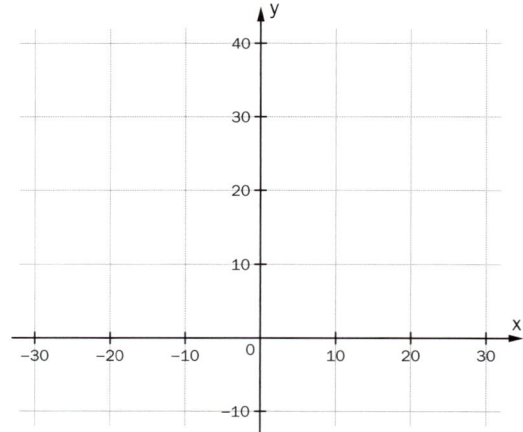

123
H1|H2 Berechne, wie viel cm² Blech für ein solches Straßenschild benötigt werden, wenn es eine Seitenlänge von 50 cm hat.

Fertige eine Zeichnung im Maßstab 1 : 10 an und entnimm benötigte Längen deiner Zeichnung!

124
H2|H3 Berechne den Flächeninhalt des abgebildeten Geodreiecks auf zwei Arten. Erkläre, warum du nicht zweimal exakt das gleiche Ergebnis erhältst!

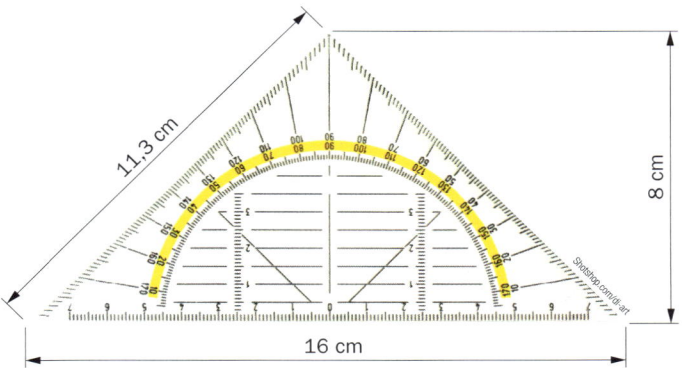

125
H1 Skizziere drei Dreiecke, die den gleichen Flächeninhalt wie das gegebene Dreieck haben!

126
H3 Was passiert mit dem Flächeninhalt, wenn man in einem Dreieck

a) eine Seite und die zugehörige Höhe verdoppelt?

b) eine Seite und die zugehörige Höhe halbiert?

3.6 Zusammengesetzte Figuren

Flächeninhalt einer zusammengesetzten Figur berechnen

127 Berechne den Flächeninhalt des abgebildeten Vielecks (Maße in cm).

H1|H2 Überlege jeweils zuerst, welche Methode besser geeignet ist, Zerlegen oder Ergänzen!

a)

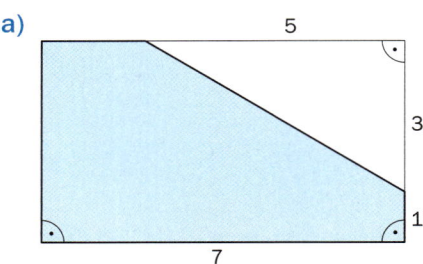

b)

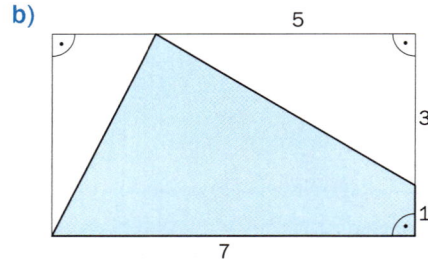

• •

128 Berechne den Flächeninhalt des abgebildeten Vielecks (Maße in cm).

H1|H2 Überlege jeweils zuerst, welche Methode besser geeignet ist, Zerlegen oder Ergänzen!

a)

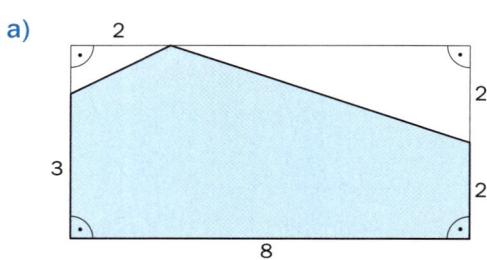

b)

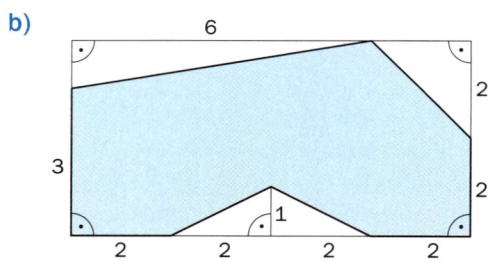

• •

129 Berechne den Flächeninhalt des dargestellten Blockbuchstaben.

H1 Eine Einheit entspricht 1 cm.

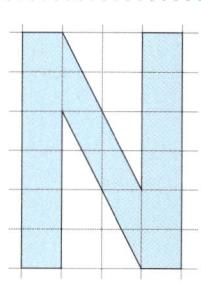

4. Statistik

4.1 Datenmengen untersuchen

 Statistische Kennzahlen ermitteln und interpretieren

130 | H2|H3

Familie Gerlich hatte in den letzten fünf Jahren folgenden Stromverbrauch:

4 510 kWh   4 537 kWh   4 555 kWh   5 253 kWh   5 695 kWh

a) L es aus den gegebenen Daten das Minimum, das Maximum und die Spannweite ab. Erkläre auch, was diese Werte bedeuten.

Minimum = _____   *Bedeutung:* _____

Maximum = _____   *Bedeutung:* _____

Spannweite = _____   *Bedeutung:* _____

b) Berechne den durchschnittlichen jährlichen Stromverbrauch.

durchschnittlicher Stromverbrauch = _____

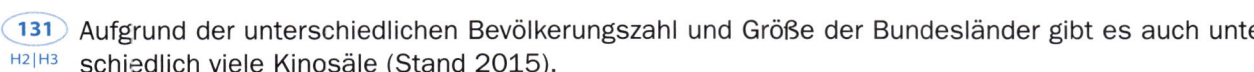

131 | H2|H3

Aufgrund der unterschiedlichen Bevölkerungszahl und Größe der Bundesländer gibt es auch unterschiedlich viele Kinosäle (Stand 2015).

Burgenland	Kärnten	NÖ	OÖ	Salzburg	Steiermark	Tirol	Vorarlberg	Wien
13	29	98	90	37	75	45	25	150

(*Daten nach:* Statistik Austria, Statistischer Jahresbericht 2015)

a) Lies aus der Tabelle das Minimum, das Maximum und die Spannweite ab. Erkläre auch, was diese Werte bedeuten.

Minimum = _____   *Bedeutung:* _____

Maximum = _____   *Bedeutung:* _____

Spannweite = _____   *Bedeutung:* _____

b) Berechne die durchschnittliche Anzahl an Kinosälen pro Bundesland.

durchschnittliche Anzahl an Kinosälen = _____

132 | H2|H3

In einer Schulklasse werden die Körpergrößen festgestellt (Maße in cm):

134   128   133   126   135   129   130   130   131   134   139

129   129   132   132   128   135   133   130   127   135   131

a) Bestimme das Minimum, das Maximum und die Spannweite dieser Daten.

b) Berechne die durchschnittliche Körpergröße der Kinder dieser Schulklasse.

Verschiedene Mittelwerte ermitteln und interpretieren

133 Bestimme das arithmetische Mittel, den Median und den Modus der vorliegenden Datenlisten.

H2

a) 2   5   6   8   3   2   5   6   3   6   9   2   6

Arithmetisches Mittel: _____   Median: _____   Modus: _____

b) 50   53   56   51   48   57   47   50   52   55   56   50   49   56   57   56

Arithmetisches Mittel: _____   Median: _____   Modus: _____

c) 125   140   135   150   130   145   135   145   160   135   140   120

Arithmetisches Mittel: _____   Median: _____   Modus: _____

d) 0,76   0,78   0,75   0,74   0,69   0,72   0,78   0,75   0,68   0,74

Arithmetisches Mittel: _____   Median: _____   Modus: _____

· ·

134 In der Tabelle ist für die Jahre 2009 bis 2015 die Anzahl an Blitzen im Burgenland für jeden Monat

H1|H2 angegeben.

	Jan	Feb	März	Apr	Mai	Juni	Juli	Aug	Sept	Okt	Nov	Dez
2009	0	1	21	232	1 940	2 584	3 423	2 451	62	125	0	12
2010	2	0	1	32	2 353	774	7 676	3 823	12	0	0	1
2011	0	0	2	250	799	1 394	1 212	1 951	154	92	0	0
2012	3	8	0	274	820	1 465	6 175	1 100	194	19	0	0
2013	0	0	3	26	1 550	572	111	1 358	22	0	0	0
2014	0	0	8	673	613	264	3 679	570	440	79	1	4
2015	7	0	9	27	973	185	1 769	253	44	3	0	0

(*Daten nach:* http://www.aldis.at/blitzstatistik; entnommen am: 28.7.2016)

(1) Berechne, wie viele Blitze **a)** im Juni, **b)** im Juli, **c)** im August im Mittel registriert wurden.

(2) Bestimme den Median **a)** für Juni, **b)** für Juli, **c)** für August.

(3) Begründe, warum es bei dieser Aufgabe nicht sinnvoll ist, den Modus zu bestimmen.

135 Im Diagramm ist die Anzahl an Fehlstunden eines
Schülers dargestellt. Gib den Modalwert und den
Median an. Erkläre auch, was die Werte in diesem
Zusammenhang bedeuten!

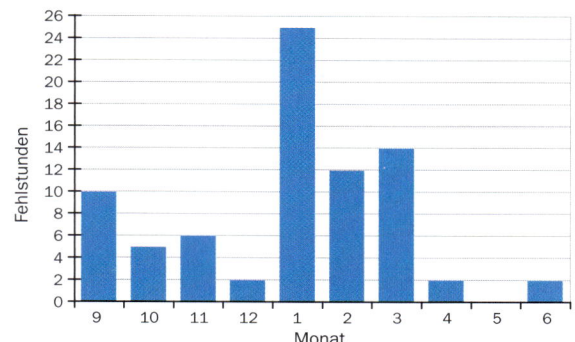

136 In einer Firma sind fünf Arbeiter beschäftigt. Jeder von ihnen verdient 1 400 € monatlich. Um die
Arbeiter zu entlasten, sollen zukünftig einfachere Arbeiten von einem Hilfsarbeiter erledigt werden.

Wie ändern sich der Modalwert, der Median und das arithmetische Mittel der Monatseinkommen
aller Mitarbeiter, wenn der Hilfsarbeiter 1 000 € verdient.

137 Hubert, Jens, Karim, Nina und Selina bekommen wöchentlich Taschengeld. Zu Beginn des neuen
Schuljahres erhält jeder von ihnen um 2 € mehr als zuvor.

Entscheide, ob die folgenden Aussagen richtig oder falsch sind, und kreuze an!

	richtig	falsch
Der Median der Taschengeldbeträge ist gleich geblieben.	○	○
Der Mittelwert der Taschengeldbeträge ist um 2 € gestiegen.	○	○
Die Spannweite der Taschengeldbeträge ist gleich geblieben.	○	○
Das Minimum der Taschengeldbeträge ist gleich geblieben.	○	○
Das Maximum der Taschengeldbeträge ist um 2 € gestiegen.	○	○

138 In einem Hotel verdienen die 60 Arbeitskräfte
im Servicebereich im Durchschnitt 1 500 Euro
brutto. 30 in der Küche beschäftigte Personen erhalten durchschnittlich 2 500 Euro. In
der Verwaltung und im Management arbeiten
insgesamt 10 Personen mit einem mittleren
Einkommen von 3 500 Euro.
In der Mitarbeiterzeitung wird dies wie in der
Abbildung rechts dargestellt:

a) Erkläre, was an diesem Diagramm falsch
ist, und gib an, wie eine korrekte Darstellung aussehen würde!

b) Ermittle den Modus, das Medianeinkommen und das arithmetische Mittel der Einkommen.

Modus: _____   Medianeinkommen: _____

arithmetisches Mittel der Einkommen: _____

Welcher dieser Mittelwerte ist am schlechtesten geeignet?

139 Gib an, welche der folgenden Mittelwerte für die gegebenen Datenmengen am sinnvollsten sind!

H3

	arithmetisches Mittel	Median	Modus
Haarfarben verschiedener Personen	◯	◯	◯
Gehälter in einer Firma mit 100 Angestellten	◯	◯	◯
Altersangaben	◯	◯	◯
Geschlechtszugehörigkeit	◯	◯	◯

140 Welcher Mittelwert ist jeweils am besten geeignet? Kreuze an und begründe!

H4

	arithmetisches Mittel	Median	Modus	Begründung
1, 1, 2, 2, 3, 3, 3, 7, 7, 47	◯	◯	◯	
1, 3, 3, 5, 5, 6, 6, 7, 7, 7	◯	◯	◯	
1, 2, 7, 7, 7, 7, 7, 7, 7, 7	◯	◯	◯	

141 Erkläre in eigenen Worten, welche Eigenschaft Daten haben sollen, damit es besonders sinnvoll ist,

H3 **(1)** den Median oder **(2)** den Modus zu berechnen. Beachte dabei auch Aufgabe 140!

(1) Median:

_____

_____

_____

(2) Modus:

_____

_____

_____

142 Nimm zwei Würfel und würfle mit beiden Würfeln 20-mal.

H2|H3 Notiere bei jedem Wurf die Summe der gewürfelten Augenzahlen.

(1) Bestimme aus den so gewonnenen Daten das arithmetische Mittel, den Median und den Modus.

arithmetisches Mittel:

Median:

Modus:

(2) Welche Augensummen kommen besonders oft vor? Welche Augensummen kommen nur selten oder gar nicht vor? Warum ist das so?

4.2 Klasseneinteilungen

 Daten in Klassen einteilen

143 Bei einer Familienfeier nahmen zwanzig Personen mit folgendem Alter teil:

H1 | H2

13   16   17   18   20   21   21   24   25   31   32   34   37   37   37   39   41   44   47   50

(1) Unterteile die Daten in vier Klassen. Trage die absoluten und relativen Häufigkeiten (in Bruchform) in die Tabelle ein.

(2) Stelle die absoluten Häufigkeiten in einem Histogramm dar. Ergänze auch die Beschriftung!

(3) Berechne aus den Daten das arithmetische Mittel, den Modus, die Spannweite und den Median.

(1)

Alter	Strichliste	absolute Häufigkeit	relative Häufigkeit
11–20 Jahre			
21–30 Jahre			
31–40 Jahre			
41–50 Jahre			

(2) Histogramm:

(3) Arithmetisches Mittel:

Modus: _____   Median: _____

Spannweite: _____

144 Im August 2016 wurden in Wien in drei Wochen folgende Tageshöchsttemperaturen (in °C) gemessen:

H1 | H2

27   26   16   19   19   24   28   25   25   23   26
26   27   22   21   25   26   26   27   29   30

(*Daten nach:* http://accuweather.com; entnommen am: 19.9.2016)

(1) Teile die Daten in drei Klassen (kühl, mittel, warm) ein. Ergänze in der Tabelle jeweils die Klassengrenzen und trage die absoluten und relativen Häufigkeiten (in Bruchform) ein.

(2) Zeichne ein passendes Histogramm für die absoluten Häufigkeiten.

(3) Bestimme den Median und den Modus.

(1) Klasseneinteilung:

Temperatur	Strichliste	absolute Häufigkeit	relative Häufigkeit
kühl:			
mittel:			
warm:			

(2) Histogramm:

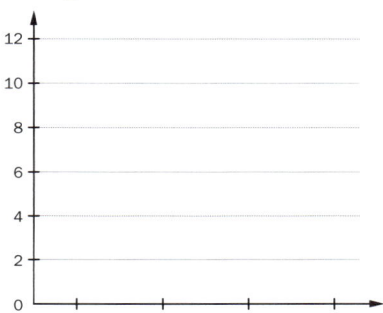

(3) Median: _____   Modus: _____

145 Im Zeitraum 1992 bis 2015 wurde im Burgenland folgende Anzahl von Kindern zwischen 0 und 14
H1│H2 Jahren bei Verkehrsunfällen verletzt.

1992	113		1998	89		2004	68		2010	63
1993	122		1999	81		2005	61		2011	70
1994	126		2000	81		2006	76		2012	64
1995	104		2001	79		2007	79		2013	44
1996	93		2002	76		2008	58		2014	61
1997	84		2003	94		2009	62		2015	50

(*Daten nach:* Statistik Austria, Statistik der Straßenverkehrsunfälle. Erstellt am: 22.06.2016):

(1) Teile die Daten in drei Klassen (wenige, mittel, viele) ein. Ergänze in der Tabelle jeweils die Klassengrenzen und trage die absoluten und relativen Häufigkeiten (in Bruchform) der einzelnen Klassen ein.

(2) Zeichne ein passendes Histogramm für die absoluten Häufigkeiten.

(1) Klasseneinteilung:

verletzte Kinder	Strichliste	absolute Häufigkeit	relative Häufigkeit
wenige:			
mittel:			
viele:			

(2) Histogramm:

---

146 30 Jugendliche wurden gefragt, wie viel Minuten sie täglich
H1 ihr Smartphone nutzen.

0	0	10	20	30	30	30	40	40	40
50	50	60	60	60	60	60	60	70	80
80	80	80	120	140	170	180	190	190	210

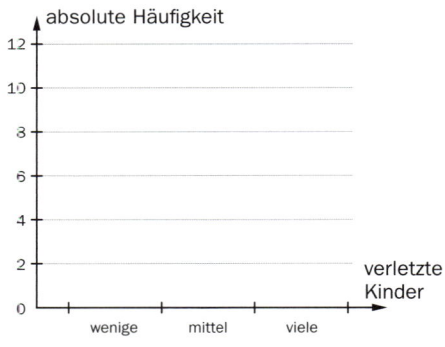

a) Teile die Daten in drei Klassen (wenig, mittel, viel) ein. Ergänze in der Tabelle jeweils die Klassengrenzen und trage die absoluten und relativen Häufigkeiten (in Bruchform) der einzelnen Klassen ein.

Nutzung (in Minuten)	Strichliste	absolute Häufigkeit	relative Häufigkeit
wenig:			
mittel:			
viel:			

b) Bestimme den Median, den Modus und das arithmetische Mittel.

Median: _____   Modus: _____

Arithmetischer Mittelwert: _____

c) Gib einige Vor- und Nachteile der von dir erstellten Tabelle an! Welche Informationen gehen verloren?

4.3 Diagramme

  Streudiagramme interpretieren

147 In einem kleinen Ort werden jährlich die Sonnenstunden und die Besucherzahlen im Freibad notiert. Im Diagramm ist der Zusammenhang zwischen diesen Größen eingetragen.

Interpretiere das Streudiagramm! Überlege dazu, wie sich die Besucherzahlen in Abhängigkeit von der Anzahl der Sonnenstunden verändern.

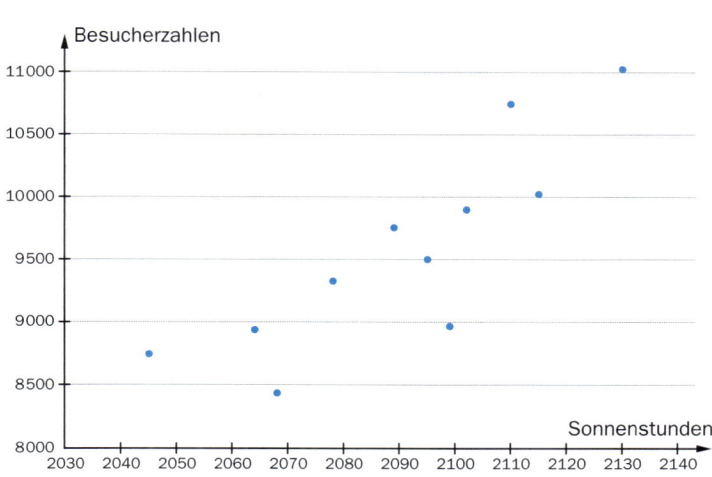

148 In einem großen Einkaufszentrum werden Jeans aller Preisklassen verkauft. Im Diagramm ist der Zusammenhang zwischen der Anzahl an verkauften Jeans und deren Preis eingetragen.

Interpretiere das Streudiagramm! Überlege dazu, wie sich die verkaufte Stückzahl in Abhängigkeit vom Preis verändert.

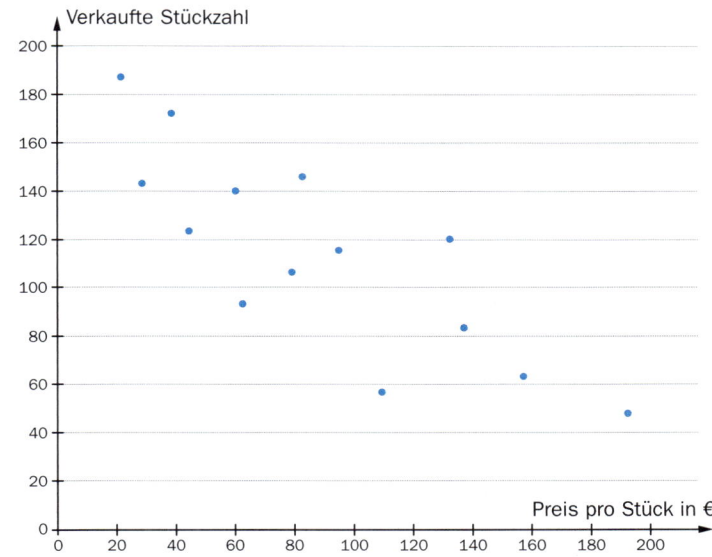

149 In der Tabelle ist die Lernzeit für eine Prüfung und die daraus resultierende Note eingetragen.

Lernzeit in h	4	3,5	5	3,5	1,5	2	3	2	5,5	4	2,5	3
Note	2	3	1	2	4	3	3	4	1	1	3	2

(1) Erstelle aus den gegebenen Daten ein Streudiagramm.

(2) Interpretiere das Steudiagramm. Überlege dazu, wie sich die Note ändert, wenn die Lernzeit höher wird.

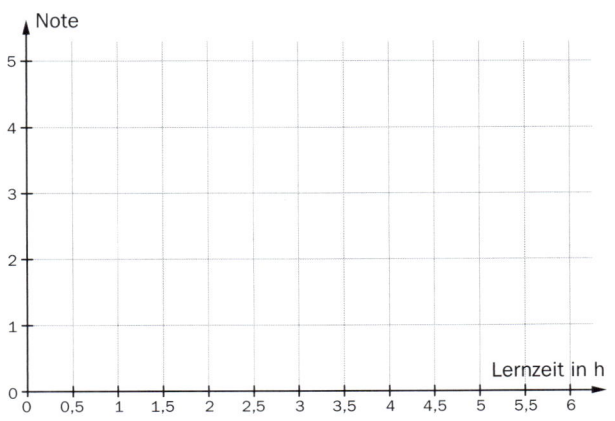

150 Im Diagramm sind die mittleren Bruttomonatsverdienste für einige Länder der EU den Geburten-
H3|H4 raten in diesen Ländern gegenübergestellt (Stand 2015).

(Daten nach: http://de.statista.com; entnommen am: 18.8.2016)

a) In welchem Land ist die Geburtenrate am höchsten?
Ist dort auch der Bruttomonatsverdienst am höchsten?

b) In welchem Land ist der
mittlere Bruttomonatsver-
dienst am niedrigsten? Ist
dort auch die Geburtenrate
am niedrigsten?

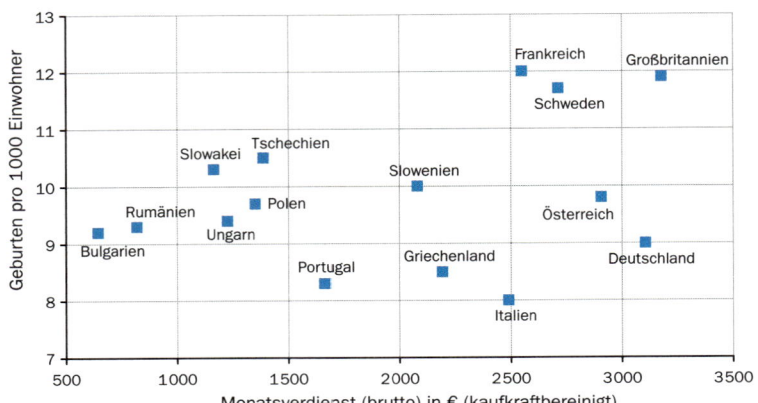

c) Besteht ein Zusammenhang zwischen Bruttomonatsverdienst und Geburtenrate?
Begründe deine Antwort mithilfe des Diagramms.

151 Im ersten Punktwolkendiagramm sind die Anzahl der bei Unfällen Verletzten der Anzahl an Todes-
H3 opfern bei Unfällen gegenübergestellt. Im zweiten Diagramm sind die Anzahl der Unfälle und die
Anzahl an Verletzten eingetragen. Die Daten für die einzelnen Bundesländer sind aus dem Jahr
2014. Betrachte jeweils beide Diagramme!

(Daten nach: Statistik Austria, Statistik der Straßenverkehrsunfälle. Erstellt am: 23.04.2015)

a) Welches Bundesland hatte die geringste
Anzahl an Todesfällen? Ist dort auch die
Anzahl der Verletzten am geringsten?

b) Vergleiche die Steiermark und Wien:
Welche Zahlen stimmen überein, welche
nicht? Gib ein Argument an, warum das
so ist!

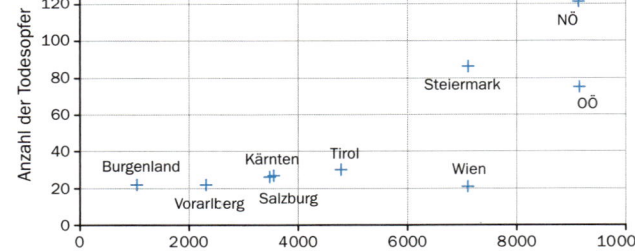

c) Bei welchen Bundesländern stimmen
alle Zahlen annähernd überein?

d) Interpretiere die in den Diagrammen
dargestellten Daten! Kann man auf
einen Zusammenhang Anzahl der Verletzten – Anzahl der Todesopfer bzw.
Anzahl der Unfälle – Anzahl der Verletzten schließen?

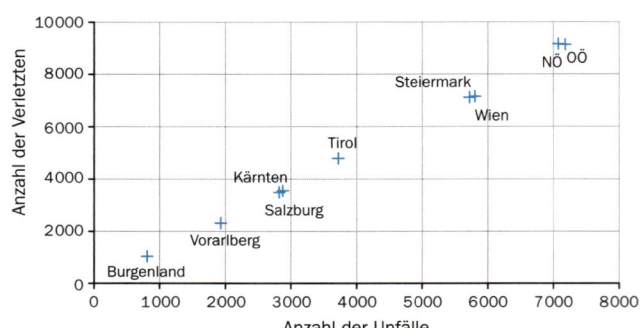

5. Terme

5.1 Grundbegriffe der Termrechnung

🎯 Terme aufstellen und interpretieren

152
H2

Werte die Terme für den angegebenen Wert der Variablen x aus.

x	0	1	2	3	4	5	6	7	8
$2x - 3$									
$5 - \frac{1}{2}x$									

153
H1

Bereits aus der Volksschule bzw. aus der 1. Klasse kennst du Aufgaben zur Termrechnung wie diese:

Berechne den Wert der am Ende noch vorhandenen Äpfel, Birnen und Zwetschken, wenn ein Apfel 40 Cent, eine Birne 50 Cent und eine Zwetschke 5 Cent kostet.

Löse diese Aufgabe, schreibe sie dazu aber zuerst mathematisch mit Variablen an!

a) $5🍎 + 🍎 - 3🍎 + 7🍎 = $ _____

b) $6🍎 + 14🍐 + 5🍎 + 7🍐 - 8🍎 = $ _____

c) $10🍐 + 30● - 2🍐 - 3🍐 - 8● - 10● = $ _____

d) $5🍎 + 8🍐 + 15● - 3🍎 - 5🍐 - 10● + 3🍐 - 2🍎 = $ _____

154
H3

Entscheide, ob die Rechnung zum Auswerten der Terme richtig oder falsch angegeben wurde. Kreuze an und korrigiere gegebenenfalls die Fehler!

Term	Wert der Variablen	Berechnung des Werts	richtig	falsch	Korrektur
$-s^2 + 1$	$s = -1$	$-1 + 1$	◯	◯	
$10c - (8 - c)$	$c = -3$	$-30 - (8 + 3)$	◯	◯	
$2a + (3 - 7a)$	$a = -2$	$2 \cdot (-2) + (3 - 7a)$	◯	◯	
$\frac{5 + 3v}{2 - v}$	$v = -4$	$\frac{5 - 12}{2 + 4}$	◯	◯	
$\frac{-h}{5 - 2h}$	$h = 3$	$-\frac{3}{5 - 6}$	◯	◯	
$4b - b^2 - \frac{5}{2}$	$b = \frac{1}{2}$	$\frac{1}{2} - \frac{1}{2} - \frac{5}{2}$	◯	◯	

155
H3

Kreuze jene Terme an, die für $z = -3$ den Wert 11 annehmen.

$17 + 2 \cdot z$	$9 + 2 \cdot z$	$(-1) \cdot (z - 8)$	$\frac{-9 \cdot z - 5}{-2}$	$\frac{48 - z}{3} - 6$
◯	◯	◯	◯	◯

156 Ordne den Termen den passenden Text zu! Trage dazu die entsprechenden Buchstaben ein!

H3

$5x$	
$x - \frac{1}{5}$	
$2 \cdot x^5$	
$(x - y) : 2$	

A	Eine Zahl wird um 5 verringert.
B	Die Summe zweier Zahlen wird halbiert.
C	Die fünfte Potenz einer Zahl wird verdoppelt.
D	Nimm das 5-fache einer Zahl!
E	Die Differenz zweier Zahlen wird halbiert.
F	Eine Zahl wird um ein Fünftel verringert.

157 Schreibe jeweils als Term unter Verwendung der im Text angegebenen Variablen:

H1

a) Verdopple die Zahl a und addiere die Zahl b. _____

b) Dividiere die Summe der Zahlen z und t durch 3. _____

c) Multipliziere die Summe der Zahlen r und s mit ihrer Differenz. _____

d) Multipliziere die ganze Zahl t mit der um 1 größeren ganzen Zahl. _____

e) Halbiere das Produkt der Zahlen r und s. _____

f) Quadriere das Produkt der Zahlen g und h. _____

158 Stelle einen Term für den Umfang u und für den Flächeninhalt A der gegebenen Figur auf.

H1

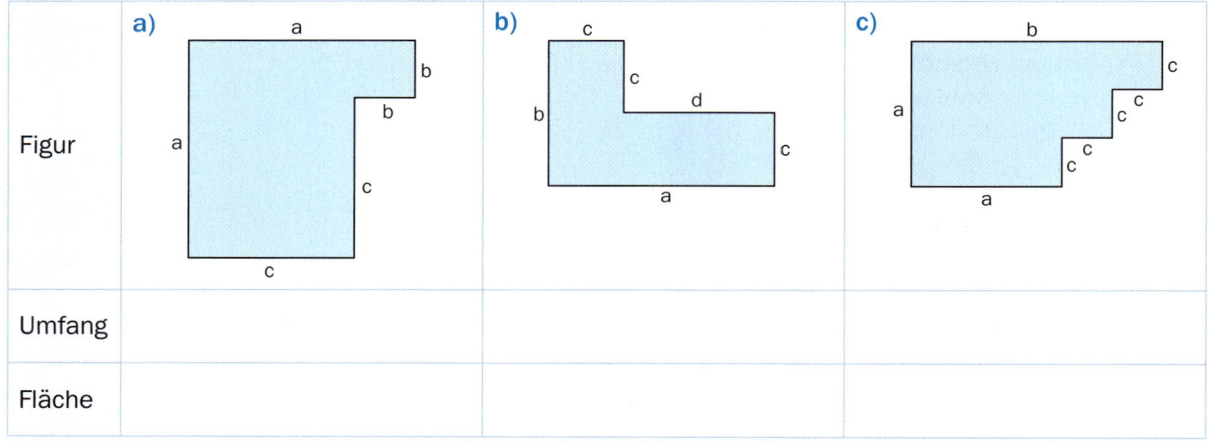

	a)	b)	c)
Figur			
Umfang			
Fläche			

159 Veranschauliche den Term grafisch als Flächeninhalt eines Rechtecks.

H1

a) $b \cdot (n + m)$ 　　　　　　　　　b) $(b - c) \cdot a$

c) $(c + d) \cdot (b + s)$ 　　　　　　　d) $(a - c) \cdot (m + n)$

5.2 Lineare Zunahme- und Abnahmeprozesse

 Lineare Zunahme erkennen und beschreiben

160
H1|H3

Haare wachsen nicht ununterbrochen. Ein Haar befindet sich zuerst in einer Wachstumsphase, dann in einer Übergangsphase und zum Schluss in einer Ruhe- und Abstoßungsphase. Die Dauer der Wachstumsphase ist zum Teil erblich bedingt, hängt aber auch mit den Hormonen und der Ernährung zusammen.
Durchschnittlich wächst ein Haar 3 bis 7 Jahre lang. In der Wachstumsphase kann es durchschnittlich 0,4 mm pro Tag wachsen.

(*Daten nach:* http://www.netdoktor.de; entnommen am: 15.7.2015)

(1) Ein Haar ist zu Beginn 25 mm kurz.
Stelle in folgender Tabelle die Länge eines einzelnen Haares im Wochenrhythmus dar:

1 Woche	25 mm + 2,8 mm = 27,8 mm
2 Wochen	
3 Wochen	
4 Wochen	
5 Wochen	
6 Wochen	

(2) Beschreibe in Worten, wie sich die Länge dieses Haares von Tag zu Tag verändert.
Veranschauliche diese Veränderung auch in einem Diagramm, in dem du das Haar nach 1 Woche, nach 2 Wochen, nach 3 Wochen usw. nebeneinander darstellst.

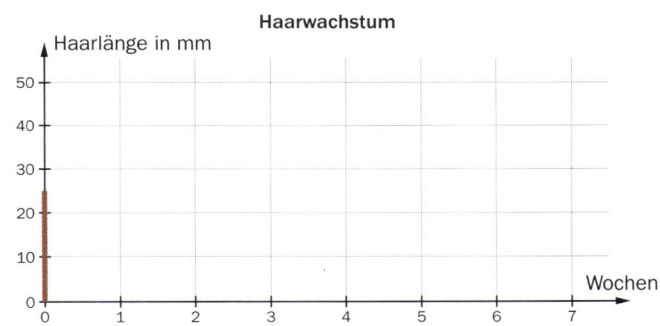

(3) Gib einen Term für die Länge des einzelnen Haares nach *w* Wochen an.

....

161
H1

Fortsetzung von 160: Wir haben bisher angenommen, dass Haare gleichmäßig (linear) wachsen. So konnten wir das Wachstum von Haaren relativ einfach mit einem Term beschreiben.

a) Wie lang wird ein Haar theoretisch, wenn es 1 Jahr lang linear wächst? Verwende für deine Berechnung den Term aus Aufgabe 160.

b) Jeder Mensch hat etwa 100 000 Haare am Kopf. Wie viel Meter neue Haare werden vom Körper pro Jahr produziert?

c) Überlege: Ist die Annahme, dass Haare linear wachsen, sinnvoll? Wachsen Haare wirklich immer gleich schnell?

162 Die Kosten einer Taxifahrt hängen davon ab, wie weit
H1|H2 man mit dem Taxi gefahren ist. Es werden eine
Grundtaxe von 3,80 € und pro gefahrenem Kilometer
1,42 € verrechnet.

(1) Stelle in folgender Tabelle dar, wie die Kosten der
Taxifahrt von der gefahrenen Strecke abhängen:

gefahrene Strecke	Kosten
0 km	
1 km	
2 km	
3 km	
4 km	
5 km	

gefahrene Strecke	Kosten
6 km	
7 km	
8 km	
9 km	
10 km	
11 km	

(2) Gib einen Term für die Kosten einer s Kilometer langen Taxifahrt an.

_____

(3) Vom Karlsplatz in Wien bis zum Flughafen Schwechat sind es 22 km. Berechne mit dem in **(2)**
aufgestellten Term, wie viel man bezahlt, wenn man diese Strecke mit einem Taxi zurücklegt.

163 Die Stromkosten hängen vom Verbrauch (gemessen in Kilowattstunden kWh) ab. Es werden ein
H1|H2 Grundpreis von 17 € sowie eine Gebühr für den Drehstromzähler von 30 € verrechnet. Eine Kilowatt-
stunde kostet etwa 0,12 € .

(1) Stelle in folgender Tabelle dar, wie die Stromkosten vom Verbrauch abhängen.

Verbrauch	Stromkosten
0 kWh	
500 kWh	
1 000 kWh	
1 500 kWh	
2 000 kWh	

Verbrauch	Stromkosten
2 500 kWh	
3 000 kWh	
3 500 kWh	
4 000 kWh	
4 500 kWh	

(2) Gib einen Term für die Stromkosten bei einem Verbrauch von v Kilowattstunden an.

_____

(3) Berechne mit dem in **(2)** aufgestellten Term, welche Kosten einem Haushalt bei einem Verbrauch von 4 650 kWh anfallen.

Lineare Abnahme erkennen und beschreiben

164 Eine Bäckerei hat einen Lagertank, der 14 Tonnen Mehl fasst.

H1|H2 H3 Täglich werden 1,5 Tonnen Mehl verarbeitet.

(1) Stelle in folgender Tabelle den Mehlvorrat im Tagesrhythmus dar:

0 Tage			5 Tage	
1 Tag			6 Tage	
2 Tage			7 Tage	
3 Tage			8 Tage	
4 Tage			9 Tage	

(2) Beschreibe in Worten, wie sich der Mehlvorrat von Tag zu Tag verändert.

Veranschauliche diese Veränderung auch in einem Diagramm, in dem du den Mehlvorrat nach 1 Tag, nach 2 Tagen, nach 3 Tagen usw. nebeneinander darstellst.

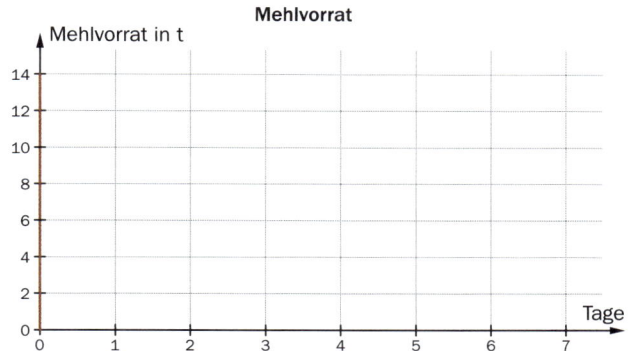

(3) Gib einen Term für den Mehlvorrat nach t Tagen an.

(4) Sobald weniger als 3 t Mehl vorrätig sind, wird nachbestellt. Berechne mit dem in (2) aufgestellten Term, nach wie vielen Tagen Mehl nachbestellt werden muss.

· ·

165 Die Temperatur in einem Hotelzimmer beträgt 32 °C, weil die Klimaanlage beim Eintreffen der Gäste

H1|H3 defekt war. Nach der neuerlichen Inbetriebnahme des Klimagerätes sinkt die Temperatur gleichmäßig alle 10 Minuten um 1 °C.

(1) Stelle in einer Tabelle dar, wie sich die Temperatur in der nächsten Stunde verändert.

(2) Überlege, wie lange das Klimagerät mit dieser Leistung weiter laufen sollte, damit es eine angenehme Temperatur von 21 °C im Zimmer hat.

Zeit	Temperatur
0 min	
10 min	

166 Ein 90 kg schwerer Mann möchte sein Gewicht langfristig reduzieren. Er entscheidet sich daher für
H1|H2 eine Diät, mit der er jede Woche seine Masse um 0,5 kg verringern kann.

(1) Stelle in einer Tabelle dar, wie sich seine Masse in den ersten 12 Wochen verändert.

Zeit	Masse		Zeit	Masse

(2) Gib einen Term für seine Masse nach w Wochen an.

_____

(3) Berechne mithilfe des in (2) aufgestellten Terms, wie lange er die Diät machen muss, um seine
Masse auf 75 kg zu reduzieren.

· ·

167 Simons Handy ist am Morgen zu 100 % geladen. Pro Stunde
H1|H2 nimmt die noch verfügbare Akkukapazität bei konstanter
H4 Nutzung um 8 % ab.

(1) Stelle in der Tabelle dar, wie sich die Akkukapazität in
den ersten 8 Stunden verändert.

Zeit	Kapazität in %		Zeit	Kapazität in %
1 Stunde			5 Stunden	
2 Stunden			6 Stunden	
3 Stunden			7 Stunden	
4 Stunden			8 Stunden	

(2) Begründe anhand der Tabelle, dass die Akkukapazität linear mit der Zeit abnimmt.

(3) Gib einen Term für die noch vorhandene Akkukapazität nach h Stunden an.

_____

(4) Berechne mithilfe des in (3) aufgestellten Terms, wann die Akkukapazität vollständig erschöpft
ist.

5.3 Addieren und Subtrahieren

 Terme addieren und subtrahieren

168 Ordne den gegebenen Termen jeweils den passenden vereinfachten Term zu, indem du die entspre-
H2 chenden Buchstaben einträgst!

$4 + 6a - 4ab + 7b - 4 + 3a - 2ab$	
$3ab - 3a - 3ab - 3a + 3b$	
$2a + ab - a - 7b - a + 7b - 4$	
$-1 + 8a - 7ab - b - 4a + 2b + 3ab + 1$	

A	$2a + 3ab - 1$
B	$4a + b - 4ab$
C	$9a + 7b - 6ab$
D	$ab - 4$
E	$-6a + 3b$
F	$-a + 6b + 2$

 Klammern beim Addieren und Subtrahieren auflösen

169 Nina hat 65 € gespart. Zum Geburtstag bekommt sie 20 €. Davon kauft sie sich eine DVD um 12 €.
H3 Wie viel Geld hat Nina nach dem Kauf der DVD?
Nina rechnet so: $65 + 20 - 12 = 85 - 12 = 73$
Ihre Schwester Sarah rechnet so: $65 + (20 - 12) = 65 + 8 = 73$
Erkläre, wie die beiden vorgegangen sind!

170 Entscheide, ob die folgenden Aussagen richtig oder falsch sind, und kreuze an!
H3

	richtig	falsch
$(a - 7) + (3a + 8) = a - 7 + 3a + 8$	○	○
$(5 - a) + (a + 4) = a - 5 + a + 4$	○	○
$(a - 6) - (2a - 6) = a - 6 - 2a - 6$	○	○
$-(5 - 2a) + (4a - 5) = 2a - 5 + 4a - 5$	○	○
$(8 - 3a) - (5a + 7) = 8 - 3a - 5a - 7$	○	○

171 Ordne den gegebenen Termen jeweils den passenden vereinfachten Term zu, indem du die entspre-
H2 chenden Buchstaben einträgst!

$7a + (3a + 5)$	
$7a - (3a + 5)$	
$7a - (3a - 5)$	
$7a - (-3a + 5)$	

A	$4a + 5$
B	$4a - 5$
C	$10a + 5$
D	$10a - 5$

172 Vereinfache den Term und führe die Probe für $x = -3$ durch:

H2

a) $(5x - 7) + (10 - 3x) - (x - 3) =$ *Probe:*

_____

_____

b) $(6x + 3) - (9x - 6) - (10 - 4x) =$ *Probe:*

_____

_____

c) $6x - (2x + 3) + (5 - 3x) =$ *Probe:*

_____

_____

d) $-5x - (15 - 4x) - (1 - 2x) =$ *Probe:*

_____

_____

e) $20 + (7x - 10) - (5x + 9) =$ *Probe:*

_____

_____

173 Vereinfache:

H2

a) $(8a^2 - 5b - 12) - (4b^2 - 5a^2 + 3) + (a + 9b^2 + 15) =$

$=$ _____

_____

b) $-9b + (a^2 - 3b^2 - 7) - (5a^2 - 8) + (4a + 7b^2 + 1) =$

$=$ _____

_____

c) $b^2 - (7a - 5b + 4) - 3b + (6a - 12) - (8 + b^2 - a) =$

$=$ _____

_____

5.4 Multiplizieren

 Terme multiplizieren

174 Ordne den gegebenen Termen jeweils den passenden vereinfachten Term zu, indem du die entsprechenden Buchstaben einträgst!

H2

a)

$3x^2 \cdot 6xy^2$	
$2 \cdot y^2 \cdot x^2y^3 \cdot 9x$	
$-\frac{1}{2}x^5y \cdot 36xy$	
$(-3)^2xy^2 \cdot 2xy^3$	

A	$-18xy^2$
B	$18x^3y^5$
C	$-18x^2y^6$
D	$18x^2y^5$
E	$18x^3y^2$
F	$-18x^6y^2$

b)

$4a^3b \cdot 5ab$	
$(-2)^2b \cdot a^4b^2 \cdot 5$	
$-2^2ab \cdot 5ab$	
$\frac{1}{2}a^2b^3 \cdot 40ab^2$	

A	$20a^3b^5$
B	$20a^3b^4$
C	$-20a^2b^2$
D	$20a^4b^2$
E	$20a^2b^2$
F	$20a^4b^3$

175 In der Abbildung rechts ist der Buchstabe E dargestellt. Jedes

H4 quadratische Kästchen ist a cm lang.

Begründe, dass für den Flächeninhalt des Buchstaben E gilt:

$$A = 10a^2 = 5a \cdot 3a - 2 \cdot a^2 - a \cdot 3a$$

Begründung:

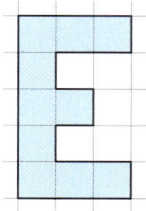

176 Gib zwei Terme an, mit denen der Flächeninhalt des gesamten dargestellten Rechtecks berechnet

H1 werden kann. Begründe dass diese gleich sind.

177 Vereinfache:

H2

a) $5 \cdot (3x + 7) =$ _____

b) $(8x + 9) \cdot 6 =$ _____

c) $-2 \cdot (x - 3) =$ _____

d) $(4x + 1) \cdot (-2) =$ _____

e) $7x \cdot (2x + 4) =$ _____

f) $(-3x + 1) \cdot 2x =$ _____

g) $(-5x) \cdot (-3 + 2x) =$ _____

h) $(-x + 6) \cdot (-5x) =$ _____

178 Entscheide, ob die folgenden Aussagen richtig oder falsch sind, und kreuze an!

H3

	richtig	falsch
$3a \cdot (4a + 7) = 12a^2 + 21a$	○	○
$(-3a) \cdot (-a - 1) = 3a^2 - 3a$	○	○
$-a \cdot (2 - 4a) = 4a^2 - 2a$	○	○
$(-2a) \cdot (5 - 2a) = 4a^2 + 10a$	○	○
$(3a + 7) \cdot 5a = 15a + 35a$	○	○
$(a + 1) \cdot (-1) = -1 + a$	○	○

179 Vereinfache:

H2

a) $(x + 1) \cdot (x + 4) =$

b) $(3 + x) \cdot (x - 5) =$

c) $(x - 3) \cdot (6 - x) =$

d) $(x + 8) \cdot (x - 1) =$

e) $(7x + 4) \cdot (2 - 5x) =$

f) $(8x - 2) \cdot (5x + 4) =$

g) $(-3x - 6) \cdot (9x - 2) =$

h) $(-2x - 5) \cdot (-3 + 7x) =$

....

180 In der folgenden Vereinfachung haben sich mehrere Fehler eingeschlichen.

H3 Kennzeichne die Fehler und korrigiere die Rechnung!

a) $(x - 2) \cdot (x^2 - 4x + 7) =$ *Korrektur:*

$= 3x - 4x^2 + 7x - 2x^2 - 8x - 14 =$

$= -2x^2 + 2x - 14$

b) $(10 - x) \cdot (x^2 - x - 1) =$ *Korrektur:*

$= 10x^2 - 10x - 11 - 2x^2 + x^2 + x =$

$= 8x^2 - 9x - 11$

....

181 Vereinfache:

H2

a) $(a + b) \cdot (3a - 2b) - a^2 \cdot (3 + 2b) =$

b) $3b \cdot (3a - 2b) - (-5a + b) \cdot (-b + 6) =$

Binomische Formeln anwenden und begründen

182 Peter und Konrad gehen beim Vereinfachen des Terms $(3k - 2s)^2$ unterschiedlich vor.

H4

Peter rechnet so:

$(3k - 2s)^2 =$
$= (3k - 2s) \cdot (3k - 2s) =$
$= 9k^2 - 6ks - 6ks + 4s^2 =$
$= 9k^2 - 12ks + 4s^2$

Konrad rechnet so:

$(3k - 2s)^2 =$
$= (3k)^2 - 2 \cdot 3k \cdot 2s + (2s)^2 =$
$= 9k^2 - 12ks + 4s^2$

Erkläre jeden Schritt der beiden Rechenwege und vergleiche sie. Fasse einige Vorteile der beiden Methoden zusammen.

Vorteile von Peter's Methode: Vorteile von Konrad's Methode:

183 Vereinfache:

H2

a) $(a + 2)^2 =$ _____

b) $(3 + a)^2 =$ _____

c) $(5 - a)^2 =$ _____

d) $(a - 7)^2 =$ _____

e) $(5a + 4b)^2 =$ _____

f) $(6a - 2b)^2 =$ _____

g) $(3a - 8b)^2 =$ _____

h) $(4a - 3b)^2 =$ _____

184 Vereinfache:

H2

a) $(-2a - 3b)^2 =$ _____

b) $(5b + 4a) \cdot (5b - 4a) =$ _____

c) $(-3a + b)^2 =$ _____

d) $(-b - 2a) \cdot (b - 2a) =$ _____

e) $(-a - 4b)^2 =$ _____

f) $(-2a + 4b) \cdot (-2a - 4b) =$ _____

g) $(-2b - 4a)^2 =$ _____

h) $(a - 7b) \cdot (a + 7b) =$ _____

185 Ergänze jeweils mithilfe einer binomischen Formel:

H1

a) $(4a +$ ___$)^2 =$ _____ $+$ _____ $+ 9b^2$

b) $($ ___ $- 4b)^2 = 9a^2 -$ _____ $+$ _____

c) $(2a +$ ___$)^2 =$ _____ $+$ _____ $+ 64$

d) $($ ___ $- 3)^2 = 25a^2 -$ _____ $+$ _____

e) $($ ___ $- 5)^2 =$ _____ $- 20a +$ _____

f) $\left(\frac{1}{2}a +$ ___$\right)^2 =$ _____ $+ 12ab +$ _____

g) $($ _____ $)^2 = 4a^2 - 20ab +$ _____

h) $($ _____ $)^2 = 49a^2 +$ _____ $+ 64b^2$

i) $(7a +$ ___$) \cdot ($ ___ $- 2b) =$ _____

j) $\left($ ___ $- \frac{1}{4}b\right) \cdot \left($ _____ $\right) = 36a^2 -$ ___

k) $($ ___ $+$ ___$) \cdot ($ ___ $- 2b) = 4a^2 -$ ___

l) $($ _____ $) \cdot ($ _____ $) = 81a^2 - 9b^2$

186 Ordne jedem Term das zugehörige Quadrat eines Binoms oder Produkt von Binomen zu. Trage dazu
H3 die entsprechenden Buchstaben ein.

$\frac{a^2}{4} + 2ab + 4b^2$		A	$\left(\frac{1}{2}a + \frac{1}{2}b\right)\left(\frac{1}{2}a - \frac{1}{2}b\right)$
$\frac{a^2}{4} - \frac{b^2}{4}$		B	$\left(\frac{3}{4}a - \frac{1}{3}b\right)^2$
$\frac{9}{16}a^2 - \frac{1}{2}ab + \frac{1}{9}b^2$		C	$\left(2a + \frac{1}{3}b\right)^2$
$4a^2 + \frac{4}{3}ab + \frac{1}{9}b^2$		D	$\left(\frac{2a}{3} - \frac{b}{4}\right)\left(\frac{2a}{3} + \frac{b}{4}\right)$
$\frac{4a^2}{9} - \frac{b^2}{16}$		E	$\left(\frac{a}{2} + 2b\right)^2$

187 Schreibe als Quadrat eines Binoms:
H2

a) $h^2 + 14h + 49 = $ _____

b) $c^2 - 20c + 100 = $ _____

c) $4p^2 + 36p + 81 = $ _____

d) $9u^2 - 24u + 16 = $ _____

e) $25e^2 + 20ef + 4f^2 = $ _____

f) $64f^2 - 16fg + g^2 = $ _____

g) $16n^2 + 56nm + 49m^2 = $ _____

h) $4v^2 - 12vw + 9w^2 = $ _____

188 Vereinfache und führe die Probe für $a = -2$ und $b = 3$ durch:
H2

a) $(a + b)^2 - (a - b) \cdot (-2b) + (a - b)^2 = $ *Probe:*

_____

_____

b) $(2a + b)^2 - (3a + b) \cdot 2b + (a - b)^2 = $ *Probe:*

_____

_____

c) $(a + 3b)^2 - (a - 5b) \cdot 2a + (a - 2b)^2 = $ *Probe:*

_____

_____

d) $(6a - 5b) \cdot (6a + 5b) - (6a - 5b)^2 = $ *Probe:*

_____

_____

e) $(3a - b) \cdot (3a + 5b) \cdot 4 - 2 \cdot (a + 3b)^2 = $ *Probe:*

_____

_____

Einen gemeinsamen Faktor herausheben

189 In der Abbildung ist das Herausheben eines gemeinsamen Faktors aus einer Summe dargestellt.
H3 Beschrifte die Seitenlängen aller Rechtecke und gib den Flächeninhalt des rechten Vierecks an.
Schreibe die dazu passende Rechnung auf.

a)

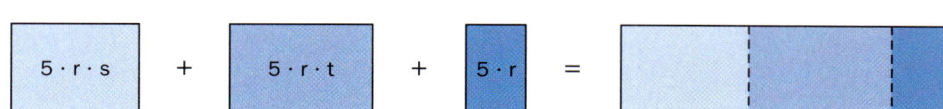

| $a \cdot t$ | $+$ | $2 \cdot a \cdot b$ | $+$ | $a \cdot k$ | $=$ | |

Rechnung: _____

b)

| $5 \cdot r \cdot s$ | $+$ | $5 \cdot r \cdot t$ | $+$ | $5 \cdot r$ | $=$ | |

Rechnung: _____

190 Hebe eine möglichst große Zahl heraus:
H2

a) $15a + 20 =$ _____

b) $7u + 21v =$ _____

c) $-8x + 12y =$ _____

d) $-9 - 12m =$ _____

e) $34y - 24x^2 =$ _____

f) $56x + 64y =$ _____

191 Wurde (-1) jeweils richtig herausgehoben? Kreuze an!
H3

a)

	richtig	falsch
$7x + 6y = -(-7x - 6y)$	◯	◯
$-5y + 9x = -(5y + 9x)$	◯	◯
$-2x - 3y = -(2x + 3y)$	◯	◯

b)

	richtig	falsch
$-4x + 7y = -(-4x + 7y)$	◯	◯
$3x - 2y = -(2y - 3x)$	◯	◯
$-7x - 8y = -(8y - 7x)$	◯	◯

192 Hebe eine möglichst große Potenz heraus:
H2

a) $w^2 - 6w =$ _____

b) $e^2 + 12e =$ _____

c) $3t^3 - 5t^2 =$ _____

d) $-2z^4 + 7z^2 =$ _____

e) $9u - 4u^2 =$ _____

f) $6i - 5i^3 =$ _____

g) $-20s^3 - 9s^2 =$ _____

h) $-11c^2 + 8c^4 =$ _____

193 Hebe den größten gemeinsamen Faktor heraus:
H2

a) $25m^2 - 10m =$ _____

b) $12n^2 - 18n =$ _____

c) $-9v^2 + 15v =$ _____

d) $30u^2 + 18u^3 =$ _____

e) $20c^2 - 15c^5 =$ _____

f) $18d^4 + 24d^3 =$ _____

g) $-25p^2 + 3p =$ _____

h) $-14q^3 + 35q^5 =$ _____

194 Sind die folgenden Aussagen richtig oder falsch? Kreuze an und stelle gegebenenfalls richtig!

H3

	richtig	falsch	Korrektur
$8a^2 - 4a + 4 = 4 \cdot (2a^2 - a)$	○	○	
$20a^2 + 15a = 5a \cdot (4a + 3)$	○	○	
$-24a^2 + 9a = -3a \cdot (8a + 3)$	○	○	
$18a^2 - 9a = 9a \cdot (2a - 1)$	○	○	
$-25a^2 - 15a = -5a \cdot (5a - 3)$	○	○	

195 Hebe ein Binom heraus und mach die Probe für $a = 2$ und $b = -3$:

H2

a) $7a \cdot (2b - 3) + (2b - 3) = $ _____

Probe: _____

b) $3 \cdot (2a - 7) - 5b \cdot (7 - 2a) = $ _____

Probe: _____

c) $2a \cdot (a - b) - 7b \cdot (b - a) = $ _____

Probe: _____

d) $3a + 7 - (3a + 7) \cdot 5b = $ _____

Probe: _____

e) $5b - 6 + (6 - 5b) \cdot 4a = $ _____

Probe: _____

f) $3 - 5b + 3a \cdot (5b - 3) = $ _____

Probe: _____

196 Ergänze jeweils:

H1

a) $12a^2 + $ _____ $= 6a \cdot ($ _____ $+ 3)$ b) _____ $+ 14a = $ _____ $(a + 2)$

c) $15a + $ _____ $= 5a \cdot ($ _____ $+ 4b)$ d) _____ $+ 12a^2 = $ _____ $(1 + 2a)$

e) _____ $- 18a = 9a \cdot (3a - $ _____ $)$ f) $-64a^2$ ___ _____ $= -8a \cdot ($ _____ $+ 3)$

g) $21ab - $ _____ $= 7b \cdot ($ _____ ___ $4)$ h) $-24ab - $ _____ $= $ _____ $(2b + 1)$

6. Lineare Gleichungen

6.1 Äquivalente Gleichungen

 Erkennen und begründen, ob Gleichungen äquivalent bzw. linear sind

197 Entscheide, ob es sich bei den gegebenen mathematischen Ausdrücken um Gleichungen handelt,
H1 und kreuze an!

a)

mathematischer Ausdruck	Gleichung	
	ja	nein
$x + {-3} = 10$	◯	◯
$a \cdot 4 = a$	◯	◯
$5 \cdot (3 - k) - 1$	◯	◯
$\frac{x^2}{2} = -8$	◯	◯

b)

mathematischer Ausdruck	Gleichung	
	ja	nein
$\frac{3 \cdot w - 4}{2} = w$	◯	◯
$4r^2 - 81$	◯	◯
$(6w - 3) - : 2 = 10$	◯	◯
$\left(b - \frac{4}{5}\right) \cdot 7 + 4 = 0$	◯	◯

198 Sind diese Gleichungen äquivalent? Begründe, indem du die Lösungen vergleichst!
H4

a) $\quad 2 \cdot x = 10$
$\quad 4 \cdot x - 6 = 14$

b) $\frac{x}{5} + 1 = 12$
$\quad \frac{x}{5} = 13$

c) $\quad x = 15$
$\quad x + 3 = 18$

d) $2{,}5 - x = 6{,}4$
$\quad x = 8{,}9$

199 a) Die Gleichung $(x - 2) \cdot (x + 9) = 0$ hat zwei Lösungen: $x = 2$ und $x = -9$
H4 Begründe rechnerisch, dass $x^2 + 7x = 18$ eine äquivalente Gleichung zu dieser Gleichung ist.

b) Die Gleichung $(x + 8) \cdot (x - 1) = 0$ hat zwei Lösungen: $x = 1$ und $x = -8$
Begründe rechnerisch, dass $x^2 = -7x + 8$ eine äquivalente Gleichung zu dieser Gleichung ist.

200 Ordne den Gleichungen die richtige Lösung zu und verbinde äquivalente Gleichungen mit einer Linie
H2|H4 oder male sie mit gleicher Farbe an!

$7 - x = 8$

$x = -7$

$x = -40$

$2 \cdot x + 1 = -13$

$-5 \cdot x = -20$

$x = 15$

$\frac{x}{5} = 3$

$x + 1 = 0$

$x = -1$

$-0,5x = 20$

$x = 4$

$-4 \cdot x = -16$

$x - 8 = -13$

$\frac{x}{3} = 5$

$x : (-2) = 20$

$x = 2$

$-x - 3 = 2$

$\frac{x}{25} = -2$

$-3x + 9 = 3$

$x = -50$

$-4x + 9 = 1$

$-\frac{x}{5} = 10$

$x = -5$

$-x - 4 = 3$

....

201 Eine lineare Gleichung ist äquivalent zu einer Gleichung der Form $a \cdot x + b = c$ mit $a \neq 0$, $b, c \in \mathbb{R}$.
H4 Entscheide, ob die gegebene Gleichung linear ist. Kreuze an und begründe deine Entscheidung!

a)

Gleichung	linear	nicht linear	Begründung
$z + 3 = 19$	○	○	
$\frac{1}{3} \cdot h = 9$	○	○	
$f^2 + 7 = 38$	○	○	
$\frac{4}{x} = 15$	○	○	

b)

Gleichung	linear	nicht linear	Begründung
$j^3 = 27$	○	○	
$4^2 \cdot x = 8$	○	○	
$\frac{i}{1} = 34$	○	○	
$\frac{9}{8} + e = \frac{3}{7}$	○	○	

c)

Gleichung	linear	nicht linear	Begründung
$x \cdot (2x - 7) = 14$	○	○	
$\frac{x}{3} + \frac{4}{x} = 8$	○	○	
$(x + 7,2) \cdot 6 = 92$	○	○	
$x : (-6) - 2 = -19$	○	○	

6.2 Gleichungen lösen

 Einfache Gleichungen mit einer Rechenoperation lösen

202 Auf den abgebildeten Waagen wird die Masse von verschiedenen Tieren verglichen.

H1

(1) Welche Gleichung ist jeweils dargestellt? Wofür steht die Variable?

(2) Berechne die gesuchte Masse x, indem du die Gleichung löst!

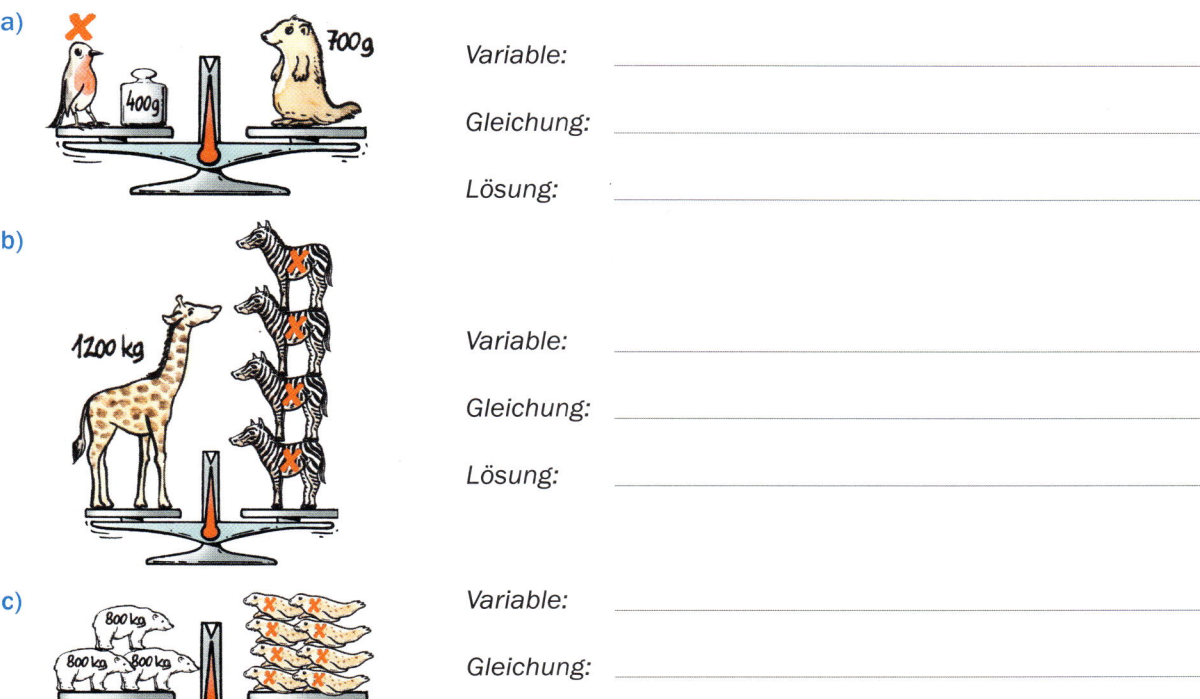

a)

Variable: _____

Gleichung: _____

Lösung: _____

b)

Variable: _____

Gleichung: _____

Lösung: _____

c)

Variable: _____

Gleichung: _____

Lösung: _____

203 Stelle eine Gleichung auf und löse sie mit einer Waage!

H1

a) Eine Eule wird bis zu 3 kg schwer. Wenn du eine Eule und einen Nasenbär gemeinsam wiegst, erhältst du 10 kg. Wie schwer ist ein Nasenbär?

Gleichung: *Lösung:*

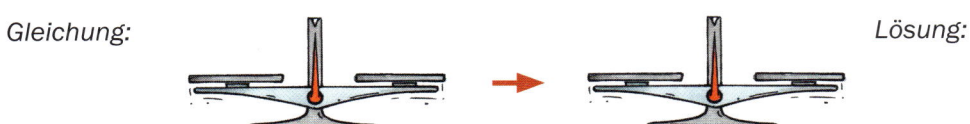

b) Ein Seebär wird bis zu 279 kg schwer. Wenn du zu einem Seebären noch 30 kg dazulegst, erhältst du die Masse eines Zebras. Wie schwer ist ein Zebra?

Gleichung: *Lösung:*

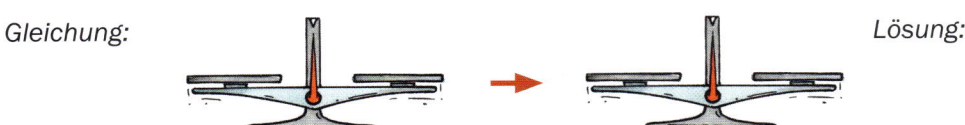

c) Ein Orang-Utan wird bis zu 90 kg schwer. Drei Stachelschweine sind genau so schwer wie ein Orang-Utan. Wie schwer ist ein Stachelschwein?

Gleichung: *Lösung:*

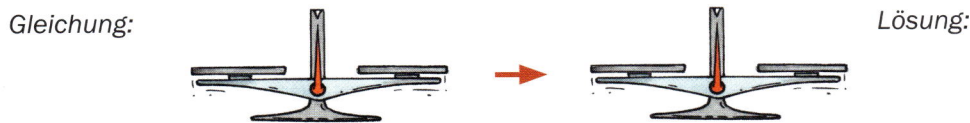

204 Die beiden Zwillinge Peter und Paul sitzen mit ihrer Mutter
H1|H2 auf der Schaukel. Nach kurzer Zeit stellen sie fest, dass
die Schaukel genau im Gleichgewicht ist, wenn sie noch
den kürzlich gefundenen Stein dazunehmen (siehe Abbildung). Die Mutter wiegt 66 kg, der Stein 4 kg.

Stelle eine Gleichung auf und berechne, wie viel Peter
wiegt, wenn die Zwillinge gleich schwer sind.

205 Gib die jeweils dargestellte Gleichung an und löse sie!
H1

a)
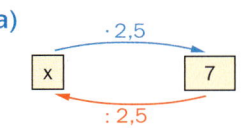

b)
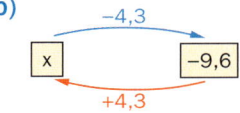

c)
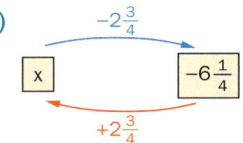

d)
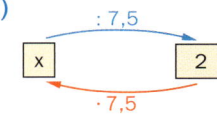

_____   _____   _____   _____

_____   _____   _____   _____

206 Löse die gegebene Gleichung auf zwei Arten:
H2

a) $\frac{3}{8} \cdot k = -2$

    1. Art: *Waage*

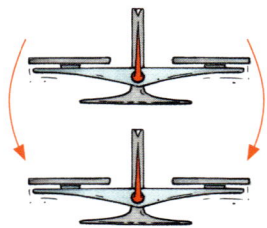

    2. Art: *Rechenbefehl*

b) $\frac{x}{5} = -25$

    1. Art: *Waage*

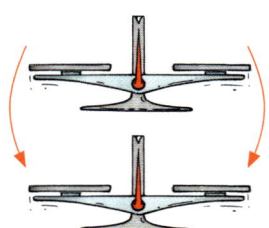

    2. Art: *Rechenbefehl*

207 Löse die gegebene Gleichung:
H2

a) $w : (-2) = 14$ b) $-7 + e = 19$

c) $q - 2\frac{1}{3} = \frac{5}{6}$ d) $x - 2,9 = 0$

Einfache Gleichungen mit zwei Rechenoperationen lösen

208 Gib die jeweils dargestellte Gleichung an und löse sie!

H1|H2

a)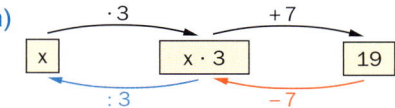

b)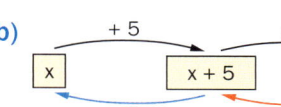

c)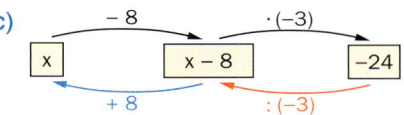

d)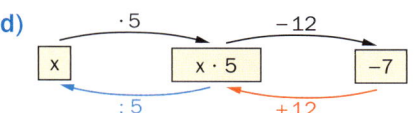

209 Löse die Gleichung mit Äquivalenzumformungen und führe die Probe durch:

H2

a) $5 \cdot x + 9 = 39$ *Probe:*

b) $2 + (-8) \cdot x = 18$ *Probe:*

c) $-4 \cdot x + 3{,}5 = 35{,}5$ *Probe:*

d) $\frac{x}{3} - 23 = 55$ *Probe:*

e) $x \cdot (-2) - 12 = 56$ *Probe:*

210 Beim Lösen der Gleichungen mit Äquivalenzumformung sind ein paar Fehler passiert. Finde sie und
H2|H4 berechne die richtige Lösung der Gleichung!

a) $-5x + 7,8 = 12,8$ $\quad | -7,8$
$\qquad -5x = 5$ $\qquad\quad | +5$
$\qquad\quad x = 10$

b) $\frac{x}{4} - 7 = 21$ $\quad | +7$
$\qquad \frac{x}{4} = 28$ $\quad | : 4$
$\qquad\quad x = 7$

c) $-2,4x + 3,4 = -27,8$ $\quad | -3,4$
$\qquad\quad -2,4x = -31,2$ $\quad | : 2,4$
$\qquad\qquad\quad x = -13$

211 Welche Gleichungen sind äquivalent? Ordne richtig zu, indem du mit Linien verbindest!
H3

a)

$2x + 7 = 9$
$-2x - 7 = 9$
$-2x = 9$
$2x - 7 = 1$
$2x + 8 = 12$
$-3 + 2x = 10$

$2x = -9$
$-2x = 16$
$x = 2$
$2x = 2$
$x = 4$
$2x = 13$

b)

$4 \cdot (x + 3) = 12$
$\frac{x + 3}{4} = 12$
$4x + 3 = 12$
$(x + 3) : 4 = 5$
$\frac{x}{4} + 3 = 9$
$\frac{4x}{3} = 5$

$4x = 9$
$4x = 15$
$\frac{x}{4} = 6$
$x + 3 = 48$
$x + 3 = 3$
$x + 3 = 20$

212 Schreibe drei Gleichungen auf, die dieselbe Lösung haben wie $5 \cdot x - 7 = 48$.
H1

213 Finde zur gegebenen Gleichung zwei äquivalente Gleichungen:
H1

	Gleichung	äquivalente Gleichung	äquivalente Gleichung
a)	$5y - 3 = 9$		
b)	$7 \cdot (k - 2,2) = 21$		
c)	$-\frac{e}{3} + 2 = 13$		
d)	$15 - \frac{1}{2} \cdot p = 16$		
e)	$7b - 2 = 6b - 8$		
f)	$\frac{a}{3} + \frac{a}{4} = 5$		
g)	$100 + 4n + 7n = 89$		

214 Benjamin betrachtet das Mobile seiner kleinen Schwester
H1|H2 Christina. Einen Stern und einen Mond hat er am Vortag schon
heimlich abgenommen und gewogen. Beide waren gleich
schwer, nämlich 4 g. Nun möchte er wissen, wie schwer die
drei Katzen jeweils sind. Leider sind sie so befestigt, dass er
sie nicht abnehmen kann.

Hilf ihm und stelle eine Gleichung auf, mit der du anschließend die Masse einer Katze berechnen kannst.

Gleichungen mit beliebig vielen Rechenoperationen lösen

215 Löse die Gleichung mit Äquivalenzumformungen:

H2

a) $-6 - x = 3$

b) $2,3 - x = -9$

c) $-x + 5,3 = 12,8$

216 Löse die Gleichung mit Äquivalenzumformungen oder mit einem Rechenbefehl:

H2

a) $4 : x = 48$

b) $\frac{7}{x} = 107,8$

c) $-\frac{9}{x} + 3 = 10,5$

217 Sind die Gleichungen äquivalent? Begründe deine Entscheidung!

H4

a) $2 \cdot x + 4 = 5 \cdot x$

   $-3 \cdot x = 4$

b) $7 \cdot x - 7 = 2x$

   $5 \cdot x = 7$

c) $2 - x : 2 = 9$

   $4 - x = 18$

d) $(2 \cdot x + 4) : 2 = 5 \cdot x$

   $2 \cdot x + 4 = 2,5 \cdot x$

e) $4 \cdot (3 - 2 \cdot x) = 2$

   $3 - 2 \cdot x = 0,5$

f) $(7 - x) \cdot 6 = 4$

   $42 - 6 \cdot x = 4$

218 Gib die durchgeführte Äquivalenzumformung an!

H3

a) $\frac{y}{5} - 1 = 3$

   $y - 5 = 15$

b) $\frac{2y}{4} + 5 = \frac{3y}{2}$

   $2y + 20 = 6y$

c) $\frac{y}{5} - \frac{1}{3} = 3$

   $3y - 5 = 45$

d) $\frac{y}{5} + 1 = 0,6y$

   $6y + 30 = 18y$

219 Löse die gegebene Gleichung und mach die Probe!

H2

a) $\frac{4x - 1}{3} - \frac{4}{5} = \frac{2x}{3}$

   Probe:

b) $\frac{8x - 7}{2} - \frac{3x}{4} = \frac{6x + 2}{8}$

   Probe:

220 Löse die gegebenen Gleichungen. Zur Kontrolle findest du unten alle Lösungen.

H2

a) $4 \cdot (4x - 2) - (3x - 7) = 2 \cdot (x + 5)$

b) $5 \cdot (2x + 3) - (5x - 4) = 3 \cdot (2x + 1)$

c) $(2x - 3)^2 - (2x + 4) \cdot (2x - 4) = 29$

d) $3 \cdot (3x - 2)^2 - (23x^2 - 46x - 3) = (2x + 5)^2$

e) $2 \cdot (4x - 3)^2 - (23x^2 - 57x + 17) = (3x + 4)^2 + 5$

f) $(3x - 4)^2 - (3x + 2) \cdot (3x - 2) = 32$

| $-\dfrac{4}{3}$ | 1 | 16 | $-\dfrac{1}{3}$ | $-\dfrac{1}{2}$ | -1 |

6.3 Umkehraufgaben aus der Geometrie

 Formeln aus der Geometrie umformen

221 Forme die gegebene Formel nach der gesuchten Größe um. Gib auch an, für welche geometrischen
H1|H3 Figuren die Formel jeweils gilt!

a) Formel: $u = 4a$
gesucht: a

b) Formel: $u = (a + b) \cdot 2$
gesucht: b

c) Formel: $A = \frac{a \cdot b}{2}$
gesucht: a

d) Formel: $A = \frac{e \cdot f}{2}$
gesucht: e

e) Formel: $u = a + b + c$
gesucht: c

f) Formel: $A = a \cdot h_a$
gesucht: a

  Umkehraufgaben aus der Geometrie lösen

222 Gib für die gesuchte Größe eine Formel an und berechne sie mithilfe dieser Formel!
H1|H2
a) Ein Parallelogramm hat einen Flächeninhalt von $260\,cm^2$. Seine Höhe h_a ist $13\,cm$ lang.
Berechne die Seitenlänge a!

b) Ein Deltoid hat einen Flächeninhalt von $30\,cm^2$. Die Diagonale f ist $10\,cm$ lang.
Berechne die Länge der Diagonale e!

c) Der Flächeninhalt einer Raute beträgt $184\,cm^2$. Eine Diagonale ist $23\,cm$ lang.
Berechne die Länge der zweiten Diagonale!

d) Von einem Trapez kennst du $a = 12\,cm$, $c = 8\,cm$ und $A = 50\,m^2$.
Berechne die Länge der Höhe h!

223 In einem allgemeinen Dreieck ist der Winkel β um 39° größer als α und der Winkel γ ist um 42°
H1|H2 kleiner als β.
Berechne die Größe der Winkel!

224 In einem allgemeinen Dreieck ist der Winkel β um 72° kleiner als α und der Winkel γ ist um 93°
H1|H2 größer als β.
Berechne die Größe der Winkel!

225 Die Seiten eines Quadrats werden um $2\,cm$ verlängert. Dabei entsteht ein zweites Quadrat, dessen
H1|H3 Flächeninhalt um $48\,cm^2$ größer ist als der des ersten.
Berechne die Flächeninhalte beider Quadrate!

226 Verlängert man eine Seite eines Quadrats um $2\,cm$ und verkürzt die andere Seite um $3\,cm$, so erhält
H1 man ein Rechteck, das um $12\,cm^2$ kleiner ist als das ursprüngliche Quadrat.
Berechne die Seitenlängen des Quadrats und des Rechtecks!

6.4 Textaufgaben

 Textaufgaben mit Gleichungen lösen

227 Ordne jeder Gleichung einen passenden Text zu. Trage dazu den entsprechenden Buchstaben ein!

H3

$2x - 20 = 2$	
$2x - 2 = 20$	
$2x + 20 = 2$	
$2x + 2 = 20$	

A	Vermindert man das Doppelte einer Zahl um 2, so erhält man 20.
B	Addiert man zum Doppelten einer Zahl die Zahl 2, so erhält man 20.
C	Das Doppelte einer Zahl ist um 20 größer als 2.
D	Das Doppelte einer Zahl ist um 20 kleiner als 2.

228 In der folgenden Tabelle sind jeweils Texte und Formeln angegeben.

H3 Entscheide, ob die Texte richtig als Formel umgesetzt sind, und kreuze an!

	richtig	falsch
Die Summe aus dem Doppelten der Zahl z und dem Dreifachen der Zahl s ergibt 17. *Formel:* $3z + 2s = 17$	○	○
Die Anzahl der Schafe s ist um 17 kleiner als die doppelte Anzahl der Ziegen z. *Formel:* $s - 17 = 2z$	○	○
Die Anzahl der Schafe s ist halb so groß wie die Anzahl der Ziegen z. *Formel:* $z = 2s$	○	○
Multipliziert man 5 mit der Summe der Zahlen a und b so ergibt das 7. *Formel:* $5 \cdot a + b = 7$	○	○
Subtrahiert man vom Doppelten der Zahl u die Zahl 4, so ergibt das 3. *Formel:* $2 \cdot u - 4 = 3$	○	○

229 Löse die Aufgabe mithilfe einer Gleichung:

H1 | H2

a) Addiert man zum Zehnfachen einer Zahl die Zahl selbst, so erhält man 55. Wie lautet die Zahl?

b) Das Vierfache einer Zahl ist um 6 größer als das Doppelte dieser Zahl. Wie lautet die Zahl?

230 Die Freunde Simone, Alexander und Hannes kaufen sich gemeinsam eine Spielekonsole um 250 €.

H1 | H2 Simone zahlt doppelt so viel wie Alexander. Hannes zahlt 50 € mehr als Alexander. Wie viel zahlen die Kinder jeweils dafür?

231 In einer Pfarre waren 18 Gruppen Sternsinger unterwegs und haben insgesamt 12 600 € gesammelt. Die 8
H1|H2 Gruppen in kleineren Gebieten haben im Durchschitt jeweils halb so viel Geld gesammelt wie die 10 Gruppen, die in größeren Gebieten mit mehr Einwohnern unterwegs waren.

Wie viel Euro haben die Gruppen jeweils gesammelt?

232 Ordne den Textbausteinen die passende Übersetzung in die Sprache der Mathematik zu. Trage dazu
H3 die entsprechenden Buchstaben ein!

Doppelt so alt wie …		A	$x + 2$
Halb so alt wie …		B	$x - 2$
Zwei Jahre älter als …		C	$x : 2$
Zwei Jahre jünger als …		D	$2 \cdot x$

233 Katharina ist um 5 Jahre älter als Ursula. Emil ist doppelt so alt wie Ursula.
H1|H2 Wie alt sind die drei Kinder jeweils, wenn sie gemeinsam 29 Jahre alt sind?

234 Luisa ist drei Jahre älter als ihre Schwester Nicole. Zusammen sind die beiden Schwestern um 45
H1|H2 Jahre jünger als ihre Eltern gemeinsam. Ihre Mutter ist dreimal so alt wie Nicole und ihr Vater ist gleich alt wie ihre Mutter. Berechne wie alt die Familienmitglieder jeweils sind.

235 In einer Sportgruppe sind M Mädchen und B Burschen. Die Anzahl der Burschen ist um 3 größer als
H1|H2 die halbe Anzahl der Mädchen:

(1) Drücke diesen Sachverhalt in Form einer Gleichung mit den Variablen M und B aus.

(2) Berechne damit die Anzahl der Mädchen, wenn in der Sportgruppe 17 Burschen sind.

236 Für die Dichte eines Körpers gilt: $\rho = \frac{m}{V}$
H1|H2 Gold hat eine Dichte von $\rho = 19{,}3\,\text{g/cm}^3$.

Berechne das Volumen eines Goldbarrens, dessen Masse 2,895 kg beträgt.

7. Prozent- und Zinsrechnung

7.1 Rechnen mit Prozenten

 Anteil, Prozentsatz und Grundwert berechnen

237 Berechne den fehlenden Anteil, Prozentsatz bzw. Grundwert im Kopf.

a)

30 % von 900 kg sind
8 m von 32 m sind
12 l sind 60 % von
80 % von 420 m² sind
120 % von 500 kg sind
90 l von 900 l sind
30 m³ sind 75 % von
1,5 % von 200 dm² sind

b)

18 kg von 24 kg sind
140 l sind 35 % von
40 % von 45 ha sind
120 m sind 60 % von
45 m² von 180 m² sind
450 kg sind 80 % von
3 % von 90 g sind
21 l sind 70 % von

238 Frau Lammer führt eine Boutique. Ein Pullover kostet 45 €. Für Stammkunden gibt es 4 % Rabatt. Berechne, um wie viel Euro der Pullover für eine Stammkundin billiger ist.

239 Im Jahr 2011 wurde von Statistik Austria erhoben, dass sich ca. 40 % der Einwohner Österreichs in ihrem Wohnbereich durch Lärm gestört fühlen. Dieser Wert ist in Vorarlberg etwa gleich hoch. Berechne, wie viele Personen sich in Bregenz (ca. 27 000 Einwohner) ungefähr durch Lärm gestresst fühlen.

240 Die monatliche Haushaltsversicherungsprämie beträgt 1,75 Promille (= 0,175 %) der Versicherungssumme. Ein Haushalt zahlt monatlich eine Prämie von 262,5 €.

Berechne, wie hoch die Versicherungssumme ist, mit der dieser Haushalt versichert ist.

241 Mit dem größten Passagierflugzeug der Welt, dem Airbus
H1   A380, können 853 Passagiere transportiert werden. Das
     meistverkaufte Flugzeug, der Airbus A320, bietet hingegen
     nur Platz für 150 Passagiere.

Berechne, wie viel Prozent mehr Passagiere mit dem A380
befördert werden können.

242 In Österreich beträgt die Mehrwertsteuer auf Lebensmittel
H1|H3 10%, in Spanien hingegen nur 4%.

Berechne, wie viel dieser Einkauf in Spanien gekostet
hätte. Um wie viel Euro wäre er billiger?

```
Datum: 19.09.2015          Zeit: 14:34

Schokopudding         B         1.19
Aktionsnachlass       B        -0.20
Cabanossi             B         2.49
Magnum Caramel        B         1.30
Reisessig             B         1.99
Reisessig             B         1.99
Zucker                B         0.99
_____
Summe               EUR         9.75
=========================================
Gegeben   Karte                 9.75
Maestro
B E Z A H L T        EUR      9,75
17077830 017563 016391 20150919 143457
PAN:**************2076 12/16 D01
EA0000000043060
MAESTRO CONTACTLESS

Betrag dankend erhalten

B : 10% MwSt von         8.86 =    0.89
```

243 Auch auf Bücher gilt in vielen Ländern eine verminderte Mehrwertsteuer.
H1   In Österreich liegt diese bei 10%, in Deutschland bei 7%. Das Buch
     MatheGenie kostet in Deutschland 14,95 €.

Berechne seinen Preis in Österreich!

244 Ergänze die Tabelle:
H1

a)

Aussage	Term
6% zu 38 m² dazugeben	1,06 · 38 m²
P nimmt um 35% zu	
	0,80 · 56 €
	0,88 · K
10% von 45 € abziehen	

b)

Aussage	Term
13% von 45 kg	0,13 · 45 kg
	0,25 · 420 €
5% von *P*	
	0,22 · E
129% von 300 m	

Prozentrechnungen richtig hintereinander ausführen

245 Für Mode muss man in Österreich
20% Mehrwertsteuer zahlen. In der
Tabelle siehst du, wie viel verschiedene Artikel in einem bestimmten
Modehaus inkl. MWSt kosten.
Im Winterschlussverkauf wird alles
um 15% ermäßigt.

Artikel	Preis
Pullover	45€
Schal	18€
Hose	56€
Jacke	166€

a) Gib eine Formel für die Berechnung des Preisnachlasses
in Euro an. Berechne damit den Preisnachlass für jeden
Artikel aus der Tabelle.

b) Berechne für jeden Artikel, wie viel Euro die Mehrwertsteuer im Winterschlussverkauf (also beim
ermäßigten Preis) ausmacht.

246 Ein Möbelhaus verkauft seine Teppiche um 20% billiger. In den letzten Tagen des Abverkaufs werden
die reduzierten Preise der Teppiche noch einmal um 5% gesenkt.

a) Gib eine Formel für den Verkaufspreis in den letzten Tagen des Abverkaufs an.

b) Ein Teppich kostet regulär 300€. Der Verkäufer zieht einfach von diesem Preis 25% ab.
Hat er richtig gerechnet? Begründe rechnerisch!

247 Die Aktie einer Firma kostet 320€. Im Laufe eines Jahres steigt sie um 25%. Im nächsten Jahr fällt
sie um 12%. Berechne mithilfe einer Formel, welchen Wert die Aktie zuletzt hat.

248 Ein Mann hat eine Masse von 70 kg. Er nimmt zuerst 20% zu und dann wieder 20% ab.
Erkläre, warum seine Masse am Ende niedriger ist als am Anfang.

Zwischen Prozenten und Prozentpunkten unterscheiden

249 Bei der Nationalratswahl 2013 erreichten die Parteien die in der Grafik dargestellten prozentuellen
H1|H3 Stimmenanteile. Im Vergleich zur Wahl 2008 gab es einige Verschiebungen, diese Veränderung ist
jeweils in Prozentpunkten angegeben.

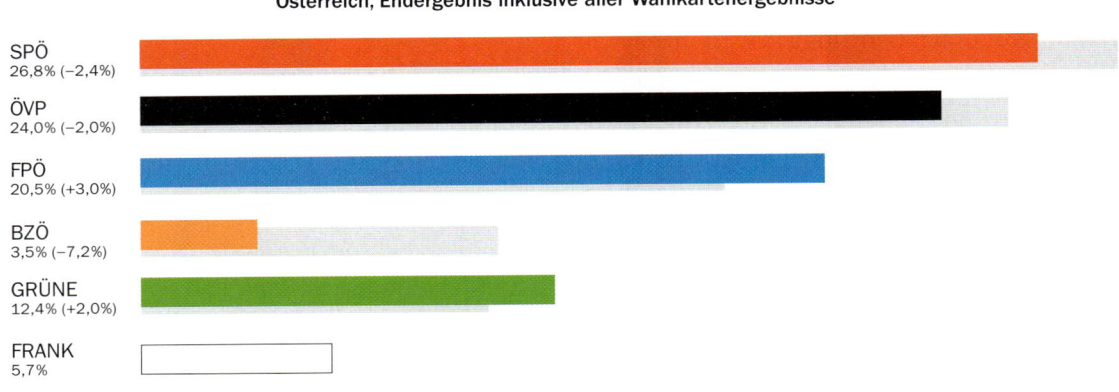

Österreich, Endergebnis inklusive aller Wahlkartenergebnisse

SPÖ
26,8% (−2,4%)

ÖVP
24,0% (−2,0%)

FPÖ
20,5% (+3,0%)

BZÖ
3,5% (−7,2%)

GRÜNE
12,4% (+2,0%)

FRANK
5,7%

NEOS
5,0%

(*Daten nach:* Bundesministerium für Inneres; entnommen am: 25.7.2016)

Lies aus der Grafik ab bzw. berechne:

a) Wie viel Prozentpunkte lag die SPÖ 2013 vor der ÖVP?

b) Um wie viel Prozent hatte die SPÖ 2013 mehr Stimmen als die ÖVP?

c) Welche Partei konnte von 2008 bis 2013 prozentuell den größten Stimmengewinn verzeichnen?

d) Welche Partei gewann von 2008 bis 2013 die meisten Stimmen dazu?
Hinweis: Beachte dabei die fehlenden Ausgangswerte der bei dieser Wahl neu antretenden Parteien FRANK und NEOS.

250 Fortsetzung von 249: Nach der Wahl 2013 steht in einer Zeitung: „Die Grünen konnten ihren Stim-
H3 menanteil seit 2008 um beinahe 20% erhöhen."
Stimmt diese Aussage? Begründe deine Antwort!

7.2 Zinsen beim Sparen

 Zinsen innerhalb eines Jahres berechnen

251 Auf einem Sparbuch liegt am 1. Jänner ein bestimmtes Kapital. Berechne die Zinsen nach Abzug
H1|H2 der KESt ein Jahr später. Wie hoch ist dann jeweils das Kapital?

a) Kapital: 1000 €, Zinssatz: 2,5 % p.a.   b) Kapital: 300 €, Zinssatz: 1,25 % p.a.

252 Lisa eröffnet am 24. Juni ein Sparbuch mit 2 880 €. Das Kapital wird mit 2,5 % p.a. verzinst.
H1|H2

(1) Ergänze die fehlenden Werte in der Tabelle.
Beachte dabei auch die KESt!

(2) Berechne, wie viel Euro Zinsen Lisa ausbezahlt werden, wenn sie das Sparbuch am 2. November desselben Jahres wieder auflöst.

Tage	Zinsen in €
0	0,00
10	
20	
30	
40	
50	
60	

253 Julian hat ein Sparbuch mit 4 800 €. Die Tabelle zeigt dir, wie
H1|H2 viel Euro an Zinsen Julian nach einer bestimmten Zeit ausbezahlt werden.

Hinweis: Die KESt musst du hier nicht berücksichtigen.

(1) Berechne den Zinssatz p.a., mit dem das Guthaben am Sparbuch verzinst wird.

Tage	Zinsen in €
0	0,00
10	2,40
20	4,80
30	7,20
40	9,60
50	12,00

(2) Berechne, wie viel Euro an Zinsen Julian ausbezahlt werden, wenn er das Sparbuch am 23. März eröffnet und am 15. Dezember wieder auflöst.

254 Sarah soll folgende Aufgabe lösen:

H2 Ein Sparbuch wird am 1. September mit einem Kapital von 12 000 € eröffnet. Das Guthaben wird mit 4 % p.a. verzinst. Wie hoch ist das Kapital am 31. August des nächsten Jahres?

Sie löst die Aufgabe folgendermaßen:

- $p_{eff} = 0,75 \cdot p = 0,75 \cdot 4 = 3\,\%$
- Zinsen für 4 Monate: $Z_{4\ Monate} = \frac{3}{100} \cdot 12\,000 \cdot \frac{4}{12} = 120\,€$
- Neues Kapital ab 1.1.: $12\,000 + 120 = 12\,120$
- Zinsen für 8 Monate: $Z_{8\ Monate} = \frac{3}{100} \cdot 12\,120 \cdot \frac{8}{12} = 242,40\,€$
- Kapital am Ende der Laufzeit: $12\,120 + 242,40 = 12\,362,40\,€$

Erkläre jeden Schritt von Sarah's Berechnung und überprüfe, ob sie richtig gerechnet hat.

255 Löse ähnlich wie Sarah in Beispiel 254 die folgenden Aufgaben:

H1|H2 a) Martin eröffnet am 1. März ein Sparbuch mit 6 000 € (Zinssatz 3 % p.a.). Wie viel bekommt er am 30. April des nächsten Jahres ausbezahlt?

b) Eva eröffnet am 12. Juli ein Sparbuch mit 5 000 € (Zinssatz 3,6 % p.a.). Wie viel bekommt sie am 20. September des nächsten Jahres ausbezahlt?

256 Nora eröffnet am 1. Jänner ein Sparbuch mit 1 680 €.

H1|H2 Am 30. Oktober werden ihr 26,25 € gutgeschrieben.

Berechne, mit welchem Zinssatz p.a. das Sparbuch verzinst wird. Beachte dabei auch die KESt!

7.3 Zinsen bei Krediten E

 Kreditzinsen innerhalb eines Jahres berechnen

257 Herr Kaiser nimmt am 1. Februar einen Kredit in der Höhe von 15 000 € auf.
H1|H2 Der Zinssatz für den Kredit beträgt 6 % p.a.

(1) Berechne die Schuldzinsen in Euro bis zum Ende des Jahres.

(2) Berechne die Kreditsumme am Jahresende, wenn Herr Kaiser dazwischen keine Rate bezahlt hat.

258 Frau Melziger nimmt am 1. Mai einen Kredit in der Höhe von 21 600 € auf. Der Zinssatz beträgt
H1|H2 5 % p.a. Am Ende des Jahres zahlt Frau Melziger eine Rate in der Höhe von 6 200 €.

(1) Berechne die Schuldzinsen in Euro bis zum Ende des Jahres.

(2) Berechne, wie viel Euro Schuldzinsen Frau Melziger monatlich verrechnet werden.

(3) Berechne die Kreditsumme am Ende des Jahres.

259 Frau Wieland hat bei einer Bank einen Kredit in der Höhe von
H1|H2 14 000 € für den Kauf eines Autos aufgenommen. Die Bank verrech-
net dafür einen Zinssatz von 7,5 % p.a. Am Ende jedes Jahres zahlt
Frau Wieland eine Rate in der Höhe von 3 000 € zurück.

Fülle den Tilgungsplan für die nächsten sechs Jahre aus!

Jahr	Schulden am Anfang	Zinsen	Rate
1	14 000 €	€	€
2	€	€	€
3	€	€	€
4	€	€	€
5	€	€	€
6	€	€	€

260 Lukas hat gerade den Führerschein gemacht und möchte sich nun ein Auto kaufen. Dafür braucht er einen Kredit in der Höhe von 12 000 €. Die Bank verrechnet dafür einen Zinssatz von 6,5 % p.a. Am Ende jedes Jahres zahlt Lukas eine Rate in der Höhe von 2 500 € zurück.

Erstelle einen Tilgungsplan und berechne, nach wie vielen Jahren er den Kredit abbezahlt hat.

261 Vanessa soll folgende Aufgabe lösen:

Ein Kredit in der Höhe von 32 000 € wird mit einem Zinssatz von 8 % p.a. vergeben. Am Ende jedes Jahres wird eine Rate von 6 700 € zurückgezahlt. Nach wie vielen Jahren ist der Kredit abbezahlt?

Zur Lösung der Aufgabe erstellt sie folgenden Tilgungsplan:

Jahr	Schulden am Anfang	Zinsen	Rate
1	32 000 €	2 560 €	6 700 €
2	27 860 €	2 560 €	6 700 €
3	23 720 €	2 560 €	6 700 €
4	19 580 €	2 560 €	6 700 €
5	15 440 €	2 560 €	6 700 €
6	11 300 €	2 560 €	6 700 €
7	7 160 €	2 560 €	6 700 €
8	3 020 €	2 560 €	6 700 €

Leider hat sich bei der Rechnung von Vanessa ein Fehler eingeschlichen, denn der Kredit ist in Wirklichkeit bereits nach sieben Jahren abbezahlt.

Finde den Fehler und erkläre, was Vanessa falsch gemacht hat!

7.4 Zinseszinsen E

 Zinseszinsen berechnen

262 Paulina hat von ihrer Tante zu Weihnachten ein Sparbuch erhalten. Am 1. Jänner betrug das Guthaben 250 €. Berechne, wie hoch das Guthaben nach 1, 2, 3, 4 und 5 Jahren ist, wenn nichts abgehoben und eingezahlt wird. Rechne mit dem Zinssatz $p = 2,5\%$ und berücksichtige auch die KESt.

H1 | H2

Jahre	Guthaben in €
0	250,00
1	
2	
3	
4	
5	

263 Fortsetzung von 262:

H4

Das Guthaben nach 5 Jahren kannst du auch so berechnen: $K_5 = 250 \cdot 1,01875^5$

Begründe diesen Lösungsweg!

264 Ergänze die folgende Tabelle und berechne das jeweilige Kapital. Vergiss nicht auf die KESt!

H1 | H2

Anfangskapital	Laufzeit n in Jahren	Zinssatz	Formel	Kapital nach n Jahren
1 250 €	1	0,8 %		
			$K_{10} = 8500 \cdot \left(1 + \frac{3,5}{100}\right)^{10}$	
500 €	5	2 %		
			$K_4 = 450 \cdot \left(1 + \frac{4}{100}\right)^4$	
			$K_3 = 1000 \cdot \left(1 + \frac{1,5}{100}\right)^3$	
15 000 €	10	3,2 %		
			$K_5 = 850 \cdot \left(1 + \frac{1,5}{100}\right)^5$	

265 Ein bestimmtes Kapital wird auf einem Sparbuch einige Jahre lang zu einem fixen Zinssatz angelegt. Berechne das Kapital K_n nach n Jahren, wenn in der Zwischenzeit nichts abgehoben oder eingezahlt wird.
Hinweis: Die KESt musst du hier nicht berücksichtigen.

H2

a) 500 €   3 % p.a. $K_{10} =$ _____

b) 2500 €   2 % p.a. $K_5 =$ _____

c) 1800 €   2,5 % p.a. $K_7 =$ _____

d) 12300 €   2,3 % p.a. $K_{15} =$ _____

266 Bei einem auf 8 Jahre gebundenen Fixzins-Sparbuch kann man das eingezahlte Geld erst nach 8 Jahren abheben. Dafür erhält man von der Bank Zinsen in der Höhe von 1,75 % p.a.
Es werden 4500 € einbezahlt.

H3

Kreuze alle Rechnungen an, mit denen du das Guthaben nach 8 Jahren berechnen kannst. Vergiss dabei nicht auf die KESt!

$4500 \cdot 0{,}75 \cdot 1{,}0175^8$	$\bigcirc$
$4500 \cdot \left(1 + 0{,}75 \cdot \frac{1{,}75}{100}\right)^8$	$\bigcirc$
$4500 \cdot 0{,}75 \cdot \left(1 + \frac{1{,}75}{100}\right)^8$	$\bigcirc$
$4500 \cdot (0{,}75 \cdot 1{,}0175)^8$	$\bigcirc$
$4500 \cdot \left(1 + \frac{1{,}75}{100}\right)^{0{,}75 \cdot 8}$	$\bigcirc$

267 „Reich werden ist gar nicht so schwer!" – Das behauptet ein Vermögensberater und begründet das mit dem *Zinseszinseffekt*. Diesen stellt er in der gegebenen Abbildung eindrucksvoll auch grafisch dar.

H3

Der Vermögensberater erklärt, wie ein Kapital in der Höhe von 10000 € in 20 Jahren wächst:

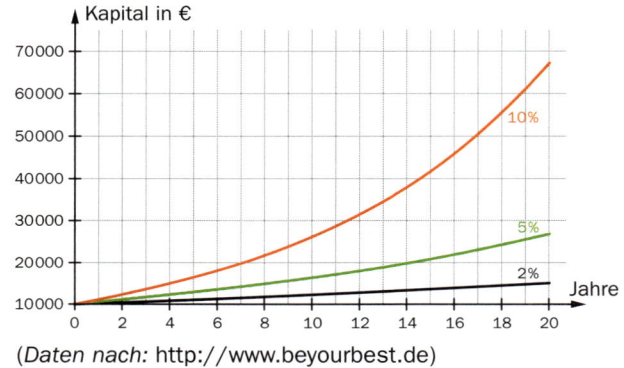

• Bei einem gebundenen Sparbuch erhältst du etwa 2 % p.a. Damit wirst du noch nicht reich.

(*Daten nach:* http://www.beyourbest.de)

• Mit einer Lebensversicherung, die auch Aktien verwendet, kommst du auf etwa 5 % p.a. Nach 20 Jahren hast du damit schon doppelt so viel wie mit dem Sparbuch erwirtschaftet.

• Wer sich für einen – zugegebenermaßen etwas riskanteren – Aktienfonds entscheidet, erhält bis zu 10 % p.a. Zinsen. Die Grafik zeigt: Das ist der Weg zum Reichtum! Allerdings gibt es für die Entwicklung von Aktien keine Garantie, im schlimmsten Fall kann sie auch zu einem Verlust führen.

(1) Erläutere, was die Erklärung des Vermögensberaters mit Zinseszinsen zu tun hat.

(2) Überprüfe durch Nachrechnen, ob die Abbildung zu den Aussagen passt!

(3) Hinterfrage jede Aussage kritisch. Überlege dazu, welche Personen sich jeweils für die einzelnen Varianten entscheiden könnten.

8. Proportionen und Ähnlichkeit

8.1 Ähnliche Figuren

Ähnliche Figuren erkennen, beschreiben und konstruieren

268 Je zwei der gegebenen Figuren sind zueinander ähnlich. Gib an, welche!

H3

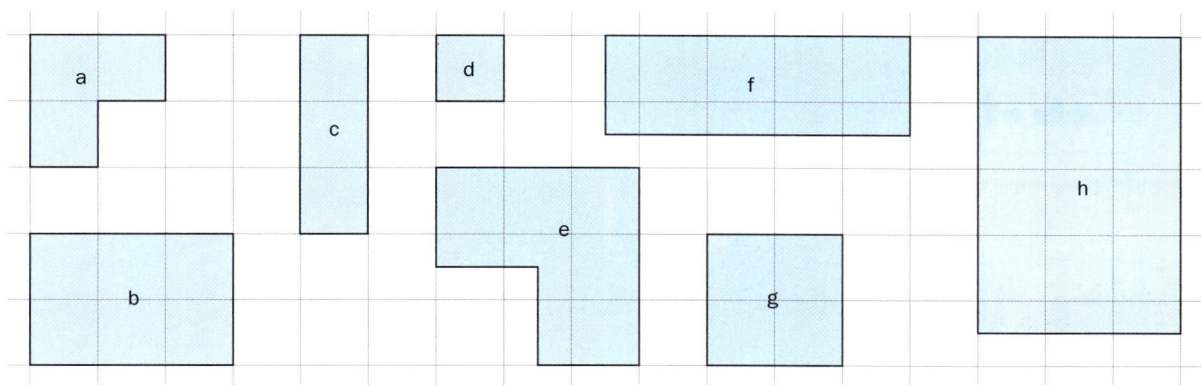

Figur _____ ist ähnlich zu Figur _____.

Figur _____ ist ähnlich zu Figur _____.

Figur _____ ist ähnlich zu Figur _____.

Figur _____ ist ähnlich zu Figur _____.

269 Ergänze im vorgegebenen Raster eine ähnliche Figur!

H2

a)    b)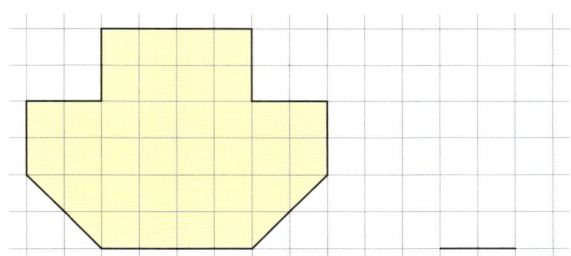

c)

270 Die Abbildung enthält ein Rechteck. Konstruiere ein zweites Rechteck, dessen Abmessungen halb
H2|H4 so lang sind! Begründe durch Nachmessen: Die Diagonalen der Rechtecke stehen im gleichen Verhältnis wie die Seiten.

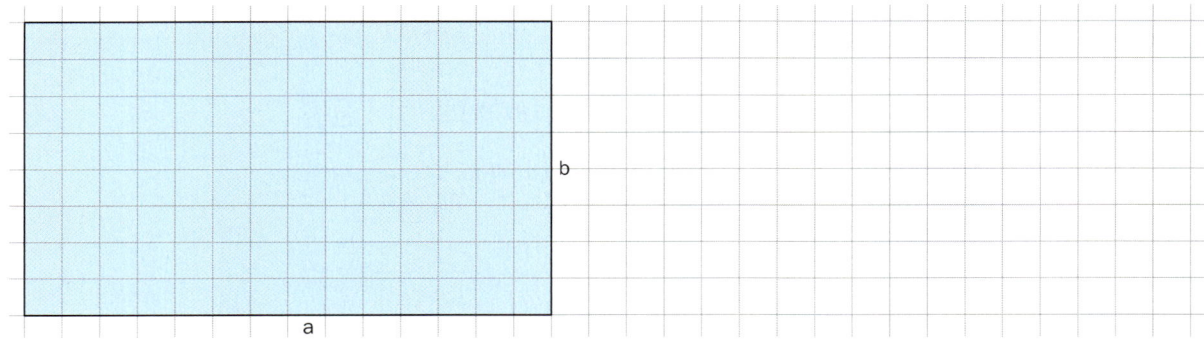

$a =$ _____ cm, daher $a' =$ ____ $\cdot\ a =$ _____ cm

$b =$ _____ cm, daher $b' =$ ____ $\cdot\ b =$ _____ cm

$d =$ _____ cm und $d' =$ _____ cm, daher $d =$ ____ $\cdot\ d'$

271 Begründe durch Nachmessen, dass die Figuren zueinander ähnlich sind:
H4 **a)**   **b)**

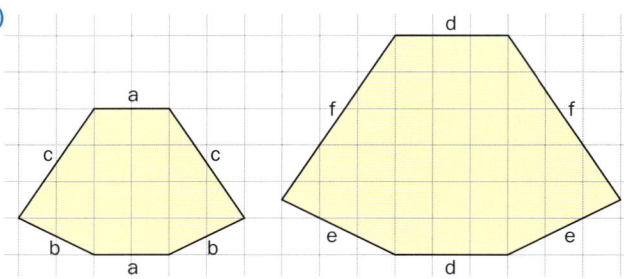   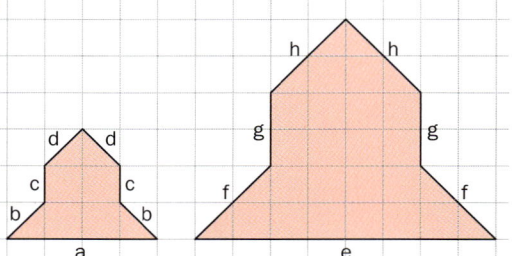

$a =$ _____ und $d =$ _____, $a =$ _____ und $e =$ _____,

daher: $d =$ ____ a daher: $e =$ ____ a

$b =$ _____ und $e =$ _____, $b =$ _____ und $f =$ _____,

daher: $e =$ ____ b daher: $f =$ ____ b

$c =$ _____ und $f =$ _____, $c =$ _____ und $g =$ _____,

daher: $f =$ ____ c daher: $g =$ ____ c

                                         $d =$ _____ und $h =$ _____,

                                         daher: $h =$ ____ d

272 Unterteile das gegebene Rechteck in 9 gleich
H2|H3 große ähnliche Teilrechtecke.

Vergleiche die Seitenlängen und die Flächeninhalte der Teilrechtecke mit den Seitenlängen und
dem Flächeninhalt des gegebenen Rechtecks!

Flächeninhalt des Rechtecks: _____

Flächeninhalt eines Teilrechtecks: _____

Verhältnis der Flächeninhalte: _____

Verhältnis der Seitenlängen: _____

8.2 Ähnliche Dreiecke

Eigenschaften ähnlicher Dreiecke kennen und anwenden

273 Je zwei der gegebenen Dreiecke sind zueinander ähnlich. Gib an, welche!

H3

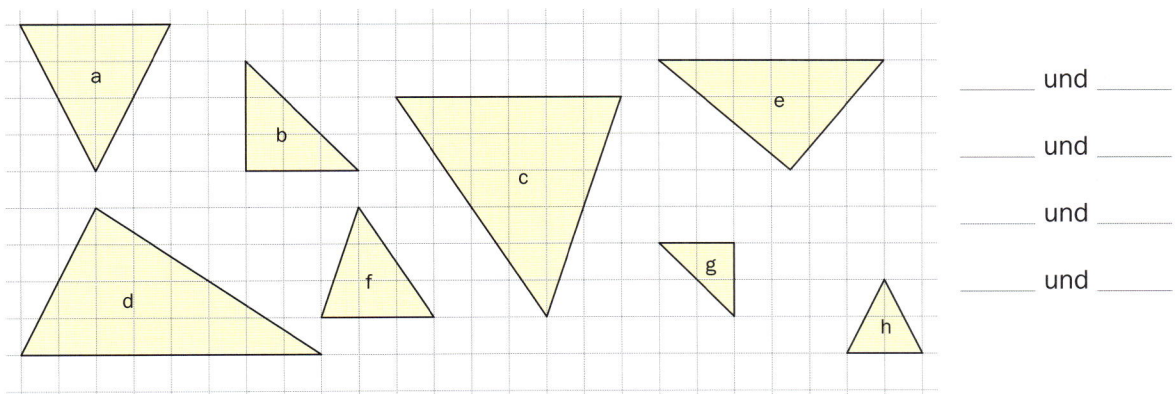

_____ und _____

_____ und _____

_____ und _____

_____ und _____

. . . .

274 Von fünf Dreiecken sind jeweils zwei Winkel gegeben:

H3

	1. Winkel	2. Winkel
Dreieck 1	37°	102°
Dreieck 2	68°	44°
Dreieck 3	41°	37°
Dreieck 4	102°	44°
Dreieck 5	68°	68°

Entscheide, ob die folgenden Aussagen richtig oder falsch sind, und kreuze an!

	richtig	falsch
Dreieck 1 und Dreieck 3 sind ähnlich.	○	○
Dreieck 2 und Dreieck 5 sind ähnlich.	○	○
Dreieck 3 und Dreieck 4 sind ähnlich.	○	○
Dreieck 1 und Dreieck 5 sind ähnlich.	○	○
Dreieck 1 und Dreieck 4 sind ähnlich.	○	○

. . . .

275 Entscheide, ob die folgenden Aussagen richtig oder falsch sind, und kreuze an!

H3

	richtig	falsch
Ähnliche Dreiecke haben gleich große Winkel.	○	○
Alle rechtwinkligen Dreiecke sind zueinander ähnlich.	○	○
Alle gleichseitigen Dreiecke sind zueinander ähnlich.	○	○
Alle rechtwinkligen, gleichschenkligen Dreiecke sind zueinander ähnlich.	○	○
Alle gleichschenkligen Dreiecke sind zueinander ähnlich.	○	○

276 Verkürze die Seiten so, dass du ein ähnliches Dreieck $\triangle AB'C'$ mit dem gleichen Eckpunkt A und nur
H2 $\frac{1}{3}$-mal so langen Seiten erhältst.

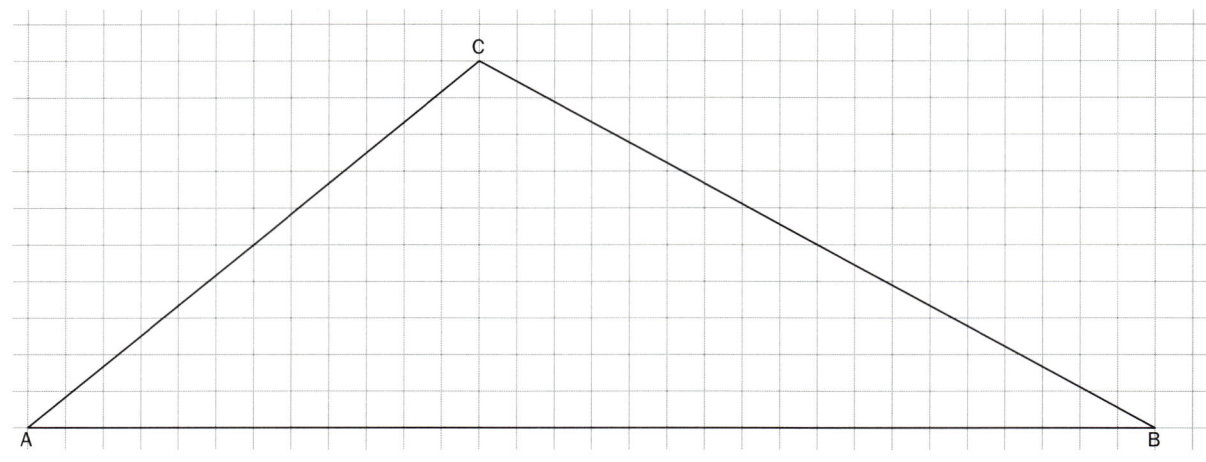

277 Konstruiere das $\triangle ABC$ mit $a = 3$ cm, $c = 4$ cm und $\beta = 38°$. Verlängere die Seiten a und c so, dass
H2|H4 du ein ähnliches Dreieck $\triangle A'BC'$ mit dem gleichen Eckpunkt B und $2\frac{1}{2}$-mal so langen Seiten er-
hältst.

Überprüfe durch Nachmessen: Die beiden Dreiecke haben gleich große Winkel.

278 Konstruiere das $\triangle ABC$ mit $b = 4{,}1$ cm, $c = 8$ cm und $\alpha = 60°$. Verlängere die Seiten b und c so, dass
H2|H3 du ein ähnliches Dreieck $\triangle AB'C'$ mit dem gleichen Eckpunkt A und $1\frac{1}{2}$-mal so langen Seiten er-
hältst.

Gib an, welche Eigenschaft die Dreiecke $\triangle ABC$ und $\triangle AB'C'$ gemeinsam haben!

Gemeinsame Eigenschaft: _____

8.3 Vergrößern und Verkleinern von Figuren

Figuren in einem bestimmten Verhältnis vergrößern oder verkleinern

279 Eine Strecke $a = 8$ cm wird im Verhältnis 2 : 3 verlängert. Konstruiere die neue Strecke a'!

H2 *Konstruktion:*

a

280 Eine Strecke $a = 5$ cm wird im Verhältnis 2 : 5 verlängert. Ermittle die Länge der neuen Strecke a'
H1|H2 **a)** durch eine Rechnung **b)** durch eine Konstruktion.

a) *Rechnung:*

b) *Konstruktion:*

a

281 Vergrößere das Dreieck durch eine Konstruktion im Verhältnis 2 : 5!
H2

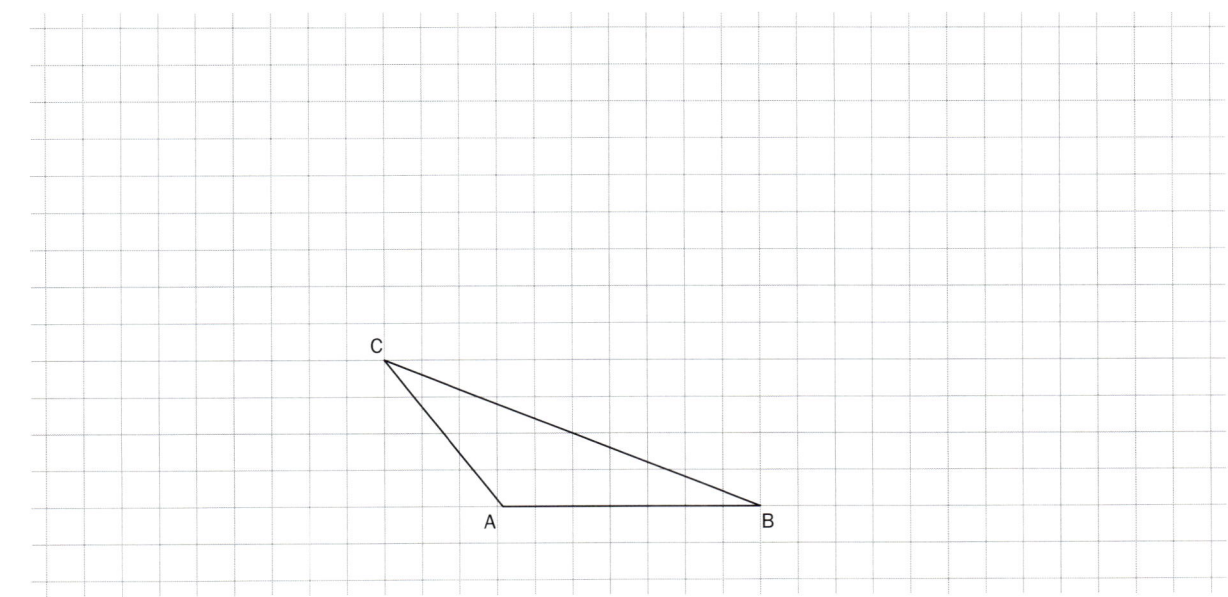

282 Konstruiere das Dreieck mit $a = 8,5\,\text{cm}$, $b = 8,5\,\text{cm}$ und $c = 11\,\text{cm}$ und vergrößere es im Verhältnis 5 : 6.

H2

283 Konstruiere das Dreieck mit $b = 152\,\text{mm}$, $c = 96\,\text{mm}$ und $\alpha = 47°$ und verkleinere es im Verhältnis 4 : 3.

H2

8.4 Proportionen beim Strahlensatz E

Proportionen lösen

284 Löse die Proportion nach der Unbekannten x:
H2

a) $x : 15 = 4 : 3$

b) $9 : 12 = x : 28$

c) $14 : 22 = 7 : x$

d) $3 : 4 = x : 24$

e) $x : 6 = 2 : 24$

f) $2 : 3 = x : 15$

g) $2,7 : x = 5 : 3,5$

h) $1 : x = 2,5 : 20$

i) $3,2 : 9 = x : 4,5$

285 Löse die Proportion nach der Unbekannten x:
H2

a) $2 : 5 = 14 : (14 + x)$

b) $24 : (7 + 5x) = 4 : 7$

c) $(18 + x) : 18 = 7 : 6$

d) $7 : 4 = (11 + 6x) : 20$

286 Ordne den gegebenen Verhältnisgleichungen die passenden Lösungen zu. Trage dazu die entspre-
H2 chenden Buchstaben ein!

$13 : x = 2 : 6$		A	35	
$7 : 9 = x : 18$		B	50	
$2 : 5 = x : 20$		C	14	
$15 : 3 = x : 7$		D	8	
		E	24	
		F	39	

Proportionen im Strahlensatz anwenden

287 Berechne die Länge der nicht gegebenen Strecken (Maße in cm). Verwende dazu den Strahlensatz!
H1

a)

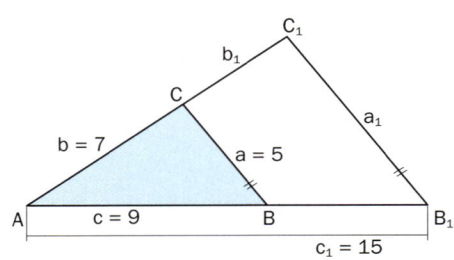

b)

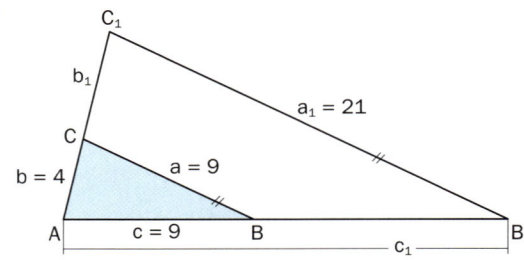

$a_1 = $ _____ $b_1 = $ _____

$b_1 = $ _____ $c_1 = $ _____

---

288 Ordne den gegebenen Abbildungen jeweils die passende Proportion zu. Trage dazu die entspre-
H1   chenden Buchstaben ein!

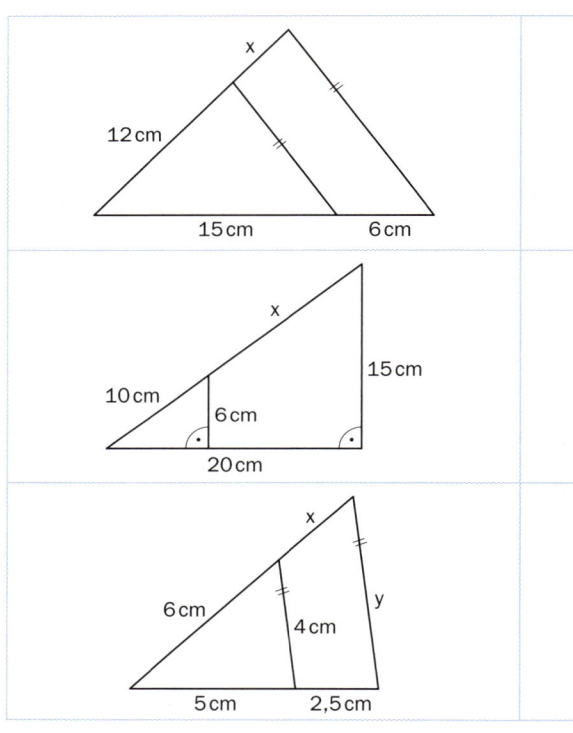

A	$12 : 15 = 6 : x$
B	$(x + 10) : 15 = 20 : 6$
C	$2,5 : x = 7,5 : (6 + x)$
D	$15 : 6 = 12 : x$
E	$15 : 6 = (x + 10) : 10$
F	$x : y = 2,5 : 4$

---

289 Zwei Kirchtürme sind 775 m voneinander entfernt.
H1   Der eine ist 52 m hoch, der andere 78,75 m. Von
Lisa's Standort aus gesehen überdecken sich die
beiden Turmspitzen genau (siehe Skizze).

Berechne mithilfe des Strahlensatzes, wie weit Lisa
vom kleineren Kirchturm entfernt ist.

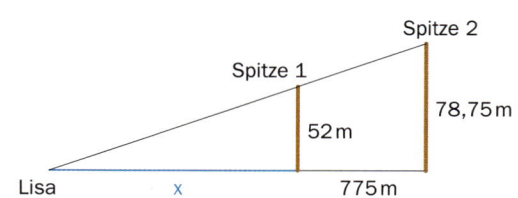

8.5 Direkte und indirekte Proportion E

 Berechnungen mit direkt und indirekt proportionalen Größen ausführen

290 Ein LKW fährt auf der Autobahn von Wien Richtung Innsbruck. Er legt in 3 Stunden mit gleichmä-
H1|H2 ßiger Geschwindigkeit 240 km zurück.
H4

(1) Berechne mithilfe einer Proportion, welche Strecke der LKW in 2,5 Stunden zurücklegt.

(2) Ergänze die fehlenden Werte in der Tabelle.

   Trage in der letzten Zeile einen Term für die in t Stunden zurückgelegte Strecke ein.

(3) Begründe, dass die Fahrzeit und die zurückgelegte Strecke zueinander direkt proportional sind.

Fahrzeit t (in h)	Strecke s (in km)
1	
2	
3	
4	
5	
t	

291 Frau Karner fährt mit dem Fahrrad eine Strecke von 30 Kilometern mit einer mittleren Geschwindig-
H1|H2 keit von 15 km/h in 2 Stunden.
H4

(1) Berechne mithilfe einer Proportion, mit welcher Geschwindigkeit sie bei einer Fahrzeit von 1,5 h fährt.

(2) Ergänze die fehlenden Werte in der Tabelle.

   Trage in der letzten Zeile einen Term für die mittlere Geschwindigkeit bei einer Fahrzeit von t Stunden ein.

(3) Begründe, dass die Fahrzeit indirekt proportional zur mittleren Geschwindigkeit ist.

Fahrzeit t (in h)	Geschwindigkeit v (in km/h)
1	
2	
3	
4	
5	
t	

292 Roman trainiert 45 Minuten lang auf seinem Fahrradergometer. Er versucht dabei, konstant mit der
H1|H2 gleichen Geschwindigkeit v zu fahren. Das Ergometer zeigt die Geschwindigkeit v (in km/h) und den
H4 zurückgelegten Weg s (in km) an. Mit 20 km/h legt er 15 Kilometer zurück.

(1) Berechne mithilfe einer Proportion, welche Strecke er mit 28 km/h zurücklegt.

(2) Ergänze die fehlenden Werte in der Tabelle.

   Trage in der letzten Zeile einen Term für den zurückgelegten Weg bei der Geschwindigkeit v ein.

(3) Begründe, dass die Geschwindigkeit und zurückgelegte Strecke zueinander direkt proportional sind.

Geschwindigkeit v (in km/h)	Weg s (in km)
10	
15	
20	
25	
v	

8.6 Textaufgaben mit Verhältnissen und Proportionen E

 Textaufgaben mit Verhältnissen und Proportionen lösen

293 In einer Schulklasse ist das Verhältnis der Anzahl der Schülerinnen zur Anzahl der Schüler 3 : 5. In dieser Schulklasse sind 9 Mädchen.

Berechne, wie viele Burschen in diese Klasse gehen und wie viel Prozent das sind.

294 Die Zwillinge Lea und León möchten einen Kuchen backen. Im Internet finden sie folgendes Rezept:
200 g Mehl, 300 g Zucker, 200 g gemahlene Nüsse, 80 g Kakaopulver, 5 Eier, 200 ml Öl.
Im Kühlschrank finden sie nur 4 Eier. Berechne die Mengen für die anderen Zutaten!

295 Bei Kochrezepten müssen die Zutaten im richtigen Verhältnis zueinander stehen. In der folgenden Tabelle sind die Zutaten für 6 Portionen Spaghetti Bolognese angegeben.

Gib die benötigten Zutaten für 4 Portionen und für 14 Portionen an.

Zutaten für 6 Portionen	für 4 Portionen	für 14 Portionen
750 g Faschiertes		
9 Tomaten		
3 Zwiebeln		
2 Zehen Knoblauch		
75 ml Olivenöl		
3 Teelöffel Oregano		
1 Esslöffel Tomatenmark		
600 g Spaghetti		

9. Pythagoras

9.1 Quadratzahlen und Quadratwurzeln

 Quadratzahlen und pythagoräische Tripel erkennen und darstellen

296 Schreibe alle Quadratzahlen zwischen 20 und 50 auf. Stelle sie auch als quadratisches Muster aus
H1 Punkten dar. Schreibe die Anzahl der Punkte in jedem Muster als Quadrat einer natürlichen Zahl an.

297 Berechne im Kopf!
H2

a) $\sqrt{4} = \underline{\hspace{2cm}}$ $\sqrt{16} = \underline{\hspace{2cm}}$ $\sqrt{81} = \underline{\hspace{2cm}}$ $\sqrt{100} = \underline{\hspace{2cm}}$

b) $\sqrt{36} = \underline{\hspace{2cm}}$ $\sqrt{49} = \underline{\hspace{2cm}}$ $\sqrt{64} = \underline{\hspace{2cm}}$ $\sqrt{121} = \underline{\hspace{2cm}}$

c) $\sqrt{9} = \underline{\hspace{2cm}}$ $\sqrt{25} = \underline{\hspace{2cm}}$ $\sqrt{144} = \underline{\hspace{2cm}}$ $\sqrt{225} = \underline{\hspace{2cm}}$

298 💻 Berechne mit deinem Taschenrechner:
H2

a) $\sqrt{676} = \underline{\hspace{2cm}}$ $\sqrt{1296} = \underline{\hspace{2cm}}$ $\sqrt{161,29} = \underline{\hspace{2cm}}$

b) $\sqrt{841} = \underline{\hspace{2cm}}$ $\sqrt{39,69} = \underline{\hspace{2cm}}$ $\sqrt{234,09} = \underline{\hspace{2cm}}$

c) $\sqrt{324} = \underline{\hspace{2cm}}$ $\sqrt{7,29} = \underline{\hspace{2cm}}$ $\sqrt{92,16} = \underline{\hspace{2cm}}$

299 Berechne ohne Taschenrechner:
H2

a) $\sqrt{2,25} = \underline{\hspace{2cm}}$ b) $\sqrt{0,16} = \underline{\hspace{2cm}}$ c) $\sqrt{1,21} = \underline{\hspace{2cm}}$

d) $\sqrt{6,25} = \underline{\hspace{2cm}}$ e) $\sqrt{0,64} = \underline{\hspace{2cm}}$ f) $\sqrt{12,25} = \underline{\hspace{2cm}}$

300 Begründe, warum die Zahlen 6, 8 und 10 ein pythagoräisches Zahlentripel bilden, 1, 2 und 3 aber
H4 nicht!

301
H2|H3 Fülle die folgende Tabelle vollständig aus und versuche damit möglichst viele pythagoräische Tripel zu finden, indem du jeweils zwei Quadrate suchst, die zusammen addiert ein weiteres Quadrat ergeben. Du kannst hier bis zu sechs solche Tripel finden!

Zahl	2	3	4	5	6	7	8	9	10	11	12	13	14	15
Quadrat														

Zahl	16	17	18	19	20	21	22	23	24	25	26	27	28	29
Quadrat														

Pythagoräische Tripel:

 Zusammenhang zwischen Quadrieren und Wurzelziehen kennen und anwenden

302
H1|H3 Wie lang ist die Seite eines Quadrats mit diesem Flächeninhalt? Überlege, zwischen welchen zwei ganzen Zahlen die Seitenlänge liegt, und finde das Ergebnis mit Probieren!

a) $A = 17{,}64\,\text{cm}^2$

b) $A = 46{,}24\,\text{cm}^2$

c) $A = 7{,}29\,\text{cm}^2$

d) $A = 82{,}81\,\text{cm}^2$

303
H3 Entscheide, ob die folgenden Aussagen richtig oder falsch sind, und kreuze an!

a)

	richtig	falsch
$4 < \sqrt{12} < 5$	○	○
$12 < \sqrt{83} < 13$	○	○
$6 < \sqrt{39} < 7$	○	○
$7 < \sqrt{45} < 8$	○	○
$9 < \sqrt{84} < 10$	○	○

b)

	richtig	falsch
$10 < \sqrt{102} < 11$	○	○
$6 < \sqrt{76} < 7$	○	○
$2 < \sqrt{6} < 3$	○	○
$5 < \sqrt{27} < 6$	○	○
$12 < \sqrt{209} < 13$	○	○

304
H2 Berechne im Kopf!

a) $\sqrt{3}^2 = $ _____ $\sqrt{6}^2 = $ _____ $\sqrt{14}^2 = $ _____ $\sqrt{23}^2 = $ _____

b) $\sqrt{63}^2 = $ _____ $\sqrt{21}^2 = $ _____ $\sqrt{340}^2 = $ _____ $\sqrt{983}^2 = $ _____

9.2 Satz des Pythagoras

 Satz des Pythagoras erklären und formulieren

305 Kennzeichne die beiden Katheten blau und die Hypotenuse rot!

H1

a) 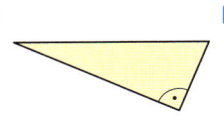   b) 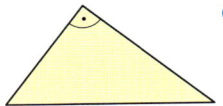   c) 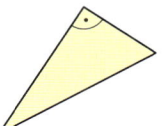   d) 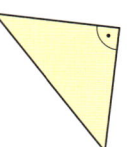   e)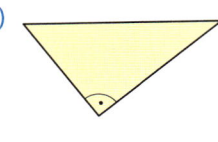

306 Formuliere den Satz des Pythagoras für das gegebene Dreieck!

H1

a) 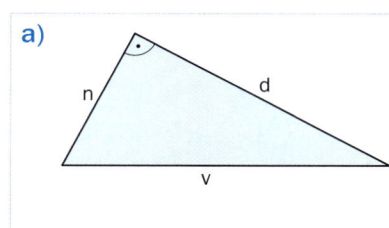	b)	c) 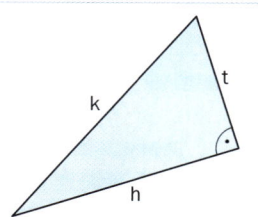

d) 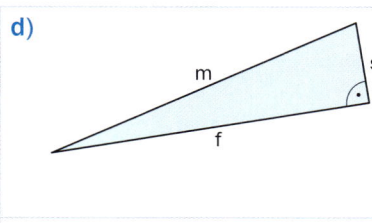	e)	f) 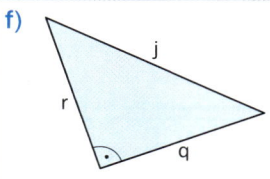

307 Ist das Dreieck rechtwinklig? Überprüfe mithilfe des Lehrsatzes von Pythagoras und kontrolliere
H2|H3 durch eine Konstruktion.

a) $a = 2{,}5\,cm$, $b = 6\,cm$, $c = 6{,}5\,cm$

b) $a = 4\,cm$, $b = 6\,cm$, $c = 8\,cm$

c) $a = 6{,}8\,cm$, $b = 6\,cm$, $c = 4{,}2\,cm$

d) $a = 4{,}8\,cm$, $b = 9\,cm$, $c = 10{,}2\,cm$

9.3 Anwendung in Dreiecken

 Satz des Pythagoras in Dreiecken anwenden

308 Ein rechtwinkliges Dreieck hat die Katheten a und b. Wie lang ist die Hypotenuse c?
H2 Ordne richtig zu! Trage dazu die entsprechenden Buchstaben ein!

$a = 1{,}4\,cm,\ \ b = 4{,}8\,cm$	
$a = 8{,}4\,cm,\ \ b = 13{,}5\,cm$	
$a = 2{,}8\,cm,\ \ b = 9{,}6\,cm$	
$a = 7{,}2\,cm,\ \ b = 15{,}4\,cm$	

A	$c = 5\,cm$
B	$c = 12{,}7\,cm$
C	$c = 15{,}9\,cm$
D	$c = 17\,cm$
E	$c = 10\,cm$
F	$c = 6{,}2\,cm$

309 Ein rechtwinkliges Dreieck hat die Hypotenuse c.
H1 | H2 Berechne die Länge der fehlenden Seite und den Flächeninhalt des Dreiecks.

a) $a = 1{,}8\,cm,\ \ c = 8{,}2\,cm$

b) $a = 1{,}1\,cm,\ \ c = 6{,}1\,cm$

c) $b = 3{,}9\,cm,\ \ c = 8{,}9\,cm$

d) $b = 5{,}6\,cm,\ \ c = 10{,}6\,cm$

e) $a = 2{,}4\,cm,\ \ c = 7{,}4\,cm$

f) $b = 14{,}8\,cm,\ \ c = 18{,}5\,cm$

310 Berechne den Umfang des Dreiecks auf Millimeter genau (Maße in cm).

H1|H2

a)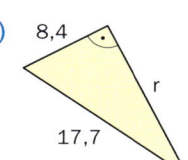

b)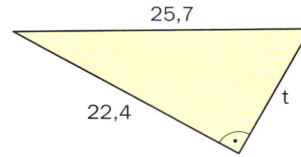

c)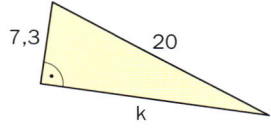

d)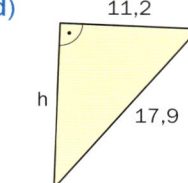

311 Zeichne die Punkte A und B in das Koordinatensystem ein und berechne ihren Abstand!

H1|H2 Eine Einheit entspricht 1 cm.

a) $A(-4|2,5)$, $B(3,5|-1,5)$

b) $A(-3,5|-1,5)$, $B(2,5|1)$

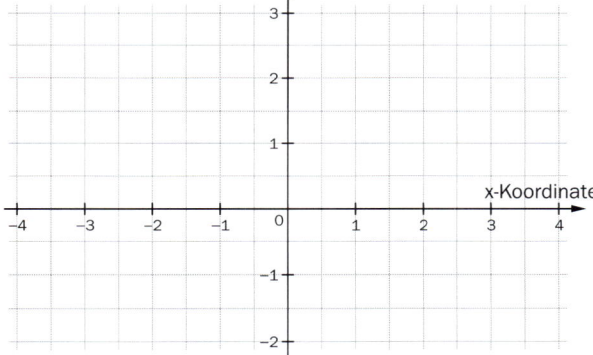

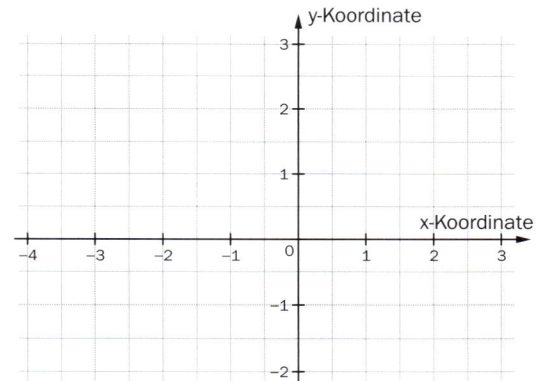

312 Berechne den Abstand der Punkte A und B, ohne sie in ein Koordinatensystem zu zeichnen!

H1|H2 Eine Einheit entspricht 1 cm.

a) $A(20|0)$, $B(23|72)$

b) $A(10|-23)$, $B(60|97)$

313 Berechne den Umfang der gegebenen Figur. Zeichne bei **a)** und **b)** die Figur auch im Koordinaten-
H1|H2 system. Bei **c)** kannst du eine Skizze machen. Eine Einheit entspricht 1 cm.

a) Dreieck *ABC*:
$A(-4|2,5)$, $B(-1|-1,5)$, $C(3,5|-1,5)$

b) Parallelogramm *ABCD*:
$A(-4|-1,5)$, $B(-2|-1,5)$, $C(2|1)$, D

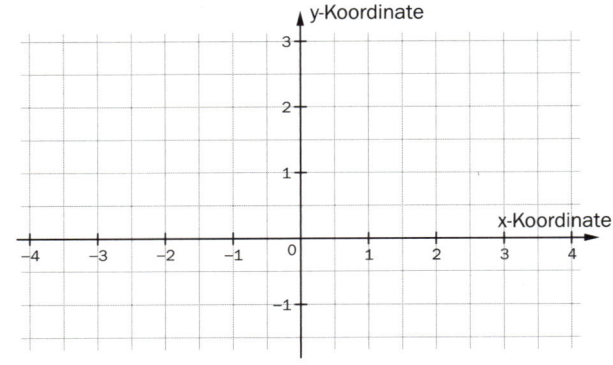

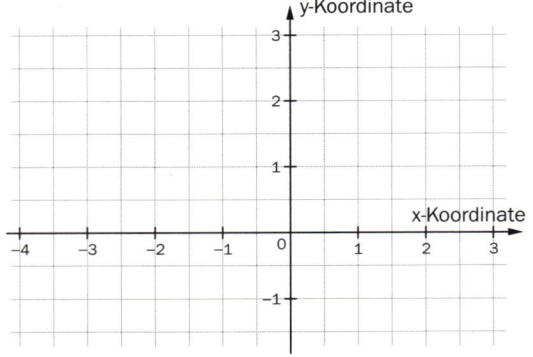

c) Deltoid *ABCD*: $A(48|75)$, $B(-31|20)$, $C(48|-35)$, $D(65|20)$

314 Gib eine Formel für die mit *x* bezeichnete Länge an:
H1

a)

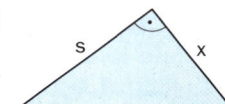

b)

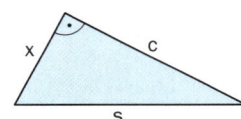

c)

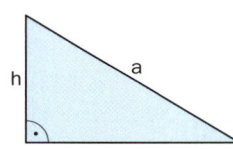

d)

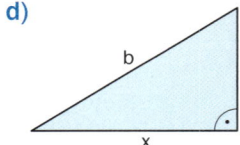

_____ _____ _____ _____

315 Die Skizze zeigt – etwas vereinfacht – das
H1|H2 Warndreieck eines PKW's, wie es auf dem
Foto rechts zu sehen ist.

Berechne den Flächeninhalt der hellroten
Fläche. Runde auf ganze cm².

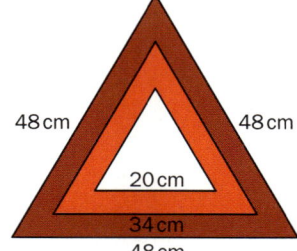

9.4 Anwendung in anderen Figuren

 Satz des Pythagoras in ebenen Figuren anwenden

316
H1|H2
Die Leiter von Milan ist 3,2 m lang. Kann er mit dieser Leiter über den 1,2 m breiten Wasserlauf hinweg auf die 3 m hohe Mauer klettern?

317
H1|H2
Von einem Rechteck sind zwei der drei Längen a, b (Seiten) und d (Diagonale) bekannt. Berechne die fehlende Länge!

a) $a = 33$ cm und $b = 56$ cm

b) $a = 48$ cm und $b = 55$ cm

c) $a = 117$ cm und $d = 125$ cm

d) $b = 42$ cm und $d = 58$ cm

318
H1|H3
Die Raumhöhe in Kathis Zimmer beträgt 280 cm. Kathi hat einen Kasten, der 80 cm breit und 2,60 m hoch ist, in ihrem Zimmer am Boden liegend zusammengebaut.

Ist der Raum hoch genug, damit der Kasten aufgestellt werden kann?

319
H1|H3
Tischlermeister Karl Mayr liefert eine runde Tischplatte mit einem Durchmesser $d = 2,4$ m. Passt sie durch die Eingangstür, die 1,5 m breit und 2,0 m hoch ist?

320 Von einer Raute sind zwei der drei Längen a, e und f gegeben. Berechne die fehlende Länge!

H1 | H2

a) $e = 80\,cm$, $f = 150\,cm$

b) $e = 5,4\,cm$, $f = 7,2\,cm$

c) $a = 6,5\,cm$, $f = 11,2\,cm$

d) $a = 10,9\,cm$, $e = 18,2\,cm$

....

321 Berechne den Umfang und den Flächeninhalt der Figur (Maße in cm).

H1 | H2

a)

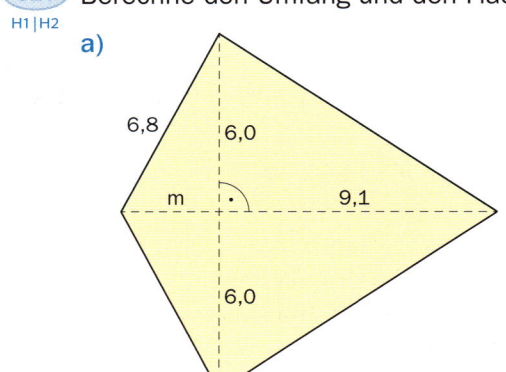

b)

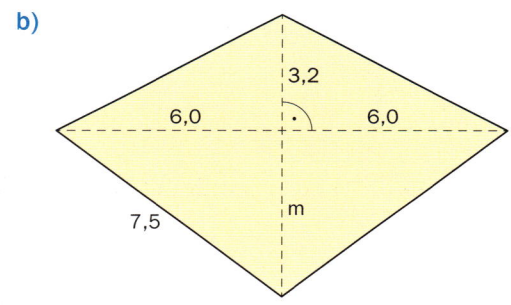

c)

10. Prisma und Pyramide

10.1 Schrägriss und Netz

Prismen grafisch darstellen

322 Das Netz eines Prismas ist unvollständig. Vervollständige es und kreuze alle zutreffenden Aussagen
H3 an!

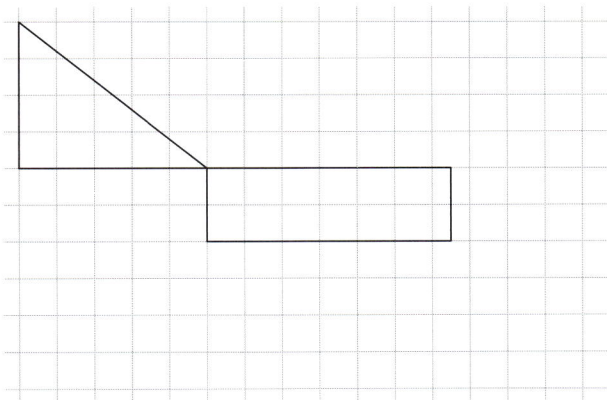

Die Grundfläche ist ein Rechteck.	○
Die Grundfläche ist ein Dreieck.	○
Der Mantel besteht aus kongruenten Rechtecken.	○
Die Höhe des Primas ist im Netz sichtbar.	○
Der Mantel besteht aus rechtwinkligen Dreiecken.	○

323 Das Netz eines Prismas ist unvollständig. Vervollständige es und kreuze alle zutreffenden Aussagen
H3 an!

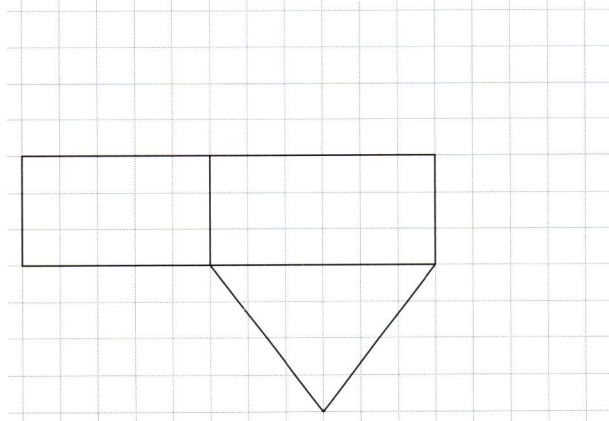

Die Grundfläche ist ein gleichschenkliges Dreieck.	○
Der Mantel besteht aus lauter kongruenten Rechtecken.	○
Die Höhe des Prismas kann im Netz eingezeichnet werden.	○
Der Mantel besteht aus gleichschenkligen Dreiecken.	○

324 Zeichne das Netz eines geraden, regelmäßigen, sechsseitigen Prismas. Die Seitenlänge der Grund-
H2 fläche beträgt 1 cm, die Höhe des Prismas ist 1,5 cm.

325
H2 Die Grundfläche eines geraden, dreiseitigen Prismas ist ein rechtwinkliges Dreieck. Die Katheten sind 30 mm und 40 mm lang. Die Höhe des Prismas ist 2,5 cm.

Konstruiere das Netz dieses Prismas!

326
H2 Die Grundfläche eines geraden, dreiseitigen Prismas ist ein rechtwinkliges Dreieck. Die Katheten sind 43 mm und 60 mm lang. Die Höhe des Prismas ist 5,4 cm.

Konstruiere den Schrägriss dieses Prismas. Zeichne alle Kanten, die aus dem Blatt Papier herausragen würden, in einem Winkel von 45° und auf die Hälfte verkürzt. Beginne mit der Grundfläche und arbeite sorgfältig!

327 Wie 326: Konstruiere den Schrägriss eines regelmäßigen, dreiseitigen Prismas mit der Kantenlänge
H2 4,3 cm und der Höhe 64 mm.

328 Wie 326: Konstruiere den Schrägriss eines regelmäßigen, sechsseitigen Prismas mit der Kanten-
H2 länge 2,4 cm und der Höhe 56 mm.

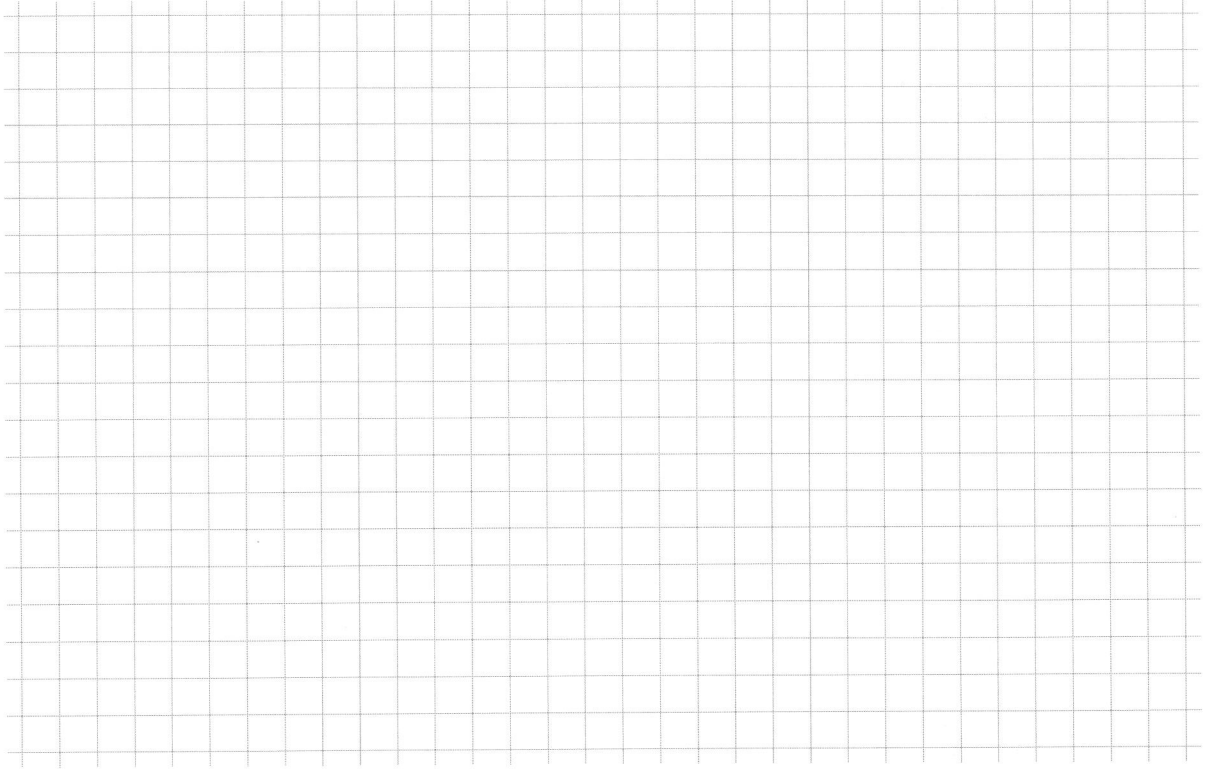

Pyramiden beschreiben und grafisch darstellen

329 Vervollständige den Schrägriss und gib jeweils an, von welcher Richtung man die Pyramide sieht!

H2|H3

a)

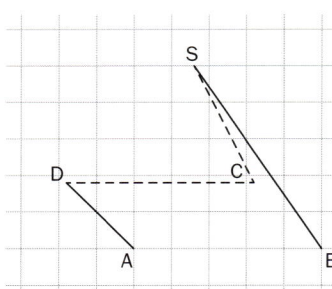

Pyramide ist sichtbar von

_____

b)

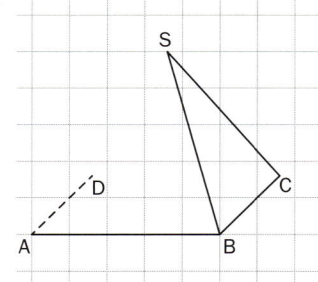

Pyramide ist sichtbar von

_____

c)

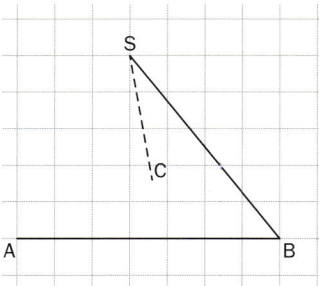

Pyramide ist sichtbar von

_____

330 Das Netz einer Pyramide ist unvollständig. Vervollständige es und kreuze alle zutreffeden Aussagen an!

H3

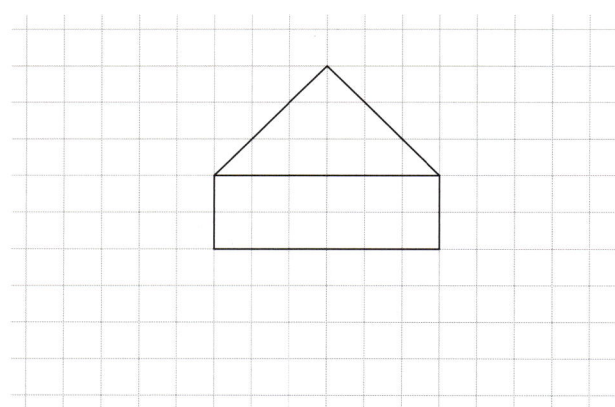

Die Pyramide ist ein Tetraeder.	○
Die Grundfläche ist ein Dreieck.	○
Die Grundfläche ist ein Rechteck.	○
Der Mantel besteht aus gleich-seitigen Dreiecken.	○
Die Höhe der Pyramide ist im Netz sichtbar.	○

331 Zeichne den Schrägriss der gegebenen Pyramide:

H2

a) gerade, quadratische Pyramide mit Seitenlänge $a = 3,6\,cm$ und Höhe $h = 2,5\,cm$

b) gerade, rechteckige Pyramide mit Seitenlängen $a = 3\,cm$, $b = 4\,cm$ und Höhe $h = 4,5\,cm$

10.2 Oberfläche

Oberflächen von Prismen und Pyramiden berechnen

332 Berechne die Oberfläche des abgebildeten Prismas. Gib das Ergebnis in cm² und in dm² an!
H1|H2

a)

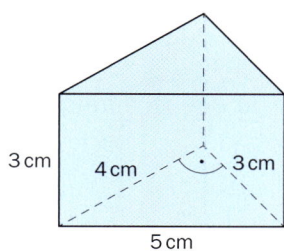

b)

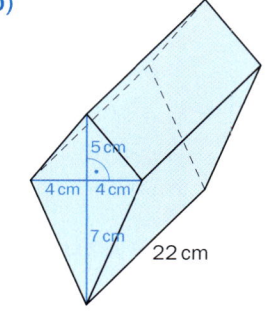

. . . .

333 Die Grundfläche eines geraden Prismas ist ein gleichseitiges Dreieck mit der Seitenlänge $a = 7$ cm.
H1|H2 Berechne die Oberfläche des 5 cm hohen Prismas.

. . . .

334 Berechne die Oberfläche des geraden, sechsseitigen Prismas mit den Abmessungen $a = 8$ cm und
H1|H2 $h = 6$ cm.

. . . .

335 Die Grundfläche einer geraden Pyramide ist ein gleichseitiges Dreieck mit der Seitenlänge $a = 4,5$ cm.
H1|H2 Die Seitenkanten der Pyramide sind 6 cm lang. Berechne die Oberfläche der Pyramide.

336 Die Grundfläche einer geraden Pyramide ist ein Quadrat.
H3 Wie ändert sich die Mantelfläche der Pyramide, wenn man die Höhe ihrer Seitenflächen halbiert?
Begründe deine Antwort!

337 Ein Zelt hat die Form einer quadratischen Pyramide. Die Seitenlänge des Quadrats beträgt 2,6 m
H1 | H2 und die Seitenkanten der Pyramide sind 2,8 m lang.
Wie viel Stoff braucht man für die Seitenflächen des Zelts?

338 Das Dach des Turms einer Burg hat die Gestalt einer quadratischen Pyramide mit folgenden Abmes-
H1 | H2 sungen: Länge der Seitenkante 6,5 m, Länge der Grundkante 6,5 m.
Das Dach soll neu mit Dachziegeln eingedeckt werden. Wie groß ist die zu deckende Fläche?

339 Berechne die Oberfläche eines Tetraeders mit Kantenlänge 6 cm.
H1 | H2

340 Wie ändert sich die Oberfläche einer geraden, quadratischen Pyramide, wenn man ihre Grundkante
H3 und die Höhe der Seitenflächen verdoppelt?
Begründe deine Antwort!

10.3 Volumen und Masse

Volumen und Masse von Prismen und Pyramiden berechnen

341 Ein quadratisches Prisma hat eine Grundkantenlänge von 82 mm. Die Höhe des Prismas beträgt
H1|H2 1,36 dm.

Berechne das Volumen des Prismas.

....

342 Ein Zelt ist 1,9 m lang, 120 cm breit und 1 m hoch (siehe
H1|H2 Foto und Skizze rechts).

Luft hat eine Dichte von 1,29 kg/m^3.

a) Berechne das Luftvolumen innerhalb des Zeltes.

b) Wie groß ist die Masse der im Zelt eingeschlossenen
   Luft?

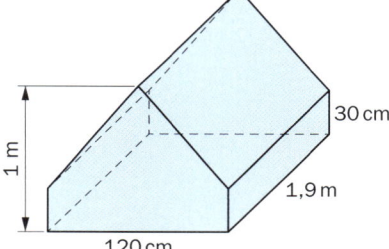

....

343 Ein regelmäßiges, dreiseitiges Prisma hat eine Grundkantenlänge von 35 cm. Die Höhe des Prismas
H1|H2 beträgt 6 dm.

Skizziere das Prisma im Schrägriss und berechne die Grundfläche und das Volumen des Prismas.

344 Ein Granitpfeiler besteht aus einem quadratischen Prisma und einer auf-
H1|H2 gesetzten quadratischen Pyramide (siehe Abbildung).

a) Berechne das Volumen des Pfeilers. Gib das Ergebnis in dm³ an.

b) Welche Masse hat der Granitpfeiler, wenn 1 dm³ Granit eine Masse
von 2,8 kg besitzt?

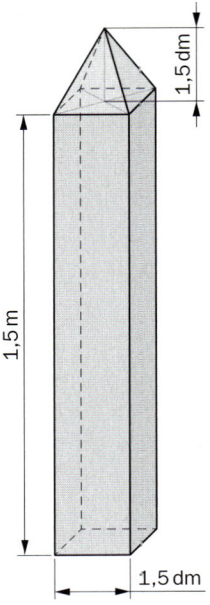

1,5 dm

1,5 m

1,5 dm

345 Berechne das Volumen einer quadratischen Pyramide mit Seitenlänge a und Höhe h.
H1|H2 *Hinweis:* Längen zuerst auf gleiche Einheit bringen!

a) $a = 1,8\,\text{cm}$, $h = 40\,\text{mm}$

b) $a = 24\,\text{dm}$, $h = 3,5\,\text{m}$

c) $a = 3\,\text{dm}$, $h = 112\,\text{cm}$

346
H1|H2 Eine regelmäßige, sechsseitige Pyramide hat eine Grundkantenlänge von 42 cm. Die Höhe der Pyramide beträgt 5 dm.

a) Berechne die Grundfläche und das Volumen der Pyramide.

b) Welche Masse hat die Pyramide, wenn sie aus einem Kunststoff mit der Dichte 0,8 kg/dm³ besteht?

347
H1|H2 Ein Zelt hat als Grundfläche ein regelmäßiges Sechseck mit Seitenkante 2,2 m (siehe Abbildung). Das Zelt ist 3 m hoch.

a) Wie groß ist das Volumen des Zeltes?

b) Wie groß ist die Masse der im Zelt eingeschlossenen Luft ($\rho = 1,29 \text{ kg/m}^3$)?

www.google.com/20160907

348
H1|H2 Ein Zelt hat die Form einer quadratischen Pyramide. Die Seitenlänge des Quadrats beträgt 1,5 m. Die Höhe des Zelts ist 1,9 m. Wie groß ist die Masse der eingeschlossenen Luft ($\rho = 1,29 \text{ kg/m}^3$)?

349
H1|H2 Ein Quader hat ein Volumen von 2,06 dm³. Er ist 62 cm lang und 8 cm breit.
Berechne die Höhe des Quaders!

350 Eine rechteckige Sandkiste hat die Abmessungen
H1|H2 1,4 m × 1,2 m.

In der Sandkiste wird 1 Tonne Sand gleichmäßig verteilt. Der Sand hat eine Dichte von 1 500 kg/m³.

Wie hoch liegt der Sand in der Sandkiste?

351 Ein Zelt hat die Form einer quadratischen Pyramide. Die Seitenlänge des Quadrats beträgt 1,9 m.
H1|H2 Im Zelt sind ca. 4,1 kg Luft eingeschlossen. Die Dichte der Luft beträgt 1,29 kg/m³.

Berechne, wie hoch dieses Zelt ist!

352 Eine 19 kg schwere Messingschiene ist 140 mm breit und
H1|H2 16 mm dick (siehe Skizze). Messing hat eine Dichte von
8,5 kg/dm³.

Berechne die Länge der Messingschiene!
Runde auf Zentimeter!

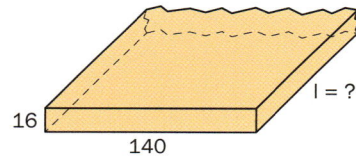

16   l = ?
   140

ösungen

1. Zahlen

1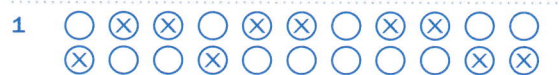

2 B D C A E

3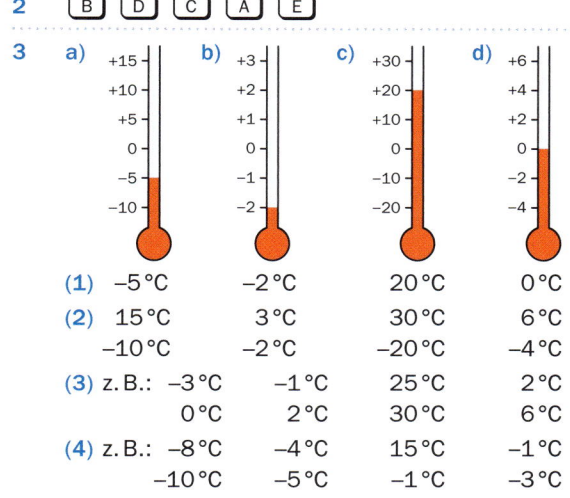

(1) −5 °C   −2 °C   20 °C   0 °C
(2) 15 °C   3 °C   30 °C   6 °C
   −10 °C   −2 °C   −20 °C   −4 °C
(3) z.B.: −3 °C   −1 °C   25 °C   2 °C
      0 °C   2 °C   30 °C   6 °C
(4) z.B.: −8 °C   −4 °C   15 °C   −1 °C
      −10 °C   −5 °C   −1 °C   −3 °C

4 C D A B

5 a) Sarah ist 3 Etagen gefahren.
b) Selina muss 4 Etagen fahren.
c) Simon fährt auch 4 Etagen.

6 richtig, richtig, falsch, falsch

7 Anna: −45; Karoline: 380; Jens: −210

8 ○ ○ ○ ⊗ ○

9 a) $a = -6$; $b = -5$; $c = -1$;
   $d = 3$; $e = 4$; $f = 8$
b) $a = -12$; $b = -10,5$; $c = -7,5$;
   $d = -6$; $e = -3$; $f = 4,5$
c) $a = -140$; $b = -110$; $c = -80$;
   $d = -70$; $e = -20$; $f = 10$
d) $a = -1,6$; $b = -1,3$; $c = -0,9$;
   $d = -0,7$; $e = -0,6$; $f = -0,3$
e) $a = -10$; $b = -9$; $c = -7$;
   $d = -6$; $e = -2$; $f = -1$
f) $a = -1,5$; $b = -0,75$; $c = 0$;
   $d = 1$; $e = 1,75$; $f = 2,25$

10 a) z.B.:
   −9 −8 −7 −6 −5 −4 −3 −2 −1 0 1 2 3 4
b) z.B.:
   −26 −24 −22 −20 −18 −16 −14 −12 −10 −8 −6 −4 −2 0
c) z.B.:
   −0,8 −0,6 −0,4 −0,2 0 0,2 0,4
d) z.B.:
   −6,8 −6,6 −6,4 −6,2 −6 −5,8 −5,6
e) z.B.:
   −200 −100 0 100 200 300 400
f) z.B.:
   −6000 −4000 −2000 0 2000 4000 6000

11 a) z.B.: −11; −17; −300   b) z.B.: −6; 0; 1
c) z.B.: −1; 0; 27   d) z.B.: −8; −5; −2
e) z.B.: 0; −7; −40   f) z.B.: −2; −1; −0,6

12 a) > < > < > >
b) > > > > < >
c) > > < > > >
d) > > > < > >

13 −89 < −58 < −37 < −12 < 41 < 48 < 57

14 z.B.: $\frac{3}{4}$ und $-\frac{3}{4}$; beide sind gleich weit vom Nullpunkt entfernt, nämlich jeweils $\frac{3}{4}$.

15 falsch, richtig, falsch, falsch, richtig, richtig, richtig

16 a) −20 < −12 < −8 < −3 < 4 < 10 < 17
b) −10 < −5 < −1 < 0 < 2 < 4 < 8
c) −200 < −60 < −30 < 150 < 190 < 200 < 230
d) −200 < −130 < −80 < −50 < 30 < 80 < 140
e) −3,1 < −2,9 < −2,09 < 2,09 < 2,8 < 2,99 < 3,1
f) −0,5 < −0,1 < −0,09 < −0,05 < 0,07 < 0,3 < 0,9
g) $-\frac{2}{3} < -\frac{5}{8} < -\frac{7}{12} < -\frac{7}{24} < \frac{5}{12} < \frac{8}{12} < \frac{3}{4}$
h) $-\frac{7}{10} < -\frac{1}{2} < -\frac{2}{5} < \frac{1}{4} < \frac{9}{20} < \frac{4}{5} < \frac{9}{10}$

17 a) 7; 4; 150; 0,4   b) 2,9; $\frac{3}{5}$; $1\frac{5}{8}$; $0,\dot{3}$

18

Zahl	−6	+2,7	3	0	$-\frac{5}{7}$	+12	−8,01
Betrag	6	2,7	3	0	$\frac{5}{7}$	12	8,01
Gegenzahl	6	−2,7	−3	0	$\frac{5}{7}$	−12	8,01

Zahl	−10	$\frac{4}{5}$	−76	$-9\frac{3}{8}$	−0,03	+874
Betrag	10	$\frac{4}{5}$	76	$9\frac{3}{8}$	0,03	874
Gegenzahl	10	$-\frac{4}{5}$	76	$9\frac{3}{8}$	0,03	−874

19 a) > = <   b) > = <
c) > < >   d) < < =

20 richtig, falsch, richtig, richtig

21 a) −7,4 ist eine rationale Zahl, weil man sie als
   Bruch schreiben kann, und zwar
   $-7,4 = -7\frac{2}{5} = -\frac{37}{5}$.
b) 22 ist eine rationale Zahl, weil man sie als Bruch
   schreiben kann, und zwar $22 = \frac{22}{1}$.

22 a) ○ ⊗   b) ○ ⊗   c) ○ ⊗
   ⊗ ○   ⊗ ○   ⊗ ○
   ⊗ ○   ○ ⊗   ⊗ ○
   ⊗ ○   ⊗ ○   ○ ⊗

23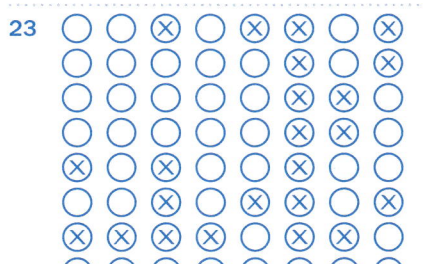

24 a) 1 − 4 = −3   Die Temperatur sinkt um 4 °C.
b) −1 − 6 = −7   Die Temperatur sinkt um 6 °C.
c) 0 − 8 = −8   Die Temperatur sinkt um 8 °C.
d) 0 − 2 = −2   Die Temperatur sinkt um 2 °C.

25 a) Vermögen am Anfang: 50 €; 10 € kommen dazu;
Vermögen am Ende: 60 €
Rechnung: 50 + 10 = 60

b) Vermögen am Anfang: 15 €; 20 € kommen weg;
Vermögen am Ende: −5 €
Rechnung: 15 − 20 = −5

c) Vermögen am Anfang: −45 €; 5 € kommen weg;
Vermögen am Ende: −50 €
Rechnung: −45 − 5 = −50

d) Vermögen am Anfang: −500 €; 200 € kommen
dazu; Vermögen am Ende: −300 €
Rechn.: −500 + 200 = −300

26 a) 30   b) 50

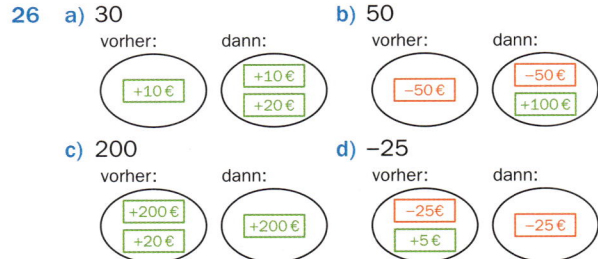

c) 200   d) −25

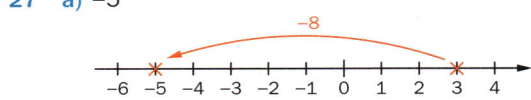

27 a) −5

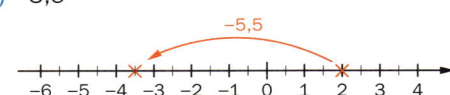

b) −3,5

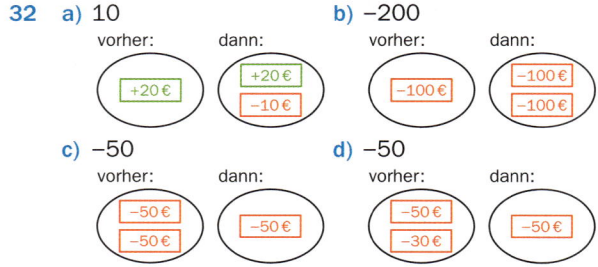

28 a) 5 − 7 = −2   b) −2 − 5 = −7
c) −74 − 67 = −141   d) −43 + 98 = 55
e) −93 + 172 = 79   f) 92 − 36 = 56
g) −48 + 7 = −41   h) 53 − 46 = 7

29 a) falsch, falsch, richtig, richtig, falsch
b) falsch, richtig, falsch, richtig, richtig

30 Auf dem Gipfel herrscht eine Temperatur von −8 °C.

31 Im Jänner hat es in St. Petersurg −14 °C und in
Buenos Aires 26 °C. In Buenos Aires ist es damit um
40 °C wärmer.

32 a) 10   b) −200

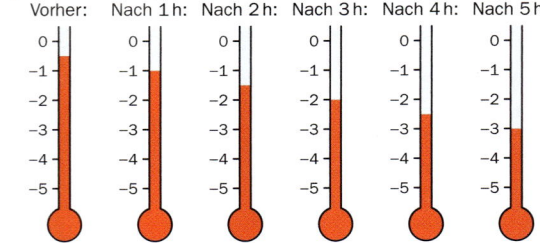

c) −50   d) −50

33 falsch, richtig, falsch, falsch, richtig, falsch

34 a) 5   b) −5   c) 6   d) −6

35 (1) Es sind 110 € weniger geworden.
(2) Der neue Kontostand beträgt −60 €

36 a) −5   b) −7   c) −15   d) 20   e) 4   f) −8

37 a) −0,5 − 5 · 0,5 = −3

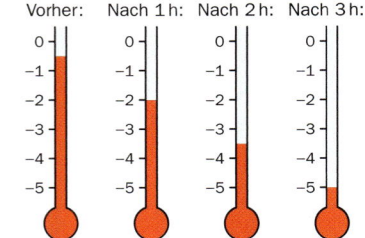

Vorher: Nach 1 h: Nach 2 h: Nach 3 h: Nach 4 h: Nach 5 h:

b) −0,5 − 3 · 1,5 = −5

Vorher: Nach 1 h: Nach 2 h: Nach 3 h:

38 a) 3 · (−20) = −20 − 20 − 20 = −60
b) 3 · (−45) = −45 − 45 − 45 = −135
c) 3 · (−80) = −80 − 80 − 80 = −240
d) 3 · (−140) = −140 − 140 − 140 = −420

39 a) −25 €   b) −32 €

40 Pro Stunde wird es um 1,5 °C kälter.

41 a) positiv, negativ, positiv, negativ
b) negativ, negativ, positiv, positiv

42 a) −9   b) −27   c) −98   d) −13   e) −8
f) −9   g) −48   h) −7,8   i) −2,5

43 −16,8 : 5,6 = −29,1 : 9,7 = −3
−26,6 : 3,5 = −64,6 : 8,5 = −7,6
−5,6 · 9 = −12,6 · 4 = −50,4
−8,4 · 2 = −4,2 · 4 = −16,8

44 a) −2,2;   Probe: −2,2 · 40,5 = −89,1
b) 6,3;   Probe: 6,3 · 2,8 = 17,64
c) 6,2;   Probe: 6,2 · 2,1 = 13,02
d) −5,3;   Probe: −5,3 · 18 = −95,4

45 a) $-\frac{25}{8} = -3\frac{1}{8}$ b) $-\frac{8}{3} = -2\frac{2}{3}$ c) $-\frac{47}{10} = -4\frac{7}{10}$
d) $-\frac{68}{21} = -3\frac{5}{21}$ e) $-\frac{143}{10} = -14\frac{3}{10}$

46 WASSERGLAS

47 a) falsch; Wenn z. B. $d = -3$ ist, dann ist
$d : (-3) = (-3) : (-3) = 1$ und das ist größer als −3.

b) falsch; Wenn z. B. $s = -4$ ist, dann ist
$s : 2 = (-4) : 2 = -2$ und das ist größer als −4.

c) richtig; Denn $a : (-1) = -a$ und daher
$[a : (-1)] : (-1) = -a : (-1) = a$

48 a) +, da das Vorzeichen des Klammerausdrucks Minus ist und Minus mal Minus wieder Plus ergibt.

b) −, da das Vorzeichen des Klammerausdrucks Minus ist und bei der Division durch eine positive Zahl Minus bleibt.

c) −, da das Vorzeichen des Klammerausdrucks Plus ist und Minus mal Plus wieder Minus ergibt.

49 a) z. B.: 99 : (5,5 · 2);   99 : [(−5,5) · (−2)]
b) z. B.: (100 : 50) · 2,5;   [100 : (−50)] · (−2,5)
c) z. B.: (35 · 6) : (5 · 7);   [(−35) · (−6)] : (5 · 7)

50 Clemens hat den ersten Faktor (−2) als eine Differenz von zwei positiven Zahlen aufgeschrieben. Im nächsten Schritt verwendet er das Distributivgesetz. Nun löst er die beiden Multiplikationen und bildet schließlich die Differenz.

z. B.: $(-4) \cdot (-3) = (4 - 8) \cdot (-3) = 4 \cdot (-3) - 8 \cdot (-3) =$
$= -12 - (-24) = -12 + 24 = 12$

51 ⬚D ⬚E ⬚A

52 a) −11 b) −2 c) 11 d) −82 e) −5 f) 48

53 In der zweiten Zeile berechnet Julia die Produkte, Quotienten und Beträge, sie verwendet die Regeln $(-) \cdot (-) = (+)$, $(-) : (+) = (-)$ und $(-) : (-) = (+)$. Im nächsten Schritt berechnet Julia die Klammerausdrücke, indem sie beachtet, dass Punkt- vor Strichrechnung auszuführen ist. Schließlich erhält Julia das Ergebnis, indem sie zuerst das Produkt berechnet (= 300) und dann die Subtraktion ausführt.

54 ⬚C ⬚E ⬚B ⬚D

55 a) negativ; $-\frac{7}{2} = -3\frac{1}{2}$ b) positiv; $\frac{10}{3} = 3\frac{1}{3}$

c) positiv; $\frac{3}{2} = 1\frac{1}{2}$ d) negativ; $-\frac{8}{15}$

e) positiv; $\frac{3}{8}$ f) positiv; $\frac{9}{2} = 4\frac{1}{2}$

g) positiv; $\frac{7}{2} = 3\frac{1}{2}$ h) negativ; -1

2. Potenzen

56

a	8	−8	$\frac{1}{4}$	$-\frac{1}{4}$	0,1	−0,1	$\frac{7}{6}$	$-\frac{7}{6}$
$a \cdot 2$	16	−16	$\frac{1}{2}$	$-\frac{1}{2}$	0,2	−0,2	$\frac{7}{3}$	$-\frac{7}{3}$
a^2	64	64	$\frac{1}{16}$	$\frac{1}{16}$	0,01	0,01	$\frac{49}{36}$	$\frac{49}{36}$
$a \cdot 3$	24	−24	$\frac{3}{4}$	$-\frac{3}{4}$	0,3	−0,3	$\frac{7}{2}$	$-\frac{7}{2}$
a^3	512	−512	$\frac{1}{64}$	$-\frac{1}{64}$	0,001	−0,001	$\frac{343}{216}$	$-\frac{343}{216}$

57

a	1	−1	2	−2	$\frac{1}{2}$	$-\frac{1}{2}$	$\frac{1}{3}$	$-\frac{1}{3}$
a^2	1	1	4	4	$\frac{1}{4}$	$\frac{1}{4}$	$\frac{1}{9}$	$\frac{1}{9}$
a^3	1	−1	8	−8	$\frac{1}{8}$	$-\frac{1}{8}$	$\frac{1}{27}$	$-\frac{1}{27}$

58 (1) … falls n eine gerade Zahl ist

(2) … falls n eine ungerade Zahl ist

59 $-5^4 = -5 \cdot 5 \cdot 5 \cdot 5 = -625$, aber

$(-5)^4 = (-5) \cdot (-5) \cdot (-5) \cdot (-5) = 625$

60 a) a^4; $z^3 \cdot n^2$ b) $4^4 \cdot w^2$; $6^2 \cdot g^3$

c) $2^2 \cdot 3^3 \cdot 5$; $h^3 \cdot k^2 \cdot u^2$

61 a) $2^5 \cdot 5$ b) $2^2 \cdot 3^3$ c) $2 \cdot 3^4 \cdot 5$

d) $3^3 \cdot 5^2 \cdot 7$ e) $3^3 \cdot 5^3$

62 (1) –

(2) ca. 6 Faltungen

(3)

1-mal	2-mal	3-mal	4-mal	5-mal
$0,2 \cdot 2^1$	$0,2 \cdot 2^2$	$0,2 \cdot 2^3$	$0,2 \cdot 2^4$	$0,2 \cdot 2^5$
0,4 mm	0,8 mm	1,6 mm	3,2 mm	6,4 mm

6-mal	7-mal	8-mal	9-mal	10-mal
$0,2 \cdot 2^6$	$0,2 \cdot 2^7$	$0,2 \cdot 2^8$	$0,2 \cdot 2^9$	$0,2 \cdot 2^{10}$
12,8 mm	25,6 mm	51,2 mm	102,4 mm	204,8 mm

(4) 41-mal

63 (1) Die Strecke wird gedrittelt. In die Mitte wird ein gleichseitiges Dreieck gezeichnet. Wiederholt man diese beiden Schritte mit allen geraden Strecken immer wieder, so entsteht die Schneeflockenkurve.

(2)

	Schritt 0 Anfang	Schritt 1	Schritt 2
Anz. Strecken	1	4	$16 = 4^2$
Anz. Ecken	0	$3 = 4^1 - 1$	$15 = 4^2 - 1$

	Schritt 3	Schritt 4	Schritt 5
Anz. Strecken	$64 = 4^3$	$256 = 4^4$	$1\,024 = 4^5$
Anz. Ecken	$63 = 4^3 - 1$	$255 = 4^4 - 1$	$1\,023 = 4^5 - 1$

64 a) $a + 2a^2 + a^3 + 2a + 2a^3 = 3a + 2a^2 + 3a^3$

b) $2b + 3b^2 + b = 3b + 3b^2$

c) $2a^2 + 3c^2 + b^2 + c^2 + 2a^2 = 4a^2 + b^2 + 4c^2$

65 a) z. B.: $V = u^3 + u^3 + u^3 + u^3 + u^3 + k^3 + k^3 + k^3 + k^3 +$
$+ k^3 + k^3 = 3u^3 + 2u^3 + 3k^3 + 3k^3 = 5u^3 + 6k^3$

b) $5u^3 - 6k^3$

c) Breite: $3u$; $u + 3k$; Höhe: $2u + 2k$

66 a) $a^3 + 9a^2 - 2b^2 + 2b$; Probe: $32 = 32$

b) $-6a^2 - 3a - b^3 + 5b^2$; Probe: $-12 = -12$

c) $-8a^3 + 2a^2 + 3b^2 + b$; Probe: $-26 = -26$

67 a) falsch, richtig, falsch, falsch

b) richtig, falsch, richtig, richtig

68 a) $\frac{a^2}{8} + \frac{13a}{4}$ b) $\frac{3b^2}{5} + \frac{7b}{6}$

c) $\frac{6c^3}{5} - \frac{11c^2}{10}$ d) $-\frac{5d^3}{3} + \frac{9d^2}{8}$

69 a) falsch, falsch, falsch, falsch, richtig

b) richtig, falsch, richtig, richtig, richtig

70 a) ⬚B ⬚E ⬚C b) ⬚D ⬚A ⬚C

71 a) $20a^5$; Probe: $4\,860 = 4\,860$

b) $30a^5$; Probe: $7\,290 = 7\,290$

c) $15a^3b^6$; Probe: $25\,920 = 25\,920$

d) $-24a^4b^4$; Probe: $-31\,104 = -31\,104$

e) $-a$; Probe: $-3 = -3$

f) $\frac{1}{2a}$; Probe: $\frac{1}{6} = \frac{1}{6}$

g) $\frac{36}{a^2b}$; Probe: $2 = 2$

h) $2a^2b$; Probe: $36 = 36$

72 a) falsch (Korrektur: $-10a^3b^3$) b) richtig

c) falsch (Korrektur: $14a^5b^4$) d) richtig

e) falsch $\left(\text{Korrektur: } \frac{5}{b^4}\right)$

f) falsch $\left(\text{Korrektur: } -\frac{12b^2}{7}\right)$ g) richtig

73 a) $(3x)^2 = (3x)(3x) = 9x^2$

$(6e)^2 = (6e)(6e) = 36e^2$

b) $(4k)^3 = (4k)(4k)(4k) = 64k^3$

$(2m)^4 = (2m)(2m)(2m)(2m) = 16m^4$

c) $(-2u)^3 = (-2u)(-2u)(-2u) = -8u^3$

$(-7z)^4 = (-7z)(-7z)(-7z)(-7z) = 2\,401z^4$

d) $\left(\frac{h}{2}\right)^2 = \left(\frac{h}{2}\right)\left(\frac{h}{2}\right) = \frac{h^2}{4}$

$\left(\frac{k}{3}\right)^3 = \left(\frac{k}{3}\right)\left(\frac{k}{3}\right)\left(\frac{k}{3}\right) = \frac{k^3}{27}$

e) $\left(-\frac{b}{5}\right)^4 = \left(-\frac{b}{5}\right)\left(-\frac{b}{5}\right)\left(-\frac{b}{5}\right)\left(-\frac{b}{5}\right) = \frac{b^4}{625}$

$\left(\frac{-r}{7}\right)^3 = \left(\frac{-r}{7}\right)\left(\frac{-r}{7}\right)\left(\frac{-r}{7}\right) = \frac{-r^3}{343}$

f) $\left(-\frac{2w}{5}\right)^3 = \left(-\frac{2w}{5}\right)\left(-\frac{2w}{5}\right)\left(-\frac{2w}{5}\right) = -\frac{8w^3}{125}$

$\left(\frac{-4d}{7}\right)^2 = \left(\frac{-4d}{7}\right)\left(\frac{-4d}{7}\right) = \frac{16d^2}{49}$

74 a) falsch, richtig, richtig, falsch

b) falsch, falsch, falsch, richtig

75 falsch (Korrektur: $(-6)(-6)(-6) \cdot 3 \cdot 3 \cdot 3 = -5\,832$);

falsch $\left(\text{Korrektur: } \frac{2^3}{3^3} \cdot (-2)(-2) = \frac{8}{27} \cdot 4 = \frac{32}{27}\right)$;

richtig; falsch (Korrektur: 2^9); richtig

76 a) $(a^2 b^2)^3 = (a^2 b^2) \cdot (a^2 b^2) \cdot (a^2 b^2) =$
$= a^2 \cdot b^2 \cdot a^2 \cdot b^2 \cdot a^2 \cdot b^2 = a^6 b^6$

b) $(a^2 b^3)^2 = (a^2 b^3) \cdot (a^2 b^3) = a^2 \cdot b^3 \cdot a^2 \cdot b^3 = a^4 \cdot b^6$

c) $\left(\frac{a^2}{b^3}\right)^2 = \left(\frac{a^2}{b^3}\right) \cdot \left(\frac{a^2}{b^3}\right) = \frac{a^2 \cdot a^2}{b^3 \cdot b^3} = \frac{a^4}{b^6}$

77 a) $(2a)^2 = 4a^2$;   c) $\left(\frac{a}{2}\right)^2 = \frac{a^2}{4}$; ein Viertel vom

4-mal so groß   ursprünglichen Quadrat

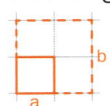 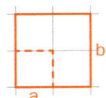

b) $(5a)^2 = 25a^2$; 25-mal so groß

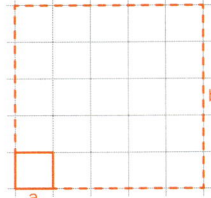

78 a) D   E   A   C   b) D   F   B   E

79 a) $a^6 b^6$ b) $a^6 b^7$ c) $a^8 b^8$ d) $a^5 b^8$

e) $a^2 b^5$ f) ab^5 g) ab h) b^3

80 a) $\frac{27 a^4 b}{4}$;   Probe: $324 = 324$

b) $16 a^3$;   Probe: $128 = 128$

c) $\frac{40 b^4}{a}$;   Probe: $1\,620 = 1\,620$

d) $-\frac{81}{8 a^4}$;   Probe: $-\frac{81}{128} = -\frac{81}{128}$

e) $\frac{3b}{8}$;   Probe: $1,175 = 1,175$

81 E   B   C   A   D

82 falsch (Korrektur: … indem man ihre Hochzahlen addiert, z. B. $3^5 \cdot 3^3 = 3^8$); richtig; falsch (Korrektur: … Hochzahlen subtrahieren, z. B. $\frac{3^6}{3^2} = 3^4$);

falsch (Korrektur: sie können auch kleiner als 1 sein, z. B. $0,2^2 = 0,04$)

83 a) B   D   E   A   C

b) E   C   A   D   B

84 ungünstig, günstig, günstig, ungünstig

85 a) B   C   A   D   E

b) B   C   E   D   A

86 richtig, falsch ($10 \cdot 1\,000\,t = 10^4\,t$), richtig, richtig

87 a) C   A   E   F   B   D

b) F   B   D   E   A   C

88 a) $3,43 \cdot 10^6$; $1,24 \cdot 10^4$ b) $3,5 \cdot 10^7$; $5,12 \cdot 10^6$

c) $3,4 \cdot 10^4$; $4,89 \cdot 10^7$ d) $9,2 \cdot 10^3$; $1,27 \cdot 10^8$

89 a) $7\,200$; $505\,000$ b) $32\,000$; $583\,000\,000$

c) 280; $1\,270\,000\,000$ d) $9\,801\,000$; $739\,000$

90 richtig; falsch (Korrektur: $2,1 \cdot 10^4$);

falsch (Korrektur: $4,91 \cdot 10^7$); richtig

91 a) $1,496 \cdot 10^8\,km$; $6,378 \cdot 10^3\,km$; $5,97 \cdot 10^{21}\,t$

b) $5,97 \cdot 10^{24}\,kg$ hat 22 Nullen.

3. Flächeninhalte

92 Albert $(2\,|\,0)$; Bertram $(-1\,|\,2)$; Camilla $(3\,|\,4)$;

Doris $(-4\,|\,-1)$; Ernst $(0\,|\,-2)$; Franziska $(6\,|\,3)$;

Goran $(0\,|\,1)$; Herta $(-4\,|\,4)$; Ines $(3\,|\,-2)$

93 a) & b)

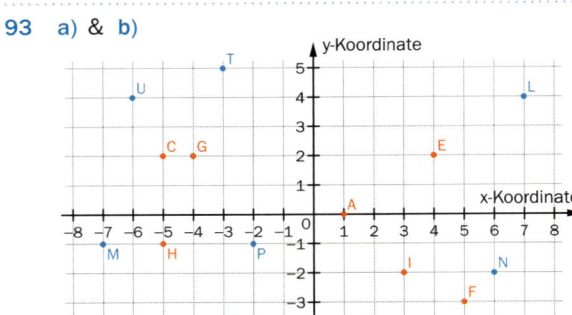

94 a) $A(2\,|\,1)$; $B(1\,|\,4)$; $C(3\,|\,4)$; $D(2\,|\,5)$;

beide Koordinaten positiv

b) $A(-2\,|\,3)$; $B(-1\,|\,5)$; $C(-8\,|\,2)$; $D(-3\,|\,9)$;

die erste Koordinate negativ, die zweite positiv

c) $A(-1\,|\,-2)$; $B(-2\,|\,-2)$; $C(-4\,|\,-1)$; $D(-8\,|\,-3)$;

beide Koordinaten negativ

d) $A(1\,|\,-1)$; $B(2\,|\,-5)$; $C(4\,|\,-1)$; $D(7\,|\,-8)$;

die erste Koordinate positiv, die zweite negativ

e) $A(-4\,|\,0)$; $B(-1\,|\,0)$; $C(0\,|\,0)$; $D(7\,|\,0)$;

die zweite Koordinate ist 0

f) $A(0\,|\,-7)$; $B(0\,|\,-1)$; $C(0\,|\,0)$; $D(0\,|\,2)$;

die erste Koordinate ist 0

95 a) B   D   C   F   b) A   F   E   B

96 a) $A = 30\,cm^2$ b) $A = 20,5\,cm^2$

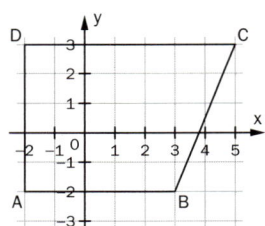 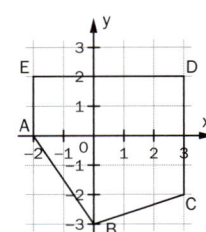

97 a) $A = 10\,cm^2$ b) $A = 24\,cm^2$ c) $A = 36,72\,cm^2$

98 a) (1) $D(1\,|\,6)$ (2) $A = 28\,cm^2$

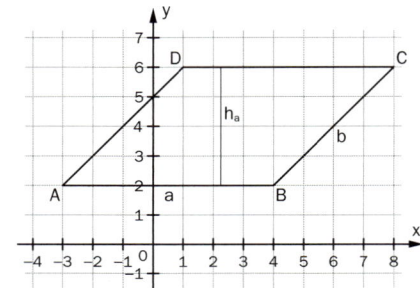

b) (1) $A(-3|6)$ **(2)** $A = 20\,\text{cm}^2$

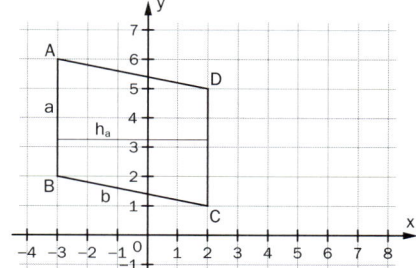

99 z.B.:

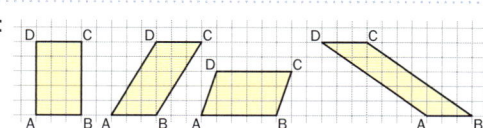

100 Der Wegweiser hat eine Symmetrieachse, die parallel zur Unterkante und durch die Pfeilspitze verläuft. Diese unterteilt den Wegweiser in zwei kongruente Parallelogramme.
$A = 1\,430\,\text{cm}^2$

101 (1) $A_{par} = 8{,}4\,\text{cm}^2$

(2) Länge 20 cm; Breite = 18,3 cm; Fläche 366 cm²
(40 Parallelogramme + 10 Dreiecke)

102 a) verdoppelt **b)** halbiert
c) verdreifacht **d)** verdoppelt
e) vervierfacht **f)** viertelt

103 a) $e \approx 5{,}4\,\text{cm}$, $f \approx 3{,}6\,\text{cm}$, $A \approx 9{,}7\,\text{cm}^2$
b) $e \approx 4{,}4\,\text{cm}$, $f \approx 1{,}6\,\text{cm}$, $A \approx 3{,}5\,\text{cm}^2$
c) $e \approx 4{,}7\,\text{cm}$, $f \approx 2{,}7\,\text{cm}$, $A \approx 6{,}3\,\text{cm}^2$
d) $e \approx 2{,}5\,\text{cm}$, $f \approx 3{,}8\,\text{cm}$, $A \approx 4{,}8\,\text{cm}^2$

104 a) $f \approx 3{,}4\,\text{cm}$, **b)** $e \approx 4{,}8\,\text{cm}$, $f \approx 3{,}4\,\text{cm}$,
$A \approx 8{,}7\,\text{cm}^2$ $A \approx 8{,}2\,\text{cm}^2$

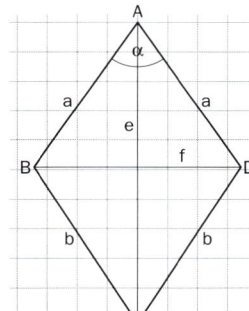

105 ① und ② und ④

106 a) (1) $D(1|1)$ **(2)** $A = 21\,\text{cm}^2$

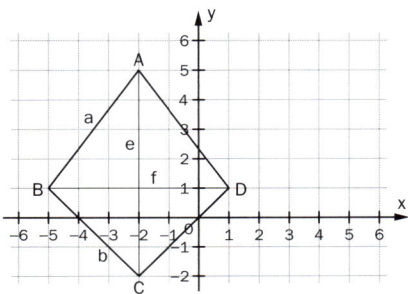

b) (1) $B(-1|3)$ **(2)** $A = 10\,\text{cm}^2$

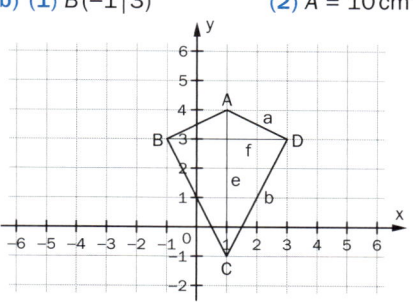

107 a) $A = 10{,}72\,\text{cm}^2$ **b)** $A = 30{,}6\,\text{cm}^2$

108 ◯ ⊗ ◯ ⊗
Das Quadrat und die Raute sind beide spezielle Deltoide, d.h. bei beiden stehen die Diagonalen normal aufeinander und die eine Diagonale halbiert die andere.

109 ◯ ⊗ ◯ ◯

110 Diese Aussage stimmt, denn
$\frac{(2 \cdot e) \cdot f}{2} = \frac{2 \cdot e \cdot f}{2} = \frac{2 \cdot (e \cdot f)}{2} = 2 \cdot A.$

111 a) $c \approx 1\,\text{cm}$, **b)** $h \approx 3{,}4\,\text{cm}$,
$A \approx 12\,\text{cm}^2$ $A \approx 23{,}0\,\text{cm}^2$

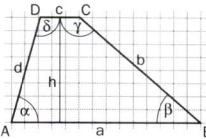 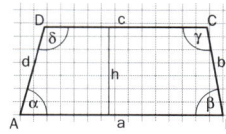

112 a) $A = \frac{(f + n) \cdot h}{2}$ **b)** $A = \frac{(m + f) \cdot h}{2}$

 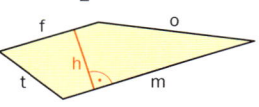

c) $A = \frac{(a + t) \cdot h}{2}$ **d)** $A = \frac{(g + v) \cdot h}{2}$

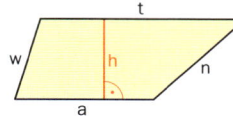 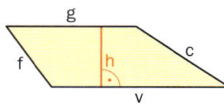

e) $A = \frac{(b + r) \cdot h}{2}$ **f)** $A = \frac{(d + v) \cdot h}{2}$

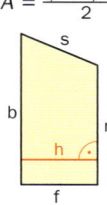 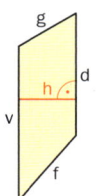

113 *gilt:* ein Rechteck ist ein spezielles Trapez
gilt nicht: es müsste heißen $A = \frac{(a + a) \cdot h}{2}$
gilt nicht: das Deltoid ist kein Trapez
gilt nicht: es müsste noch durch 2 dividiert werden
gilt: ein Parallelogramm ist ein spezielles Trapez

114 a) $A = 24\,\text{cm}^2$ **b)** $A = 14\,\text{cm}^2$ **c)** $A = 21\,\text{cm}^2$

115 $A = 1\,152\,\text{cm}^2 = 11{,}52\,\text{dm}^2$

116 z.B.:

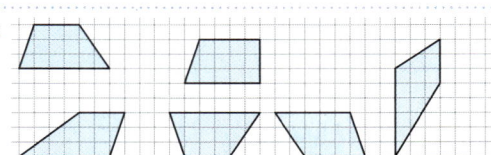

117 [C] [B] [D]

118 a) $A = 31,5\,\text{cm}^2$ b) $A = 9\,\text{cm}^2$ c) $A = 10,5\,\text{cm}^2$

119 a) $a \approx 5,5\,\text{cm}$, $b \approx 3,6\,\text{cm}$, $c \approx 5,3\,\text{cm}$,
    $h_a \approx 3,3\,\text{cm}$; $h_b \approx 5,1\,\text{cm}$; $h_c \approx 3,4\,\text{cm}$;

$$\frac{a \cdot h_a}{2} = 9,075\,\text{cm}^2$$
$$\frac{b \cdot h_b}{2} = 9,18\,\text{cm}^2$$
$$\frac{c \cdot h_c}{2} = 9,01\,\text{cm}^2$$

b) $a \approx 5\,\text{cm}$, $b \approx 2,8\,\text{cm}$, $c \approx 6,2\,\text{cm}$,
    $h_a \approx 2,7\,\text{cm}$; $h_b \approx 5\,\text{cm}$; $h_c \approx 2,2\,\text{cm}$;

$$\frac{a \cdot h_a}{2} = 6,75\,\text{cm}^2$$
$$\frac{b \cdot h_b}{2} = 7\,\text{cm}^2$$
$$\frac{c \cdot h_c}{2} = 6,82\,\text{cm}^2$$

c) $a \approx 5,7\,\text{cm}$, $b \approx 3,2\,\text{cm}$, $c \approx 4,3\,\text{cm}$,
    $h_a \approx 2,4\,\text{cm}$; $h_b \approx 4,3\,\text{cm}$; $h_c \approx 3,1\,\text{cm}$;

$$\frac{a \cdot h_a}{2} = 6,84\,\text{cm}^2$$
$$\frac{b \cdot h_b}{2} = 6,88\,\text{cm}^2$$
$$\frac{c \cdot h_c}{2} = 6,665\,\text{cm}^2$$

120 Es kommt nicht das exakt gleiche Ergebnis heraus, weil die Werte nur abgemessen und daher nicht ganz exakt waren.
Der richtige Wert kann höchstens auf die Einerstelle genau angegeben werden.
a) $A \approx 9\,\text{cm}^2$ b) $A \approx 7\,\text{cm}^2$ c) $A \approx 7\,\text{cm}^2$

121 Nur mit der Formel $A = \frac{a \cdot h_a}{2}$ bekommt man den exakten Wert, weil man den Wert für a und h_a genau ablesen kann.
$A = 15\,\text{cm}^2$

122 a) $A = 1\,375\,\text{E}^2$ b) $A = 1\,500\,\text{E}^2$

123 $h \approx 43\,\text{cm}$; $A \approx 1\,075\,\text{cm}^2$

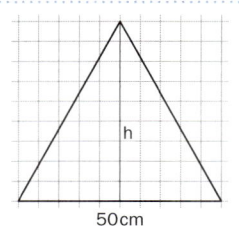

50 cm

124 z. B.: $A = \frac{16 \cdot 8}{2} = 64\,\text{cm}^2$;
$A = \frac{11,3 \cdot 11,3}{2} = 63,845\,\text{cm}^2$
Man erhält nicht das gleiche Ergebnis, weil die angegebenen Werte nicht exakt sind.

125 z. B.:

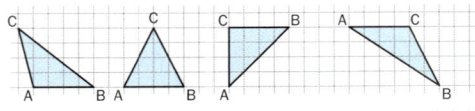

126 a) Der Flächeninhalt wird vervierfacht.
b) Der Flächeninhalt wird geviertelt.

127 a) $A = 20,5\,\text{cm}^2$ b) $A = 16,5\,\text{cm}^2$

128 a) $A = 25\,\text{cm}^2$ b) $A = 25\,\text{cm}^2$

129 $A = 16\,\text{cm}^2$

4. Statistik

130 a) Minimum = $4\,510\,\text{kWh}$ … niedrigster Verbrauch;
Maximum = $5\,695\,\text{kWh}$ … höchster Stromverbrauch;
Spannweite = $1\,185\,\text{kWh}$ … Unterschied zwischen niedrigstem und höchstem Stromverbrauch
b) $4\,910\,\text{kWh}$

131 a) Minimum = 13 … die wenigsten Kinosäle;
Maximum = 150 … die meisten Kinosäle;
Spannweite = 137 … Unterschied zwischen den wenigsten und meisten Kinosälen.
b) $62,\dot{4}$

132 a) Minimum = 126; Maximum = 139;
Spannweite = 13
b) $\bar{x} \approx 131,4\,\text{cm}$

133 a) arithm. Mittel: 4,85; Median: 5; Modus: 6
b) arithm. Mittel: 52,69; Median: 52,5; Modus: 56
c) arithm. Mittel: 138,33; Median: 137,5;
Modus: 135
d) arithm. Mittel: 0,74; Median: 0,745;
Modus: 0,74; 0,75; 0,78

134 (1) a) $1\,034$ b) $3\,435$ c) $1\,644$
(2) a) 774   b) $3\,423$ c) $1\,358$
(3) Es ist nicht sinnvoll, da jeder Wert nur einmal vorkommt. Selbst wenn ein Wert doppelt vorkommen würde, so wäre das nur Zufall und es wäre daher nicht aussagekräftig.

135 Modalwert: 2; in den meisten Monaten hat der Schüler 2 Fehlstunden.
Median: 5,5; in mindestens der Hälfte aller Monate hat der Schüler höchstens 5,5 Fehlstunden, und in mindestens der Hälfte aller Monate hat der Schüler mindestens 5,5 Fehlstunden.

136 Der Modalwert und der Median bleiben gleich, das arithmetische Mittel sinkt von $1\,400\,€$ auf $1\,333,33\,€$.

137 falsch, richtig, richtig, falsch, richtig

138 a) Im Diagramm wurde die Anzahl der Personen im jeweiligen Arbeitsbereich nicht berücksichtigt. Die Linie mit dem Durchschnittseinkommen müsste weiter unten sein, nämlich bei $2\,000\,€$.
b) Modus: $1\,500\,€$; Medianeinkommen: $1\,500\,€$;
arithmetisches Mittel der Einkommen: $2\,000\,€$
Das arithmetische Mittel ist am schlechtesten geeignet, da mehr als die Hälfte der Mitarbeiter ein deutlich niedrigeres Einkommen haben.

139 Modus, Median, arithmetisches Mittel, Modus

140 Median: damit wirkt sich der Ausreißer (47) nicht aus.
Arithmetisches Mittel: keine besonderen Häufungen, keine Ausreißer
Modus: ein Datenwert (7) kommt deutlich öfter vor als die anderen

141 (1) wenn bei den Daten Ausreißer vorkommen, die das arithmetische Mittel stark beeinflussen

(2) wenn ein Datenwert besonders häufig vorkommt

142 z. B.: 6 10 3 6 9 5 6 6 6 5
        7 10 6 5 7 9 11 8 8 10

(1) arithmetisches Mittel: 7,15; Median: 6,5; Modus: 6

(2) Die Augensumme 6 kommt besonders oft vor, weil es viele Möglichkeiten gibt, die Summe 6 zu würfeln ($1 + 5$, $2 + 4$, $3 + 3$, $4 + 2$, $5 + 1$). Selten bzw. gar nicht kommen die Augenzahlen 2 und 12 vor, da es für beide Summen jeweils nur genau eine Möglichkeit gibt, diese zu würfeln ($1 + 1$ bzw. $6 + 6$).

143 (1)

Alter	Strichliste	absolute Häufigkeit	relative Häufigkeit
11–20 Jahre	卌	5	$\frac{1}{4}$
21–30 Jahre	||||	4	$\frac{1}{5}$
31–40 Jahre	卌 ||	7	$\frac{7}{20}$
41–50 Jahre	||||	4	$\frac{1}{5}$

(2)

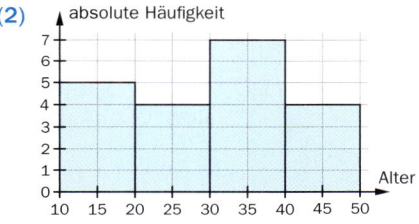

(3) Arithmetisches Mittel: 30,2; Modus: 37; Median: 31,5; Spannweite: 37

144 (1)

Temperatur	Strichliste	absolute Häufigkeit	relative Häufigkeit
kühl: 16 °C bis 20 °C	|||	3	$\frac{3}{21} = \frac{1}{7}$
mittel: 21 °C bis 25 °C	卌 ||	7	$\frac{7}{21} = \frac{1}{3}$
warm: 26 °C bis 31 °C	卌 卌 |	11	$\frac{11}{21}$

(2)

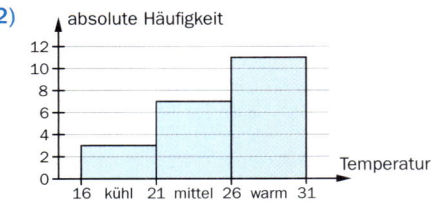

(3) Median: 26; Modus: 26

145 (1)

verletzte Kinder	Strichliste	absolute Häufigkeit	relative Häufigkeit
wenige: 40–69	卌 ||||	9	$\frac{3}{8}$
mittel: 70–99	卌 卌 |	11	$\frac{11}{24}$
viele: 100–129	||||	4	$\frac{1}{6}$

(2)

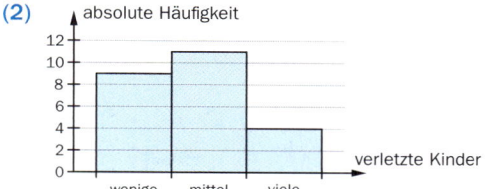

146 a)

Nutzung (Minuten)	Strichliste	absolute Häufigkeit	relative Häufigkeit
wenig: 0–70	卌 卌 卌 ||||	19	$\frac{19}{30}$
mittel: 71–141	卌 |	6	$\frac{1}{5}$
viel: 142–212	卌	5	$\frac{1}{6}$

b) Median: 60; Modus: 60; Mittelwert: 76,33

c) Die Vorteile der Tabelle sind, dass die Daten übersichtlich zusammengefasst werden und man sie dadurch auch leicht grafisch darstellen könnte. Die genauen Daten gehen dabei allerdings verloren. Es ist z. B. nicht ersichtlich, wie viele Jugendliche ihr Smartphone täglich 0 min oder 60 min lang nutzen.

147 Die Punkte gruppieren sich um eine ansteigende Gerade: die Besucherzahlen nehmen mit steigender Zahl der Sonnenstunden zu.

148 Die Punkte gruppieren sich um eine fallende Gerade: die verkaufte Stückzahl nimmt mit steigendem Stückpreis ab.

149 (1)

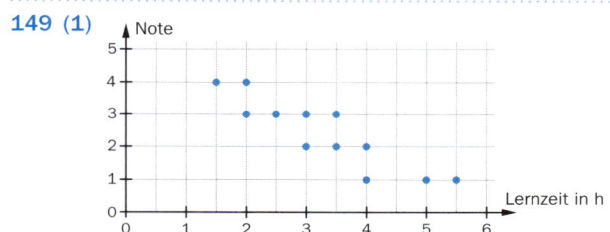

(2) Die Punkte gruppieren sich um eine fallende Gerade: Die Note wird besser, je höher die Lernzeit ist.

150 a) In Frankreich ist die Geburtenrate am höchsten, aber nicht der Bruttomonatsverdienst.

b) In Bulgarien ist der Bruttomonatsverdienst am niedrigsten, aber nicht die Geburtenrate.

c) Es besteht kein Zusammenhang, da sich die Punkte nicht um eine steigende oder fallende Gerade gruppieren.

151 a) Die geringste Anzahl an Todesfällen hatte Wien, die Anzahl der Verletzten ist aber nicht am geringsten.

b) Die Anzahl der Verletzten stimmt in beiden Bundesländern überein, die Anzahl der Toten ist in der Steiermark aber um einiges höher. Der Grund könnte die niedrigere Höchstgeschwindigkeit im Stadtgebiet Wien sein.

c) Kärnten und Salzburg

d) Ja, es besteht jeweils ein Zusammenhang, da sich die Punkte um eine steigende Gerade gruppieren: die Anzahl der Verletzten steigt mit der Anzahl der Unfälle, ebenso steigt die Anzahl der Toten mit der Anzahl der Verletzten, hier ist der Trend allerdings nicht ganz so eindeutig.

5. Terme

152

x	0	1	2	3	4	5	6	7	8
$2x - 3$	-3	-1	1	3	5	7	9	11	13
$5 - \frac{1}{2}x$	5	$\frac{9}{2}$	4	$\frac{7}{2}$	3	$\frac{5}{2}$	2	$\frac{3}{2}$	1

153 a) $5a + a - 3a + 7a = 10a$;   4 €

b) $6a + 14b + 5a + 7b - 8a = 3a + 21b$;   11,70 €

c) $10b + 30z - 2b - 3b - 8z - 10z = 5b + 12z$; 3,10 €

d) $5a + 8b + 15z - 3a - 5b - 10z + 3b - 2a =$ $= 6b + 5z$;   3,25 €

154 richtig, richtig, falsch $\left(\text{Korr.: } 2 \cdot (-2) + (3 - 7 \cdot (-2))\right)$, richtig, richtig, falsch $\left(\text{Korrektur: } \left(2 - \frac{1}{4} - \frac{5}{2}\right)\right)$

155 ⊗ ◯ ⊗ ◯ ⊗

156 D F C E

157 a) $2a + b$ b) $(z + t) : 3$ c) $(r + s) \cdot (r - s)$

d) $t \cdot (t + 1)$ e) $\frac{r \cdot s}{2}$ f) $(g \cdot h)^2$

158 a) $u = 2a + 2b + 2c$; $A = a \cdot c + b^2 = a^2 - b \cdot c$

b) $u = a + b + 3c + d$; $A = a \cdot c + c^2 = a \cdot b - c \cdot d$

c) $u = 2a + b + 5c$; $A = a^2 + 3c^2 = a \cdot b - 3c^2$

159 a) z. B.:

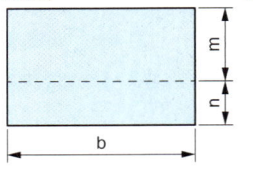

b) z. B.:

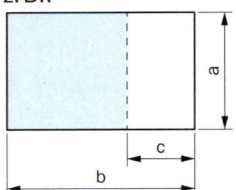

c) z. B.:

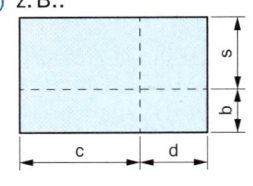

d) z. B.:

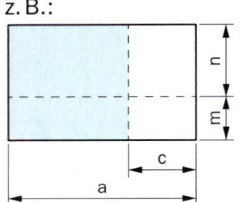

160 (1)

1 Woche	25 mm + 2,8 mm = 27,8 mm
2 Wochen	25 mm + 2 · 2,8 mm = 30,6 mm
3 Wochen	25 mm + 3 · 2,8 mm = 33,4 mm
4 Wochen	25 mm + 4 · 2,8 mm = 36,2 mm
5 Wochen	25 mm + 5 · 2,8 mm = 39 mm
6 Wochen	25 mm + 6 · 2,8 mm = 41,8 mm

(2)

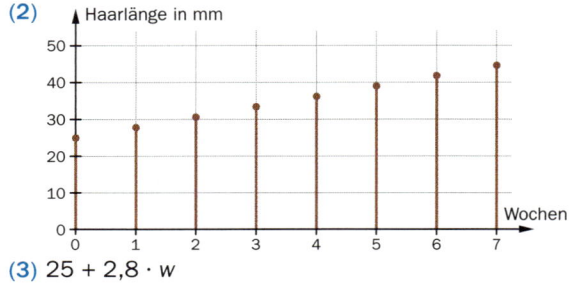

(3) $25 + 2,8 \cdot w$

161 a) Es würde in einem Jahr 145,6 mm wachsen und wäre dann 170,6 mm, also ca. 17 cm lang.

b) Es würden 14 560 m neue Haare pro Jahr produziert werden.

c) –

162 (1)

Strecke (in km)	0	1	2	3	4	5
Kosten (in €)	3,80	5,22	6,64	8,06	9,48	10,90

Strecke (in km)	6	7	8	9	10	11
Kosten (in €)	12,32	13,74	15,16	16,58	18,0	19,42

(2) $3,8 + 1,42 \cdot s$

(3) Man bezahlt dafür 35,04 €.

163 (1)

Verbrauch (in kWh)	0	500	1 000	1 500	2 000
Stromkosten (in €)	47	107	167	227	287

Verbrauch (in kWh)	2 500	3 000	3 500	4 000	4 500
Stromkosten (in €)	347	407	467	527	587

(2) $17 + 30 + 0,12 \cdot v$

(3) Die Kosten betragen 605 €.

164 (1)

Tag	0	1	2	3	4
Mehlvorrat (in t)	14	12,5	11	9,5	8

Tag	5	6	7	8	9
Mehlvorrat (in t)	6,5	5	3,5	2	0,5

(2)

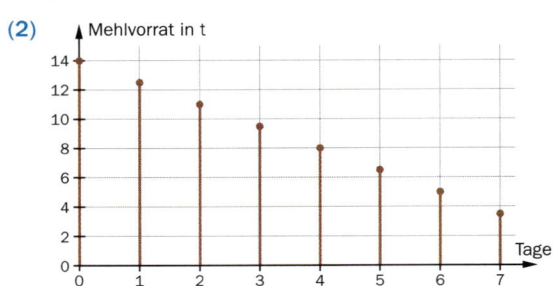

(3) $14 - 1,5 \cdot t$

(4) Es muss nach 8 Tagen (7,33) nachbestellt werden.

165 (1)

Zeit (in min)	0	10	20	30	40	50	60
Temperatur (in °C)	32	31	30	29	28	27	26

(2) Es müsste 1 h 50 min (110 min) lang laufen.

166 (1)

Zeit (Wochen)	1	2	3	4	5	6
Masse (in kg)	89,5	89	88,5	88	87,5	87

Zeit (Wochen)	7	8	9	10	11	12
Masse (in kg)	86,5	86	85,5	85	84,5	84

(2) $90 - 0,5 \cdot w$

(3) Er muss dazu 30 Wochen durchhalten.

167 (1)

Zeit (h)	1	2	3	4	5	6	7	8
Kapazität (in %)	92	84	76	68	60	52	44	36

(2) Die Akkukapazität nimmt linear ab, da die Kapazität nach jeder Stunde um 8 % weniger ist.

(3) $A = 100 - 8 \cdot h$

(4) Nach 12,5 h ist die Akkukapazität vollständig erschöpft.

168 C E D B

169 Nina hat zuerst das gesparte Geld und das Geburtstagsgeld addiert und davon das Geld für die DVD abgezogen. Sarah hat zuerst vom Geburtstagsgeld den Preis für die DVD abgezogen und das übrige Geld dann zum gesparten Geld dazu addiert.

170 richtig, falsch, falsch, richtig, richtig

171 C B A D

172 a) $x + 6$; Probe: $3 = 3$

b) $x - 1$; Probe: $-4 = -4$

c) $x + 2$; Probe: $-1 = -1$

d) $x - 16$; Probe: $-19 = -19$

e) $2x + 1$; Probe: $-5 = -5$

173 a) $13a^2 + a + 5b^2 - 5b$

b) $-4a^2 + 4a + 4b^2 - 9b + 2$ c) $2b - 24$

174 a) E B F D   b) D F C A

175 Der Buchstabe E besteht aus 10 Quadraten mit jeweils Seitenlänge a. Der Flächeninhalt kann aber auch so berechnet werden:

Man berechnet den Flächeninhalt des gesamten Rechtecks ($5a \cdot 3a$) und zieht dann 2 kleine Quadrate (je a^2) und ein Rechteck ($a \cdot 3a$) ab, wie in der Skizze angedeutet.

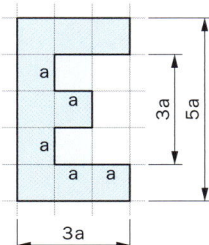

176 $A = b^2 + a \cdot b = b \cdot (a + b)$

Der Flächeninhalt kann berechnet werden, indem man zuerst den Flächeninhalt des orangen Rechtecks (b^2) berechnet und dann den des gelben ($a \cdot b$) dazu addiert, oder indem man gleich den Flächeninhalt des ganzen Rechtecks mit den Seitenlängen b und $b + a$ berechnet.

177 a) $15x + 35$ b) $48x + 54$ c) $-2x + 6$

d) $-8x - 2$ e) $14x^2 + 28x$ f) $-6x^2 + 2x$

g) $15x - 10x^2$ h) $5x^2 - 30x$

178 richtig, falsch, richtig, falsch, falsch, falsch

179 a) $x^2 + 5x + 4$ b) $x^2 - 2x - 15$

c) $-x^2 + 9x - 18$ d) $x^2 + 7x - 8$

e) $-35x^2 - 6x + 8$ f) $40x^2 + 22x - 8$

g) $-27x^2 - 48x + 12$ h) $-14x^2 - 29x + 15$

180 a) $(x - 2) \cdot (x^2 - 4x + 7) =$

$= x^3 - 4x^2 + 7x - 2x^2 + 8x - 14 =$

$= x^3 - 6x^2 + 15x - 14$

Korrektur: $(x - 2) \cdot (x^2 - 4x + 7) =$

$= \cancel{3}x^3 - 4x^2 + 7x - 2x^2 \cancel{+} 8x - 14 =$

$= \cancel{-}2x^2 + \cancel{2}x - 14$

b) $(10 - x) \cdot (x^2 - x - 1) =$

$= 10x^2 - 10x - 10 - x^3 + x^2 + x =$

$= -x^3 + 11x^2 - 9x - 10$

Korrektur: $(10 - x) \cdot (x^2 - x - 1) =$

$= 10x^2 - 10x \cancel{- 11} \; ^{10} \cancel{-} 2x^2 \; ^{x^3} + x^2 + x =$

$= 8x^2 - 9x \cancel{- 11}$

181 a) $-2b^2 - 2a^2b + ab$ b) $30a - 5b^2 - 6b + 4ab$

182 Peter schreibt das Quadrat als Produkt auf, multipliziert dann die Klammern aus und addiert zuletzt. Konrad verwendet die binomische Formel und berechnet zuerst die Quadrate.

Vorteil von Peter's Methode: Er braucht sich keine Formel zu merken.

Vorteil von Konrad's Methode: Er braucht weniger Rechenschritte als Peter.

183 a) $a^2 + 4a + 4$ b) $9 + 6a + a^2$

c) $25 - 10a + a^2$ d) $a^2 - 14a + 49$

e) $25a^2 + 40ab + 16b^2$ f) $36a^2 - 24ab + 4b^2$

g) $9a^2 - 48ab + 64b^2$ h) $16a^2 - 24ab + 9b^2$

184 a) $4a^2 + 12ab + 9b^2$ b) $25b^2 - 16a^2$

c) $9a^2 - 6ab + b^2$ d) $4a^2 - b^2$

e) $a^2 + 8ab + 16b^2$ f) $4a^2 - 16b^2$

g) $4b^2 + 16ab + 16a^2$ h) $a^2 - 49b^2$

185 a) $(4a + 3b)^2 = 16a^2 + 24ab + 9b^2$

b) $(3a - 4b)^2 = 9a^2 - 24ab + 16b^2$

c) $(2a + 8)^2 = 4a^2 + 32a + 64$

d) $(5a - 3)^2 = 25a^2 - 30a + 9$

e) $(2a - 5)^2 = 4a^2 - 20a + 25$

f) $\left(\frac{1}{2}a + 12b\right)^2 = \frac{1}{4}a^2 + 12ab + 144b^2$

g) $(2a - 5b)^2 = 4a^2 - 20ab + 25b^2$

h) $(7a + 8b)^2 = 49a^2 + 112ab + 64b^2$

i) $(7a + 2b)(7a - 2b) = 49a^2 - 4b^2$

j) $\left(6a - \frac{1}{4}b\right)\left(6a + \frac{1}{4}b\right) = 36a^2 - \frac{1}{16}b^2$

k) $(2a + 2b)(2a - 2b) = 4a^2 - 4b^2$

l) $(9a + 3b)(9a - 3b) = 81a^2 - 9b^2$

186 E A B C D

187 a) $(h + 7)^2$ b) $(c - 10)^2$ c) $(2p + 9)^2$

d) $(3u - 4)^2$ e) $(5e + 2f)^2$ f) $(8f - g)^2$

g) $(4n + 7m)^2$ h) $(2v - 3w)^2$

188 a) $2a^2 + 2ab$; Probe: $-4 = -4$

b) $5a^2 - 4ab$; Probe: $44 = 44$

c) $13b^2 + 12ab$; Probe: $45 = 45$

d) $-50b^2 + 60ab$; Probe: $-810 = -810$

e) $34a^2 + 36ab - 38b^2$; Probe: $-422 = -422$

189 a) $a \cdot t + 2 \cdot a \cdot b + a \cdot k = a \cdot (t + 2 \cdot b + k)$

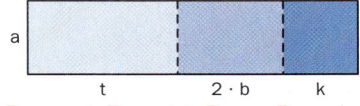

b) $5 \cdot r \cdot s + 5 \cdot r \cdot t + 5 \cdot r = 5 \cdot r \cdot (s + t + 1)$

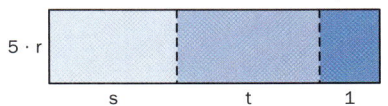

190 a) $5 \cdot (3a + 4)$ b) $7 \cdot (u + 3v)$

c) $4 \cdot (-2x + 3y)$ d) $-3 \cdot (3 + 4m)$

e) $2 \cdot (17y - 12x^2)$ f) $8 \cdot (7x + 8y)$

191 a) richtig, falsch, richtig   b) falsch, richtig, falsch

192 a) $w \cdot (w - 6)$ b) $e \cdot (e + 12)$

c) $t^2 \cdot (3t - 5)$ d) $z^2 \cdot (-2z^2 + 7)$

e) $u \cdot (9 - 4u)$ f) $i \cdot (6 - 5i^2)$

g) $s^2 \cdot (-20s - 9)$ h) $c^2 \cdot (-11 + 8c^2)$

193 a) $5m \cdot (5m - 2)$ b) $6n \cdot (2n - 3)$

c) $3v \cdot (-3v + 5)$ d) $6u^2 \cdot (5 + 3u)$

e) $5c^2 \cdot (4 - 3c^2)$ f) $6d^3 \cdot (3d + 4)$

g) $p \cdot (-25p + 3)$ h) $7q^3 \cdot (-2 + 5q^2)$

194 falsch (Korrektur: $4 \cdot (2a^2 - a + 1)$), richtig, falsch (Korrektur: $-3a \cdot (8a - 3)$), richtig, falsch (Korrektur: $-5a \cdot (5a + 3)$)

195 a) $(2b - 3) \cdot (7a + 1)$; Probe: $-135 = -135$

b) $(2a - 7) \cdot (3 + 5b)$; Probe: $36 = 36$

c) $(a - b) \cdot (2a + 7b)$; Probe: $-85 = -85$

d) $(3a + 7) \cdot (1 - 5b)$; Probe: $208 = 208$

e) $(6 - 5b) \cdot (-1 + 4a)$; Probe: $147 = 147$

f) $(3 - 5b) \cdot (1 - 3a)$; Probe: $-90 = -90$

196 a) $12a^2 + 18a = 6a(2a + 3)$

b) $7a^2 + 14a = 7a(a + 2)$

c) $15a + 20ab = 5a(3 + 4b)$

d) $6a + 12a^2 = 6a(1 + 2a)$

e) $27a^2 - 18a = 9a(3a - 2)$

f) $-64a^2 - 24a = -8a(8a + 3)$

g) $21ab - 28b = 7b(3a - 4)$

h) $-24ab - 12a = -12a(2b + 1)$

6. Lineare Gleichungen

197 a) ◯ ⊗ b) ⊗ ◯
⊗ ◯ ⊗ ◯
◯ ⊗ ◯ ⊗
⊗ ◯ ⊗ ◯

198 a) Ja, denn beide Gleichungen haben die Lösung $x = 5$.

b) Nein, denn die beiden Gleichungen haben unterschiedliche Lösungen ($x = 55$ und $x = 65$).

c) Ja, denn beide Gleichungen haben die Lösung $x = 15$.

d) Nein, denn die beiden Gleichungen haben unterschiedliche Lösungen ($x = -3{,}9$ und $x = 8{,}9$).

199 a) $(x - 2)(x + 9) = 0$
$x^2 - 2x + 9x - 18 = 0$
$x^2 + 7x = 18$

b) $(x + 8)(x - 1) = 0$
$x^2 + 8x - x - 8 = 0$
$x^2 + 7x - 8 = 0$
$x^2 = -7x + 8$

200 $x = -40 \Leftrightarrow -0{,}5x = 20 \Leftrightarrow x : (-2) = 20$;
$x = -7 \Leftrightarrow 2 \cdot x + 1 = -13 \Leftrightarrow -x - 4 = 3$;
$x = 15 \Leftrightarrow \frac{x}{3} = 5 \Leftrightarrow \frac{x}{5} = 3$;
$x = -1 \Leftrightarrow 7 - x = 8 \Leftrightarrow x + 1 = 0$;
$x = 4 \Leftrightarrow -5 \cdot x = -20 \Leftrightarrow -4 \cdot x = -16$;
$x = 2 \Leftrightarrow -3x + 9 = 3 \Leftrightarrow -4x + 9 = 1$;
$x = -50 \Leftrightarrow -\frac{x}{5} = 10 \Leftrightarrow \frac{x}{25} = -2$;
$x = -5 \Leftrightarrow x - 8 = -13 \Leftrightarrow -x - 3 = 2$

201 a) linear: Die Gleichung ist linear mit z. B.:
$a = 1$, $b = 3$ und $c = 19$.
linear: Die Gleichung ist linear mit z. B.:
$a = 1$, $b = 0$ und $c = 27$.
nicht linear: Die Gleichung ist nicht äquivalent zur Form $a \cdot x + b = c$.
linear: Die Gleichung ist linear mit z. B.:
$a = 15$, $b = 0$ und $c = 4$.

b) nicht linear: Die Gleichung ist nicht äquivalent zur Form $a \cdot x + b = c$.
linear: Die Gleichung ist linear mit z. B.:
$a = 16$, $b = 0$ und $c = 8$.
linear: Die Gleichung ist linear mit z. B.:
$a = 1$, $b = 0$ und $c = 34$.
linear: Die Gleichung ist linear mit z. B.:
$a = 56$, $b = 63$ und $c = 24$.

c) nicht linear: Die Gleichung ist nicht äquivalent zur Form $a \cdot x + b = c$.
nicht linear: Die Gleichung ist nicht äquivalent zur Form $a \cdot x + b = c$.
linear: Die Gleichung ist linear mit z. B.:
$a = 6$, $b = 43{,}2$ und $c = 92$.
linear: Die Gleichung ist linear mit z. B.:
$a = 1$, $b = 12$ und $c = 114$.

202 a) (1) $x + 400 = 700$; x … Masse des Rotkehlchens
(2) $x = 300\,\text{g}$

b) (1) $4 \cdot x = 1\,200$; x … Masse eines Zebras
(2) $x = 300\,\text{kg}$

c) (1) $3 \cdot 800 = 8x$; x … Masse einer Robbe
(2) $x = 300\,\text{kg}$

203 a) $3 + x = 10$; $x = 7\,\text{kg}$

b) $279 + 30 = x$; $x = 309\,\text{kg}$

c) $90 = 3 \cdot x$; $x = 30\,\text{kg}$

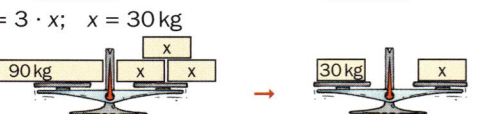

204 $66 = 2 \cdot x + 4$; $x = 31$ Peter wiegt $31\,\text{kg}$.

205 a) $x \cdot 2{,}5 = 7$; $x = 2{,}8$

b) $x - 4{,}3 = -9{,}6$; $x = -5{,}3$

c) $x - 2\frac{4}{3} = -6\frac{1}{4}$; $x = -\frac{7}{2} = -3\frac{1}{2}$

d) $x : 7{,}5 = 2$; $x = 15$

206 a) $k = -\frac{16}{3} = -5\frac{1}{3}$

1 Art: 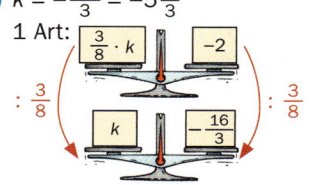   2 Art: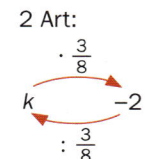

b) $x = -125$

1 Art: 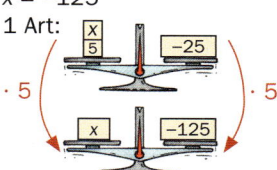   2 Art: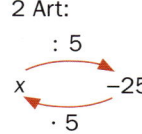

207 a) $w = -28$ **b)** $e = 26$
   c) $q = \frac{19}{6} = 3\frac{1}{6}$ **d)** $x = 2,9$

208 a) $x \cdot 3 + 7 = 19;$ $x = 4$
   b) $(x + 5) : 3 = 1;$ $x = -2$
   c) $(x - 8) \cdot (-3) = -24;$ $x = 16$
   d) $x \cdot 5 - 12 = -7;$ $x = 1$

209 a) $x = 6;$ Probe: $5 \cdot 6 + 9 = 39$
   b) $x = -2;$ Probe: $2 + (-8) \cdot (-2) = 18$
   c) $x = -8;$ Probe: $-4 \cdot (-8) + 3,5 = 35,5$
   d) $x = 234;$ Probe: $\frac{234}{3} - 23 = 55$
   e) $x = -34;$ Probe: $(-34) \cdot (-2) - 12 = 56$

210 a) $-5x + 7,8 = 12,8$ $| - 7,8$
          $-5x = 5$ $| : (-5)$
              $x = -1$
   b) $\frac{x}{4} - 7 = 21$ $| + 7$
         $\frac{x}{4} = 28$ $| \cdot 4$
          $x = 112$
   c) $-2,4x + 3,4 = -27,8$ $| - 3,4$
         $-2,4x = -31,2$ $| : (-2,4)$
            $x = 13$

211 a) $2x + 7 = 9 \Leftrightarrow 2x = 2;$
      $-2x - 7 = 9 \Leftrightarrow -2x = 16;$
      $-2x = 9 \Leftrightarrow 2x = -9;$
      $2x - 7 = 1 \Leftrightarrow x = 4;$
      $2x + 8 = 12 \Leftrightarrow x = 2;$
      $-3 + 2x = 12 \Leftrightarrow 2x = 13;$
   b) $4 \cdot (x + 3) = 12 \Leftrightarrow x + 3 = 3;$
      $\frac{x+3}{4} = 12 \Leftrightarrow x + 3 = 48;$
      $4x + 3 = 12 \Leftrightarrow 4x = 9;$
      $(x + 3) : 4 = 5 \Leftrightarrow x + 3 = 20;$
      $\frac{x}{4} + 3 = 9 \Leftrightarrow \frac{x}{4} = 6;$
      $\frac{4x}{3} = 5 \Leftrightarrow 4x = 15$

212 z. B.: $5 \cdot x = 55;$ $x = 11;$ $5 \cdot x - 3 = 52$

213 a) z. B.: $5y = 12;$ $y = 2,4$
   b) z. B.: $-7 \cdot (k - 2,2) = -21;$ $k - 2,2 = \frac{21}{7}$
   c) z. B.: $-e + 6 = 39;$ $e - 6 = -39$
   d) z. B.: $-\frac{1}{2} \cdot p = 1;$ $-p = 2$
   e) z. B.: $7b = 6b - 6;$ $7b + 6 = 6b$
   f) z. B.: $a + \frac{3a}{4} = 15;$ $4a + 3a = 60$
   g) z. B.: $11n = -11;$ $n = -1$

214 $6 \cdot 4 + x = 3 \cdot 4 + 2x;$ $x = 12;$ Eine Katze wiegt 12 g.

215 a) $x = -9$ **b)** $x = 11,3$ **c)** $x = -7,5$

216 a) $x = \frac{1}{12}$ **b)** $x = \frac{5}{77}$ **c)** $x = -1,2$

217 a) Nein, denn auf der linken Seite wurde $5x$ und 4 subtrahiert, auf der rechten Seite zwar $5x$ subtrahiert aber 4 addiert.
   b) Ja, denn auf beiden Seiten wurde $2x$ subtrahiert und 7 addiert.
   c) Ja, denn sowohl die linke als auch die rechte Seite wurden mit 2 multipliziert.
   d) Nein, denn die linke Seite wurde mit 2 multipliziert, bei der rechten Seite aber durch 2 dividiert.
   e) Ja, denn beide Seiten wurden durch 4 dividiert.
   f) Ja, denn die Klammer auf der linken Seite wurde nur ausmultipliziert.

218 a) $\cdot 5$ **b)** $\cdot 4$ **c)** $\cdot 15$ **d)** $\cdot 30$

219 a) $x = 1,7;$ Probe: $\frac{17}{15} = \frac{17}{15}$
   b) $x = \frac{3}{2};$ Probe: $\frac{11}{8} = \frac{11}{8}$

220 a) $x = 1$ **b)** $16 = x$ **c)** $x = -\frac{1}{3}$
   d) $x = -1$ **e)** $x = -\frac{4}{3}$ **f)** $x = -\frac{1}{2}$

221 a) $a = \frac{u}{4};$ Quadrat   **b)** $b = \frac{u}{2} - a;$ Rechteck
   c) $a = \frac{2 \cdot A}{b};$ rechtwinkliges Dreieck
   d) $e = \frac{2 \cdot A}{f};$ Deltoid   **e)** $c = u - a - b;$ Dreieck
   f) $a = \frac{A}{h_a};$ Parallelogramm

222 a) $a = \frac{A}{h_a};$ $a = 20\,cm$ **b)** $e = \frac{2 \cdot A}{f};$ $e = 6\,cm$
   c) $f = \frac{2 \cdot A}{e};$ $f = 16\,cm$ **d)** $h = \frac{2 \cdot A}{a + c};$ $h = 5\,cm$

223 $\alpha + (\alpha + 39) + (\alpha + 39 - 42) = 180$
    $\alpha = 48°;$ $\beta = 87°;$ $\gamma = 45°$

224 $\alpha + (\alpha - 72) + (\alpha - 72 + 93) = 180$
    $\alpha = 77°;$ $\beta = 5°;$ $\gamma = 98°$

225 $(a + 2)^2 - 48 = a^2;$ $a = 11$
    $A_1 = 121\,cm^2;$ $A_2 = 169\,cm^2$

226 $(a + 2) \cdot (a - 3) + 12 = a^2;$ $a = 6$
    Quadrat: $a = 6\,cm;$ Rechteck: $a = 8\,cm;$ $b = 3\,cm$

227 ⃞C ⃞A ⃞D ⃞B

228 falsch, falsch, richtig, falsch, richtig

229 a) $10 \cdot x + x = 55;$ $x = 5$ **b)** $4 \cdot x - 6 = 2 \cdot x;$ $x = 3$

230 $2x + x + (x + 50) = 250;$ $x = 50$
    Simone zahlt 100 €, Alexander 50 € und Hannes 100 €.

231 $10x + 8 \cdot x : 2 = 12\,600;$ $x = 900$
    Die Gruppen, die in größeren Gebieten unterwegs waren, haben jeweils 900 €, die anderen jeweils 450 € gesammelt.

232 ⃞D ⃞C ⃞A ⃞B

233 $5 + x + x + 2 \cdot x = 29;$ $x = 6$
    Katharina ist 11, Ursula ist 6 und Emil ist 12 Jahre alt.

234 $x + 3 + x + 45 = 3 \cdot x \cdot 2;$ $x = 12;$
    Luisa ist 15, Nicole ist 12 Jahre und die Eltern sind jeweils 36 Jahre alt.

235 (1) $B = \frac{M}{2} + 3$ **(2)** In der Gruppe sind 28 Mädchen.

236 $V = \frac{m}{\rho};$
    Der Goldbarren hat ein Volumen von 150 cm³.

7. Prozent- und Zinsrechnung

237 a) 270 kg;   25 %;   20 l;   336 m²;   600 kg;   10 %;   40 m³;   3 dm²
   b) 75 %;   400 l;   18 ha;   200 m;   25 %;   562,5 kg;   2,7 g;   30 l

238 Für eine Stammkundin ist der Pullover um 1,80 € billiger.

239 In Bregenz fühlen sich ungefähr 10 800 Einwohner durch Lärm gestört.

240 Die Versicherungssumme für diesen Haushalt beträgt 150 000 €.

241 Mit dem A380 können um 468,67 % mehr Passagiere befördert werden als mit dem A320.

242 In Spanien hätte dieser Einkauf nur 9,21 € gekostet. Er wäre um 54 Cent billiger.

243 Das Buch kostet in Österreich 15,37 €.

244 a) z. B.:

Aussage	Term
6 % zu 38 m² dazugeben	$1{,}06 \cdot 38\,m^2$
P nimmt um 35 % zu	$P \cdot 1{,}35$
80 % von 56 €; *oder:* 20 % von 56 € abziehen	$0{,}80 \cdot 56\,€$
88 % von K; *oder:* K nimmt um 12 % ab	$0{,}88 \cdot K$
10 % von 45 € abziehen	$0{,}9 \cdot 45\,€$

b) z. B.:

Aussage	Term
13 % von 45 kg	$0{,}13 \cdot 45\,kg$
25 % von 420 €; *oder:* 75 % von 420 € abziehen	$0{,}25 \cdot 420\,€$
5 % von P	$0{,}05 \cdot P$
22 % von E; *oder:* 78 % von E abziehen	$0{,}22 \cdot E$
129 % von 300 m abziehen	$1{,}29 \cdot 300\,m$

245 a) $N = 0{,}15 \cdot P$;
   N … Preisnachlass, P … ursprünglicher Preis;
   Pullover: 6,75 €, Schal: 2,70 €, Hose: 8,40 €, Jacke: 24,90 €

b) Pullover: 6,38 €, Schal: 2,55 €, Hose: 7,93 €, Jacke: 23,52 €

246 a) $A = P \cdot 0{,}8 \cdot 0{,}95$;
   A … Abverkaufspreis; P … ursprünglicher Preis

b) Der Verkäufer hat nicht richtig gerechnet, da $(300 \cdot 0{,}8) \cdot 0{,}95 \neq 300 \cdot 0{,}75$.

247 $Z = W \cdot 1{,}25 \cdot 0{,}88$;
   Z … Wert der Aktie zuletzt,
   W … ursprünglicher Wert der Aktie
   Die Aktie hat zuletzt einen Wert von 352 €.

248 Der Wert ist niedriger, da 20 % von 70 kg weniger ist als 20 % von der größeren Masse, d. h. es kommt nachher mehr weg als vorher dazugekommen ist.
$(70 \cdot 1{,}2) \cdot 0{,}8 = 70 \cdot 0{,}96$

249 a) 2,8   b) 11,7 %   c) Grüne mit +19,2 %   d) FRANK

250 Die Aussage stimmt, da sie 10,4 % der Stimmen im Jahr 2008 und 12,4 % im Jahr 2013 hatten. Um 20 % mehr wären genau 12,48 % $(10{,}4 \cdot 1{,}2)$. Sie liegen also knapp darunter.

251 a) $Z = 18{,}75\,€$; $K_{neu} = 1\,018{,}75\,€$

b) $Z = 2{,}81\,€$; $K_{neu} = 302{,}81\,€$

252 a)

Tage	0	10	20	30	40	50	60
Zinsen in €	0,00	1,50	3,00	4,50	6,00	7,50	9,00

b) $Z = 19{,}2\,€$ (128 Tage)

253 (1) $p = 1{,}8\,\%$ (2) $Z = 62{,}88\,€$ (262 Tage)

254 · Sie hat den effektiven Zinssatz (KESt abgezogen) berechnet.

· Sie hat die Zinsen bis Jahresende berechnet.

· Sie berechnet das neue Kapital, indem sie die Zinsen addiert.

· Sie berechnet die Zinsen bis Ende August.

· Sie berechnet das neue Kapital, indem sie wieder die Zinsen addiert.

255 a) 6 158,34 € ($p_{eff} = 2{,}25\,\%$, Jahresende: 6 112,50 €)

b) 5 161,74 € ($p_{eff} = 2{,}7\,\%$, Jahresende: 5 063 €)

256 $p = 2{,}5\,\%$

257 (1) $Z = 825\,€$ (2) $K_{neu} = 15\,825\,€$

258 (1) $Z = 720\,€$ (2) $Z = 90\,€$ (3) $K_{neu} = 16\,120\,€$

259

Jahr	Schulden am Anfang	Zinsen	Rate
1	14 000,00	1 050,00	3 000,00
2	12 050,00	903,75	3 000,00
3	9 953,75	746,53	3 000,00
4	7 700,28	577,52	3 000,00
5	5 277,80	395,84	3 000,00
6	2 673,64	200,52	2 874,16

260 Der Kredit ist nach 6 Jahren abbezahlt.

Jahr	Schulden am Anfang	Zinsen	Rate
1	12 000,00	780,00	2 500,00
2	10 280,00	668,20	2 500,00
3	8 448,20	549,13	2 500,00
4	6 497,33	422,33	2 500,00
5	4 419,66	287,28	2 500,00
6	2 206,94	143,45	2 350,39

261 Zinsen falsch berechnet, jedes Jahr die gleichen Zinsen genommen, neue Schulden falsch berechnet

262 $p_{eff} = 1{,}875$

Jahre	0	1	2	3	4	5
Guthaben in €	250,00	254,69	259,47	264,34	269,30	274,35

263 Das Guthaben wurde mit der Formel
$K_n = K_0 \cdot \left(1 + \frac{p_{eff}}{100}\right)^n$ berechnet, wobei
$p_{eff} = 2{,}5 \cdot 0{,}75 = 1{,}875$, und damit
$1 + \frac{p_{eff}}{100} = 1{,}01875$.

264

Anfangskapital	Jahre	Zinssatz	Formel	Kapital nach n Jahren
1 250 €	1	0,8 %	$K_1 = 1\,250 \cdot \left(1 + \frac{0{,}6}{100}\right)$	1 257,50 €
8 500 €	10	4,6 %	$K_{10} = 8\,500 \cdot \left(1 + \frac{3{,}5}{100}\right)^{10}$	11 990,09 €
500 €	5	2 %	$K_5 = 500 \cdot \left(1 + \frac{1{,}5}{100}\right)^5$	538,64 €
450 €	4	5,3 %	$K_4 = 450 \cdot \left(1 + \frac{4}{100}\right)^4$	526,44 €
1 000 €	3	2 %	$K_3 = 1\,000 \cdot \left(1 + \frac{1{,}5}{100}\right)^3$	1 045,68 €
15 000 €	10	3,2 %	$K_{10} = 15\,000 \cdot \left(1 + \frac{2{,}4}{100}\right)^{10}$	19 014,76 €
850 €	5	2 %	$K_5 = 850 \cdot \left(1 + \frac{1{,}5}{100}\right)^5$	915,69 €

265 a) 671,96 €   b) 2 760,20 €

c) 2 139,63 €   d) 17 299,74 €

266 ◯ ⊗ ◯ ◯ ◯

267 (1) Da die Zinsen jedes Jahr zum Kapital dazukommen, wird der Grundwert immer größer und somit auch die jährlichen Zinsen. Das wirkt sich umso mehr aus, je höher der Zinssatz ist.

(2) 2 %: K_{20} = 13 468,55 € (ohne KESt: 14 859,47 €)

5 %: K_{20} = 20 881,52 € (ohne KESt: 26 532,98 €)

10 %: K_{20} = 42 478,51 € (ohne KESt: 67 275,00 €)

(3) –

8. Proportionen und Ähnlichkeit

268 Figur *a* ist ähnlich zu Figur *e*.

Figur *b* ist ähnlich zu Figur *h*.

Figur *c* ist ähnlich zu Figur *f*.

Figur *d* ist ähnlich zu Figur *g*.

269 a)   b)

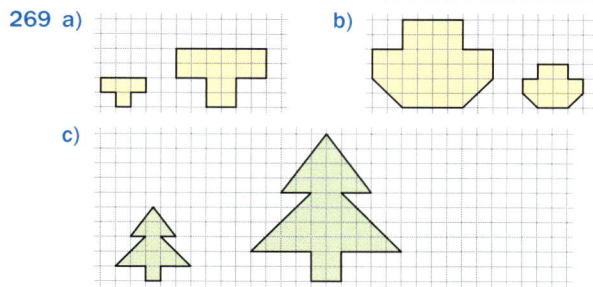

c)

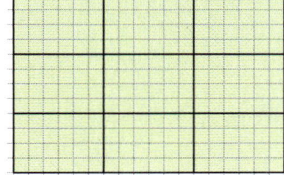

270 a = 7 cm, daher a' = $\frac{1}{2} \cdot a$ = 3,5 cm

b = 4 cm, daher b' = $\frac{1}{2} \cdot b$ = 2 cm

$d \approx$ 8 cm und $d' \approx$ 4 cm, daher $d = 2 \cdot d'$

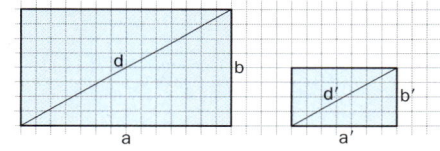

271 a) a = 1 cm und d = 1,5 cm, daher $d = 1,5 \cdot a$

b = 1,1 cm und e = 1,65 cm, daher $e = 1,5 \cdot b$

$c \approx$ 1,8 cm und f = 2,7 cm, daher $f = 1,5 \cdot c$

b) a = 2 cm und e = 4 cm, daher $e = 2 \cdot a$

b = 0,7 cm und f = 1,4 cm, daher $f = 2 \cdot b$

c = 0,5 cm und g = 1 cm, daher $g = 2 \cdot c$

d = 0,7 cm und h = 1,4 cm, daher $h = 2 \cdot d$

272 Flächeninhalt des Rechtecks: $18 \cdot 12 = 216 \text{ E}^2$

Flächeninhalt eines Teilrechtecks: $6 \cdot 4 = 24 \text{ E}^2$

Verhältnis der Flächeninhalte: 1 : 9

Verhältnis der Seitenlängen: 1 : 3

273 *a* und *h*; *b* und *g*; *c* und *f*; *d* und *e*

274 richtig, richtig, falsch, falsch, falsch

275 richtig, falsch, richtig, richtig, falsch

276

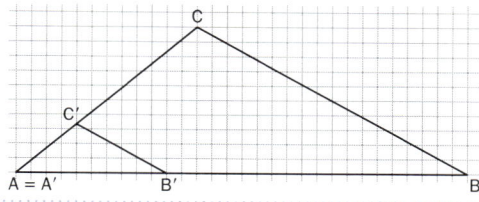

277 $\alpha = \alpha' \approx 48°$; $\beta = \beta' = 38°$; $\gamma = \gamma' \approx 94°$

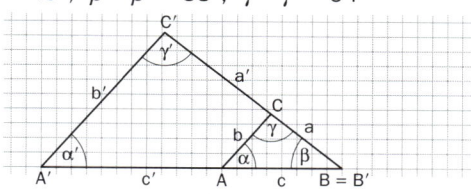

278 Die beiden Dreiecke haben gleich große Winkel.

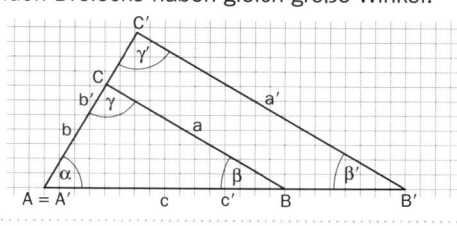

279

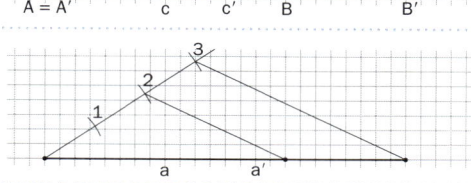

280 a) $a \triangleq$ 2 gleich lange Teile $\Rightarrow$ 1 Teil $\triangleq$ 2,5 cm

$a' \triangleq$ 5 solche Teile $\Rightarrow$ a' = 5 · 2,5 cm = 12,5 cm

b)

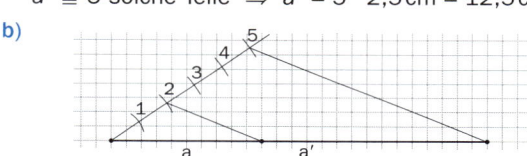

281 z. B.:

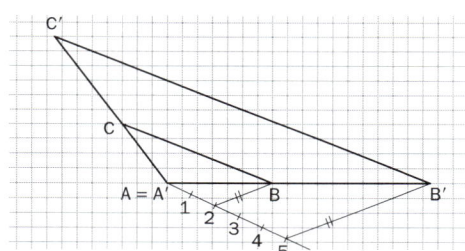

282 z. B.:

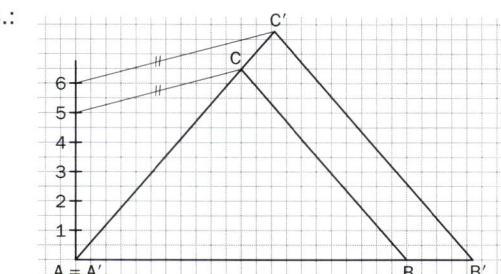

283 z. B.:

284 a) $x = 20$ b) $x = 21$ c) $x = 11$
d) $x = 18$ e) $x = \frac{1}{2}$ f) $x = 10$
g) $x = 1,89$ h) $x = 8$ i) $x = 1,6$

285 a) $x = 21$ b) $x = 7$ c) $x = 3$ d) $x = 4$

286 F C D A

287 a) $a_1 = 8,\dot{3}$; $b_1 = 11,\dot{6}$ b) $b_1 = 9,\dot{3}$; $c_1 = 21$

288 D E C

289 Lisa ist ca. 1507 m weit entfernt.

290 (1) direkt proportional; $3 : 2,5 = 240 : x$
Der LKW legt in 2,5 Stunden 200 km zurück.

(2)
Fahrzeit t (in h)	1	2	3	4	5	t
Strecke s (in km)	80	160	240	320	400	$80 \cdot t$

(3) Die beiden Größen sind zueinander direkt proportional, da der LKW in der doppelten Zeit auch die doppelte Strecke zurücklegt, etc.

291 (1) indirekt proportional; $2 : 1,5 = x : 15$
Sie fährt mit einer Geschwindigkeit von 20 km/h.

(2)
Fahrzeit t (in h)	1	2	3	4	5	t
Geschwindigkeit v (in km/h)	30	15	10	7,5	6	$30 : t$

(3) Die beiden Größen sind zueinander indirekt proportional, da bei doppelter Fahrzeit die Geschwindigkeit halb so groß ist, etc.

292 (1) direkt proportional; $20 : 28 = 15 : x$
Mit 28 km/h legt er in gleicher Zeit 21 km zurück.

(2)
Geschwindigkeit v (km/h)	10	15	20	25	v
Weg s (in km)	7,5	11,25	15	18,75	$s : 0,75$

(3) Die beiden Größen sind zueinander direkt proportional, da bei doppelter Geschwindigkeit auch der doppelte Weg zurückgelegt wird, etc.

293 In der Klasse sind 15 Burschen, das sind 62,5 %.

294 160 g Mehl, 240 g Zucker, 160 g gemahlene Nüsse, 64 g Kakaopulver, 160 ml Öl

295
Zutaten für 6 Portionen	für 4 Portionen	für 14 Portionen
750 g Faschiertes	500 g Faschiertes	1750 g Faschiertes
9 Tomaten	6 Tomaten	21 Tomaten
3 Zwiebeln	2 Zwiebeln	7 Zwiebeln
2 Zehen Knoblauch	$1\frac{1}{3}$ Zehen Knoblauch	$4\frac{2}{3}$ Zehen Knoblauch
75 ml Olivenöl	50 ml Olivenöl	175 ml Olivenöl
3 Teelöffel Oregano	2 Teelöffel Oregano	7 Teelöffel Oregano
1 Esslöffel Tomatenmark	$\frac{2}{3}$ Esslöffel Tomatenmark	$2\frac{1}{3}$ Esslöffel Tomatenmark
600 g Spaghetti	400 g Spaghetti	1400 g Spaghetti

9. Pythagoras

296 25; 36; 49

$25 = 5^2$ $36 = 6^2$ $49 = 7^2$

297 a) 2; 4; 9; 10 b) 6; 7; 8; 11
c) 3; 5; 12; 15

298 a) 26; 36; 12,7 b) 29; 6,3; 15,3
c) 18; 2,7; 9,6

299 a) 1,5 b) 0,4 c) 1,1 d) 2,5 e) 0,8 f) 3,5

300 $6^2 + 8^2 = 10^2$, aber $1^2 + 2^2 \neq 3^2$

301
Zahl	2	3	4	5	6	7	8	9	10
Quadrat	4	9	16	25	36	49	64	81	100

Zahl	11	12	13	14	15	16	17	18	19	20
Quadrat	121	144	169	196	225	256	289	324	361	400

Zahl	21	22	23	24	25	26	27	28	29
Quadrat	441	484	529	576	625	676	729	784	841

z. B.: 3, 4, 5; 5, 12, 13; 6, 8, 10;
7, 24, 25; 8, 15, 17; 10, 24, 26

302 a) $a = 4,2$ cm b) $a = 6,8$ cm
c) $a = 2,7$ cm d) $a = 9,1$ cm

303 a) falsch, falsch, richtig, falsch, richtig
b) richtig, falsch, richtig, richtig, falsch

304 a) 3; 6; 14; 23 b) 63; 21; 340; 983

305 a)  b)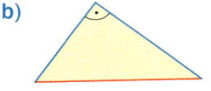

c) 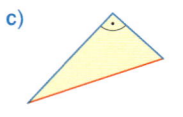 d) 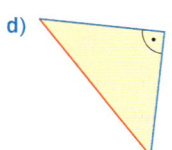 e)

306 a) $d^2 + n^2 = v^2$ b) $b^2 + p^2 = x^2$ c) $h^2 + t^2 = k^2$
d) $f^2 + s^2 = m^2$ e) $d^2 + e^2 = v^2$ f) $r^2 + q^2 = j^2$

307 a) rechtwinklig:
$2,5^2 + 6^2 = 6,5^2$

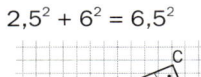

b) nicht rechtwinklig:
$4^2 + 6^2 \neq 8^2$

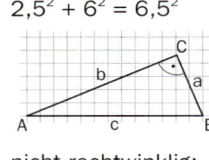 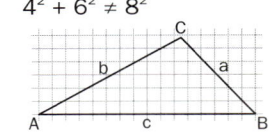

c) nicht rechtwinklig:
$4,2^2 + 6^2 \neq 6,8^2$

d) rechtwinklig:
$4,8^2 + 9^2 = 10,2^2$

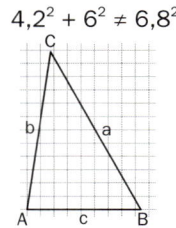 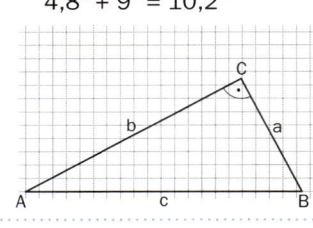

308 A C E D

309 a) $b = 8$ cm; $A = 7,2$ cm^2
b) $b = 6$ cm; $A = 3,3$ cm^2
c) $a = 8$ cm; $A = 15,6$ cm^2
d) $a = 9$ cm; $A = 25,2$ cm^2
e) $b = 7$ cm; $A = 8,4$ cm^2
f) $a = 11,1$ cm; $A = 82,14$ cm^2

310 a) $u \approx 41,7$ cm b) $u \approx 60,7$ cm
c) $u \approx 45,9$ cm d) $u \approx 43,1$ cm

311 a) $\overline{AB} = 8{,}5\,\text{cm}$ b) $\overline{AB} = 6{,}5\,\text{cm}$

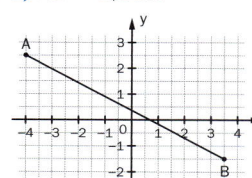 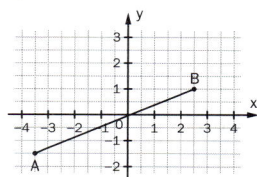

312 a) $\overline{AB} \approx 72{,}06\,\text{cm}$ b) $\overline{AB} = 130\,\text{cm}$

313 a) $u = 18\,\text{cm}$ b) $u \approx 13{,}4\,\text{cm}$; $D(0\,|\,1)$

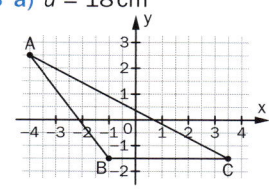 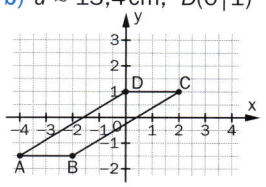

c) $u = 307{,}7\,\text{cm}$

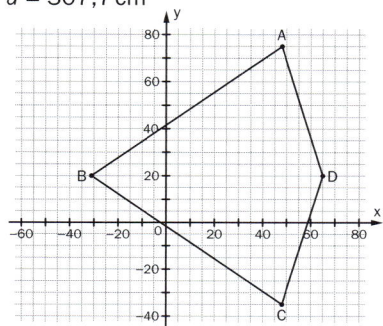

314 a) $x^2 = h^2 - s^2$ b) $x^2 = s^2 - c^2$
c) $x^2 = a^2 - h^2$ d) $x^2 = b^2 - h^2$

315 $A = 327\,\text{cm}^2$

316 Die Leiter ist 3 cm zu kurz, das wird Milan aber nicht daran hindern, auf die Mauer zu klettern.

317 a) $d = 65\,\text{cm}$ b) $d = 73\,\text{cm}$
c) $b = 44\,\text{cm}$ d) $a = 40\,\text{cm}$

318 Der Raum ist hoch genug, da die Diagonale des Kastens mit rund 272 cm kleiner als die Raumhöhe ist.

319 Die Tischplatte passt knapp durch die Tür, da die Diagonale der Tür mit 2,5 m größer als der Durchmesser der Tischplatte ist.

320 a) $a = 85\,\text{cm}$ b) $a = 4{,}5\,\text{cm}$
c) $e = 6{,}6\,\text{cm}$ d) $f = 12\,\text{cm}$

321 a) $u = 35{,}4\,\text{cm}$; $A = 73{,}8\,\text{cm}^2$
b) $u = 28{,}6\,\text{cm}$; $A = 46{,}2\,\text{cm}^2$
c) $u = 8{,}0\,\text{cm}$; $A = 1{,}8\,\text{cm}^2$

10. Prisma und Pyramide

322 $\bigcirc\ \otimes\ \otimes\ \otimes\ \bigcirc$; z.B.:

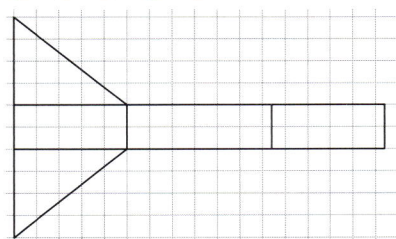

323 $\bigcirc\ \bigcirc\ \bigcirc\ \bigcirc$; z.B.:

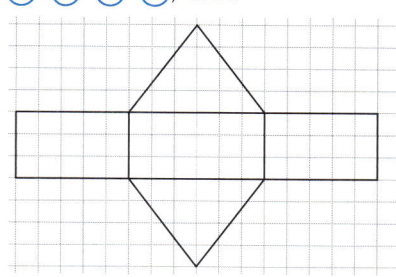

324 z.B.:

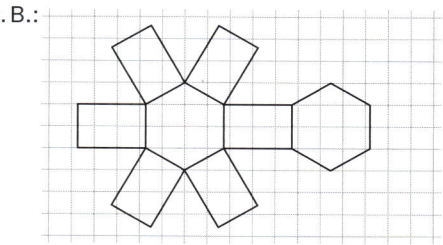

325 z.B.:

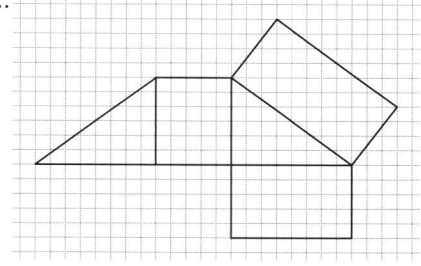

326 z.B.:

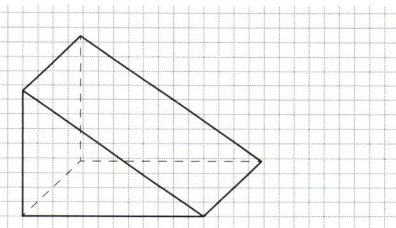

327 z.B.:

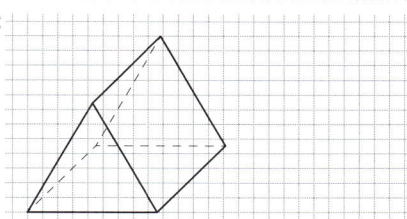

328 z.B.:

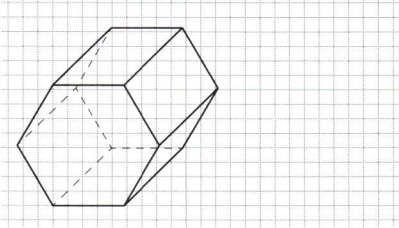

329 a) links oben   b) rechts oben   c) vorne oben

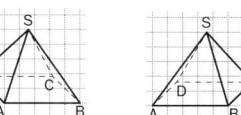 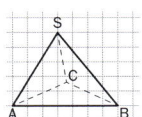

330 ◯ ◯ ⊗ ⊗ ◯; z. B.:

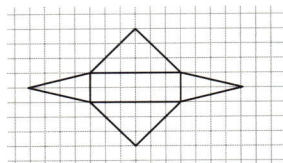

331 a)
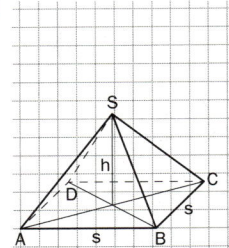 **b)**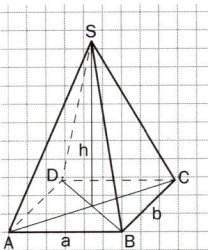

332 a) $O = 48\,cm^2 = 0,48\,dm^2$

   b) $O \approx 354,7\,cm^2 \approx 3,547\,dm^2$

333 $O \approx 147\,cm^2$

334 $O \approx 620,6\,cm^2$

335 $O \approx 46,3\,cm^2$

336 Die Mantelfläche wird halbiert, da alle Seitenflächen halbiert werden, wenn die Höhe halbiert wird.

337 Man benötigt ca. $13\,m^2$ Stoff.

338 Die Fläche beträgt ca. $73\,m^2$.

339 $O \approx 62\,cm^2$

340 Die Oberfläche wird vervierfacht, da sich sowohl die Grundfläche als auch jede Seitenfläche vervierfacht.

341 $V \approx 914\,cm^3$

342 (1) $V \approx 1,5\,m^3$ **(2)** $m \approx 1,9\,kg$

343 $G \approx 530\,cm^2$, $V \approx 31,8\,m^3$

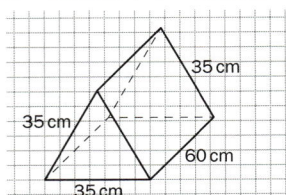

344 a) $V \approx 35\,dm^3$ **b)** $m \approx 98\,kg$

345 a) $V = 4,32\,cm^3$ **b)** $V = 6\,720\,dm^3$

   c) $V = 33,6\,dm^3$

346 a) $G \approx 46\,dm^2$; $V \approx 77\,dm^3$ **b)** $m \approx 62\,kg$

347 a) $V \approx 12,6\,m^3$ **b)** $m \approx 16,2\,kg$

348 $m \approx 1,8\,kg$

349 $h \approx 4\,cm$

350 Der Sand steht rund $40\,cm$ hoch.

351 $h \approx 2,64\,m$

352 $l \approx 100\,cm$

Anita Dorfmayr · August Mistlbacher · Katharina Sator

thema mathematik

Lösungen

3

Bearbeitet von
Heidemarie Schuster und Arthur P. G. Schuster

unter Mitarbeit von Elisabeth Wolfbeisser

VERITAS
Lernen verbindet uns

Ed. Hölzel

Mit Bescheid des Bundesministeriums für Bildung und Frauen vom 6. April 2016 (BMBF 5.050/0005-IT/3/2016) als für den Unterrichtsgebrauch an allgemein bildenden höheren Schulen sowie an Neuen Mittelschulen für die 3. Klasse im Unterrichtsgegenstand Mathematik geeignet erklärt (Anhang).

Schulbuchnummer: **180.054**

© VERITAS-VERLAG, Linz und Ed. Hölzel Verlag, Wien
Das Werk und seine Teile sind urheberrechtlich geschützt. Jede Nutzung in anderen als den gesetzlich zugelassenen Fällen bedarf der vorherigen schriftlichen Einwilligung des Verlages.

5. Auflage (2024)
Auf umweltfreundlichem Papier gedruckt bei: siehe https://produkt.veritas.at/35370#additional

Lektorat: Veronika Weidenholzer
Herstellung: Elisabeth Prinz
Umschlaggestaltung und Layout: Irene Demelmair
Illustrationen: A. Slama, Hausbrunn
Bildredaktion: Alexandra Rittberger
Satz und Konstruktionen: Arthur G. P. Schuster, Heidemarie Schuster, Melk
Umschlagfoto: Fotolia.com/Vera Kuttelvaserova

Schulbuchvergütung/Bildrechte: © Bildrecht/Wien
Alle Ausschnitte mit Zustimmung der Bildrecht/Wien

Der Verlag hat sich bemüht, alle Rechtsinhaber ausfindig zu machen. Sollten trotzdem Urheberrechte verletzt worden sein, wird der Verlag nach Anmeldung berechtigter Ansprüche diese entgelten.

ISBN 978-3-7101-0440-4

1. Zahlen

1 Im Buch ausgeführt.

2 Im Buch ausgeführt.

3 Im Buch ausgeführt.

4 **a)** $+50\,€$ **b)** $-4\,°C$ **c)** -1 **d)** $+13$
e) $-250\,€$ **f)** $+4$ **g)** -44 **h)** $+35\,°C$

5 kälteste Temperatur: Mittwoch morgens ($-8\,°C$),
wärmste Temperatur: Sonntag mittags ($6\,°C$),
größter Temperaturunterschied: Montag ($8\,°C$)

6 **(1) a)** $-5\,°C$ **b)** $0\,°C$
c) $27\,°C$ **d)** $-13\,°C$

(2) a) $-35\,°C$ bis $55\,°C$ **b)** $-48\,°C$ bis $52\,°C$
c) $-12\,°C$ bis $52\,°C$ **d)** $-40\,°C$ bis $50\,°C$

(3) a) z. B.: $-3\,°C, 15\,°C$ **b)** z. B.: $2\,°C, 35\,°C$
c) z. B.: $29\,°C, 45\,°C$ **d)** z. B.: $-10\,°C, 0\,°C$

(4) a) z. B.: $-6\,°C, -20\,°C$ **b)** z. B.: $-2\,°C, -35\,°C$
c) z. B.: $24\,°C, 0\,°C$ **d)** z. B.: $-15\,°C, -25\,°C$

7 **a)** um $4\,°C$ wärmer **b)** um $4,9\,°C$ wärmer

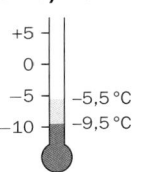 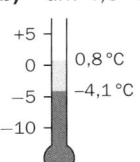

c) um $2,9\,°C$ kälter **d)** um $8\,°C$ kälter

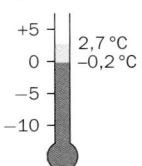 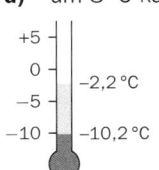

8 **a)** Annabel: $-500\,€$, Valerie: $-700\,€$,
Daniel: $+100\,€$
b) Daniel hat gewonnen, Valerie hat verloren.

9 **a)** grün: 4, blau und rot: 2
b) 3 **c)** 6 **d)** 2 **e)** 4

10 Im Buch ausgeführt.

11 Im Buch ausgeführt.

12 Im Buch ausgeführt.

13 Im Buch ausgeführt.

14 Im Buch ausgeführt.

15 Der Zahlenstrahl ist auch ein Strahl im geometrischen Sinn, weil er einen Anfang, aber kein Ende hat. Die Zahlengerade hat – so, wie die Gerade in der Geometrie – weder Anfangs- noch Endpunkt.

16 **a)** $a = -7$, $b = -5$, $c = -3$,
$d = -1$, $e = 3$, $f = 5$
b) $a = -2,4$; $b = -1,5$; $c = -0,6$;
$d = -0,1$; $e = 0,3$; $f = 0,7$
c) $a = -110$, $b = -60$, $c = -40$,
$d = -30$, $e = 10$, $f = 30$
d) $a = -3,1$; $b = -2,3$; $c = -1,8$;
$d = -1,3$; $e = -0,3$; $f = 0,4$

17 **a)** z. B.:

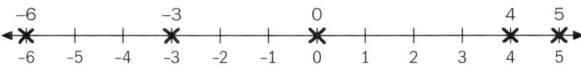

b) z. B.:

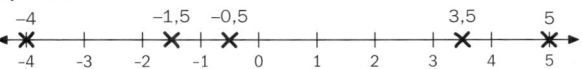

c) z. B.:

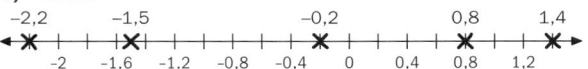

d) z. B.:

e) z. B.:

f) z. B.:

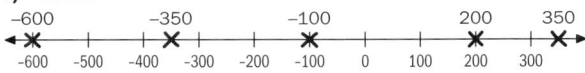

18 **a)** $-4 < -1$ **b)** $+10 > -40$
c) $-1,9 > -2$ **d)** $-8,6 < -6,8$
e) $-120 > -210$ **f)** $\frac{3}{2} > -\frac{5}{2}$
g) $-\frac{7}{5} < 2\frac{2}{5}$ **h)** $-\frac{1}{5} > -\frac{2}{5}$
i) $\frac{1}{8} > -\frac{1}{4}$ **j)** $-\frac{2}{10} > -\frac{1}{3}$

19 **a)** $-18 < -8 < 3 < 12$
b) $-1,4 < -0,09 < -0,07 < 2,8$
c) $-340 < -239 < 100 < 650$
d) $-\frac{3}{4} < -\frac{1}{2} < \frac{1}{4} < \frac{5}{2}$
e) $-\frac{2}{5} < -\frac{3}{10} < \frac{3}{10} < \frac{2}{5}$
f) $-\frac{3}{2} < -\frac{3}{5} < \frac{4}{10} < \frac{1}{2}$

20 a) $|{-2}| < |{-7}| < |8| < |13| < |{-26}|$

b) $|43| < |48| < |{-52}| < |{-54}| < |{-64}|$

c) $|0{,}07| < |0{,}3| < |1{,}07| < |{-1{,}23}| < |{-1{,}7}|$

d) $|0{,}08| < |0{,}6| < |{-0{,}62}| < |{-0{,}82}| < |0{,}84|$

e) $\left|\frac{3}{4}\right| < \left|{-1\frac{5}{8}}\right| < \left|1\frac{3}{4}\right| < \left|{-2\frac{3}{10}}\right|$

f) $\left|{-\frac{2}{3}}\right| < \left|\frac{3}{4}\right| < \left|{-\frac{7}{6}}\right| < \left|{-1\frac{1}{3}}\right| < \left|{-1\frac{9}{12}}\right|$

21 a) richtig, falsch, richtig

b) richtig, falsch, richtig

22 Die positiven Zahlen liegen rechts von 0, die negativen Zahlen links von 0.

Es ist nicht die ganze Zahlengerade angemalt, denn die Zahl 0 ist weder positiv noch negativ.

23 Die natürlichen Zahlen liegen rechts vom Nullpunkt, wobei die Zahl 0 auch noch dazugehört. Sie sind eine Teilmenge der ganzen Zahlen.

24 a) richtig, falsch, richtig

b) richtig, richtig, falsch

c) richtig, richtig, richtig

25 Im Buch ausgeführt.

26 Im Buch ausgeführt.

27 a) $-4 + 2 = -2$; Zum Schluss hat es $-2\,°C$.

b) $-4 + 6 = 2$; Zum Schluss hat es $2\,°C$.

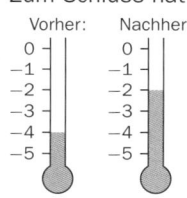 

c) $-4 - 1{,}5 = -5{,}5$; Zum Schluss hat es $-5{,}5\,°C$.

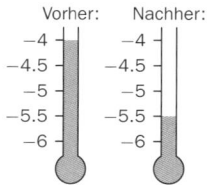

28 a) Vermögen am Anfang: 150 €;
50 € kommen weg; Vermögen am Ende: 100 €;
Rechnung: $(+150) - (+50) = 100$

b) Vermögen am Anfang: −100 €;
100 € kommen weg; Vermögen am Ende: −200 €;
Rechnung: $(-100) - (+100) = -200$

c) Vermögen am Anfang: −500 €;
200 € kommen dazu; Vermögen am Ende: −300 €;
Rechnung: $(-500) + (+200) = -300$

d) Vermögen am Anfang: 10 €;
20 € kommen dazu; Vermögen am Ende: 30 €;
Rechnung: $(+10) + (+20) = 30$

29 a) 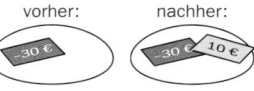 **b)**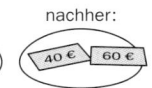

c) 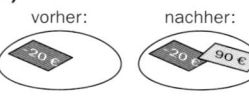  **d)**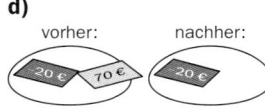

e) 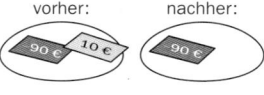 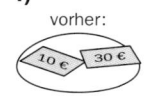 **f)**

30 a)
$(-5) + (+12) = 7$;
Paul hat jetzt 7 €.

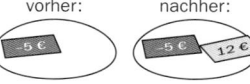

b) $(+20) - (+30) = -10$;
Barbara hat jetzt 10 € Schulden.

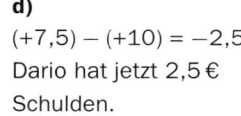

c) $(-15) + (+35) = 20$;
Veronika hat jetzt 20 €.

 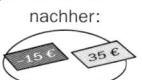

d)
$(+7{,}5) - (+10) = -2{,}5$;
Dario hat jetzt 2,5 € Schulden.

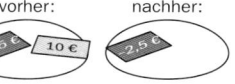

31 a) $-5 + (+8) = +3$ **b)** $-2 - (+5) = -7$

c) $-22 + (+6) = -16$ **d)** $+4 - (+13) = -9$

32 a) -2 **b)** 4

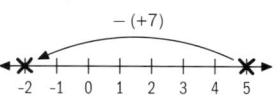 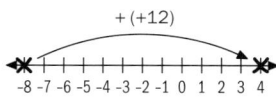

c) -5 **d)** -8

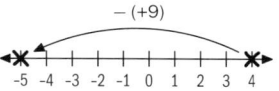 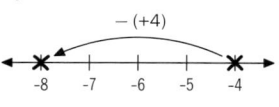

e) -9 **f)** 3

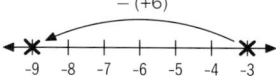 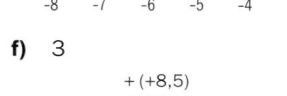

g) −2,3

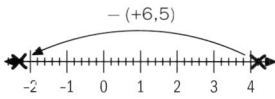

h) −12,2

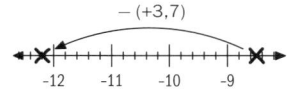

i) 2,2

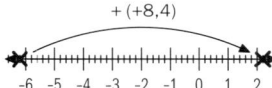

j) −1,7

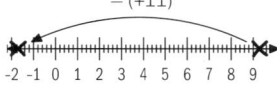

33 a) richtig, falsch, richtig, richtig

b) richtig, richtig, falsch, richtig

34 a) $18 - 20 = -2$ **b)** $-15 - 8 = -23$
c) $175 - 144 = 31$ **d)** $-120 + 135 = 15$
e) $-2,5 - 7 = -9,5$ **f)** $5,5 - 10,5 = -5$
g) $-2,2 - 3,8 = -6$ **h)** $8,2 - 10,0 = -1,8$

35 Im Buch ausgeführt.

36 Im Buch ausgeführt.

37 Im Buch ausgeführt.

38 a)
$-6,5 + (-2) = -8,5$;
Zum Schluss hat es
$-8,5\,°C$.

b) $-6,5 + (-3,5) = -10$;
Zum Schluss hat es
$-10\,°C$.

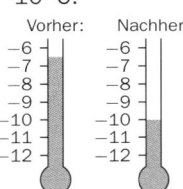

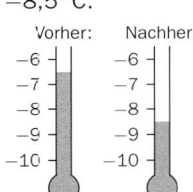

c) $-6,5 + (-6) = -12,5$;
Zum Schluss hat es $-12,5\,°C$.

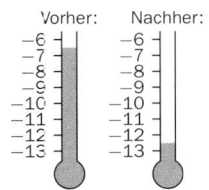

39 a) Es kommen 3 Minusgrade dazu.
$-1 + (-3) = -4$

b) Es kommen 15 Minusgrade dazu.
$-15 + (-15) = -30$

c) Es kommen 20 Minusgrade dazu.
$-4 + (-20) = -24$

d) Es kommen 2 Minusgrade dazu.
$-3 + (-2) = -5$

40 a) Vermögen am Anfang: −80 €;
−100 € kommen weg; Vermögen am Ende: 20 €;
Rechnung: $(-80) - (-100) = 20$

b) Vermögen am Anfang: −250 €;
−200 € kommen weg; Vermögen am Ende: −50 €;
Rechnung: $(-250) - (-200) = -50$

c) Vermögen am Anfang: −100 €;
−200 € kommen dazu; Vermögen am Ende: −300 €;
Rechnung: $(-100) + (-200) = -300$

d) Vermögen am Anfang: 100 €;
−200 € kommen dazu; Vermögen am Ende: −100 €;
Rechnung: $(+100) + (-200) = -100$

41 a)

vorher: nachher:

b)

vorher: nachher:

c)

vorher: nachher:

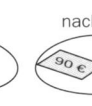

d)

vorher: nachher:

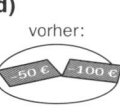

42 a) $(-25) + (-8) = -33$;
Sarah hat jetzt 33 € Schulden.

b) $(+36) - (-19) = 55$; Tamara hat jetzt 55 €.

c) $(-33) - (-18) = -15$; Oli hat jetzt 15 € Schulden.

d) $(-568,13) + (-124) = -692,13$;
Noah hat jetzt 692,13 € Schulden.

43 Das Addieren einer negativen Zahl entspricht dem Subtrahieren einer positiven Zahl. Man geht auf der Zahlengerade nach links.

44 a) $-34 - 12 = -46$ **b)** $-70 + 57 = -13$
c) $-51 + 45 = -6$ **d)** $538 + 312 = 850$
e) $-9,2 - 7,1 = -16,3$ **f)** $-0,6 + 1,2 = 0,6$
g) $6,5 - 12,3 = -5,8$ **h)** $-22,8 - 15,6 = -38,4$

45 $12 - 5 = 7$; $-5 + 12 = 7$
Bei der ersten Rechnung geht man zuerst vom Nullpunkt 12 Einheiten nach rechts, dann 5 Einheiten nach links. Bei der zweiten Rechnung geht man genau umgekehrt zuerst 5 Einheiten nach links, dann 12 Einheiten nach rechts. Beides führt natürlich zum gleichen Ergebnis.

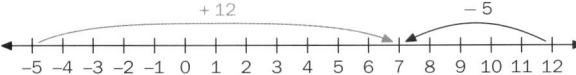

46 a) richtig, richtig, falsch
b) falsch, richtig, falsch

47 Im Buch ausgeführt.

48 Im Buch ausgeführt.

49 Im Buch ausgeführt.

50 Im Buch ausgeführt.

51 a) Es wird um 7,5 °C kälter. $4 - 2,5 \cdot 3 = -3,5$

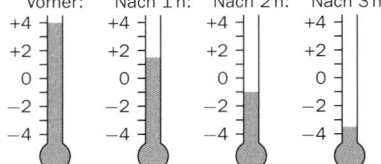

b)   Es wird um 7,5 °C kälter. $4 - 1,5 \cdot 5 = -3,5$

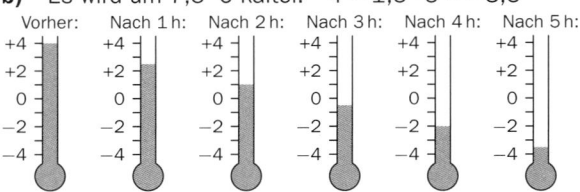

52 a) $(-100) \cdot 1 = -100$;
$(-100) \cdot 2 = -100 + (-100) = -200$;
$(-100) \cdot 3 = -100 + (-100) + (-100) = -300$;
$(-100) \cdot 4 = -100 + (-100) + (-100) + (-100) = -400$;
$(-100) \cdot 5 = -100 + (-100) + (-100) + (-100) + (-100) =$
$= -500$
b) $(-50) \cdot 1 = -50$;
$(-50) \cdot 2 = -50 + (-50) = -100$;
$(-50) \cdot 3 = -50 + (-50) + (-50) = -150$;
$(-50) \cdot 4 = -50 + (-50) + (-50) + (-50) = -200$;
$(-50) \cdot 5 = -50 + (-50) + (-50) + (-50) + (-50) = -250$
c) $(-75) \cdot 1 = -75$;
$(-75) \cdot 2 = -75 + (-75) = -150$;
$(-75) \cdot 3 = -75 + (-75) + (-75) = -225$;
$(-75) \cdot 4 = -75 + (-75) + (-75) + (-75) = -300$;
$(-75) \cdot 5 = -75 + (-75) + (-75) + (-75) + (-75) = -375$
d) $(-120) \cdot 1 = -120$;
$(-120) \cdot 2 = -120 + (-120) = -240$;
$(-120) \cdot 3 = -120 + (-120) + (-120) = -360$;
$(-120) \cdot 4 = -120 + (-120) + (-120) + (-120) = -480$;
$(-120) \cdot 5 = -120 + (-120) + (-120) + (-120) + (-120) =$
$= -600$

53 a) $-30 €$ **b)** $-225 €$

54 Pro Stunde wird es um 2,5 °C kälter.

55 a) $-3 + (-3) + (-3) + (-3) + (-3) = -15$
b) $-7 + (-7) + (-7) + (-7) + (-7) + (-7) = -42$
c) $-13,2 + (-13,2) + (-13,2) = -39,6$
d) $-5,4 + (-5,4) + (-5,4) + (-5,4) + (-5,4) + (-5,4) +$
$+ (-5,4) + (-5,4) = -43,2$

e) $-\frac{4}{5} + \left(-\frac{4}{5}\right) + \left(-\frac{4}{5}\right) + \left(-\frac{4}{5}\right) + \left(-\frac{4}{5}\right) + \left(-\frac{4}{5}\right) +$
$+ \left(-\frac{4}{5}\right) = -\frac{32}{5} = -6\frac{2}{5}$
f) $-3\frac{1}{6} + \left(-3\frac{1}{6}\right) + \left(-3\frac{1}{6}\right) + \left(-3\frac{1}{6}\right) = -\frac{38}{3} = -12\frac{2}{3}$

56 a) positiv, negativ, negativ
b) negativ, positiv, negativ

57 a) -5 **b)** -6 **c)** -36 **d)** -75 **e)** -3
f) $-20,5$ **g)** $-1\,200$ **h)** -7 **i)** -63

58 a) -252 **b)** -144 **c)** $-1\,088$
d) $-1\,218$ **e)** $-6\,432$ **f)** -658 **g)** $-0,45$
h) -294 **i)** $-19,8$ **j)** $-152,1$ **k)** $-6,24$
l) $-12,1$ **m)** $-7,2$ **n)** -100 **o)** $-12,1$

59 a) [A] [C] [B] [D]   **b)** [C] [A] [B] [D]

60 a) $-12,4$;   Probe: $-12,4 \cdot 7,5 = -93$
b) $-0,25$;   Probe: $-0,25 \cdot 66 = -16,5$
c) -9;   Probe: $-9 \cdot 0,23 = -2,07$
d) $-0,28$;   Probe: $-0,28 \cdot 12,5 = -3,5$
e) $-9,4$;   Probe: $-9,4 \cdot 5,45 = -51,23$

61 Im Buch ausgeführt.

62 Im Buch ausgeführt.

63 Im Buch ausgeführt.

64 Im Buch ausgeführt.

65 a) positiv, negativ, negativ
b) positiv, positiv, negativ

66 a) 5 **b)** -12 **c)** 150 **d)** 90 **e)** 9
f) -84 **g)** -13 **h)** 60 **i)** -16

67 a) falsch, z. B.: $a = -2$, dann ist $5 \cdot a = -10$ und
$-10 < 5$ und $-10 < -2$
b) falsch, z. B.: $a = -4$, dann ist $(-3) \cdot a = 12$ und
$12 > -3$ und $12 > -4$

68 Das Vertauschungsgesetz gilt auch für ganze Zahlen:
$a \cdot b = b \cdot a$. Weiters gilt $b \cdot a = \underbrace{b + b + \ldots b}_{a \text{ mal}}$ und das ist
negativ für $a \in \mathbb{N}^*$.

69 (1) $(-) : (+)$ wird zu $(-)$ und ebenso wird $(+) : (-)$
zu $(-)$, damit ist $\frac{-3}{2} = \frac{3}{-2} = -\frac{3}{2}$
(2) negativ, positiv

70 a)
-7; Vorzeichen:
$x \cdot (-12) = +84 \Rightarrow x$ ist negativ.

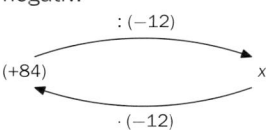

c) -8; Vorzeichen:
$x \cdot (-4,5) = +36 \Rightarrow x$ ist negativ.

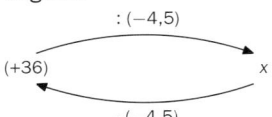

b) 30; Vorzeichen:
$x \cdot (-4) = -120 \Rightarrow x$ ist positiv.

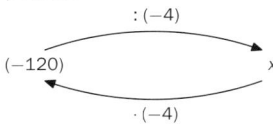

d) $49,6$; Vorzeichen:
$x \cdot (-5) = -248 \Rightarrow x$ ist positiv.

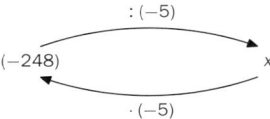

71 a) $x \cdot (-) = (+)$, also muss x negativ sein.

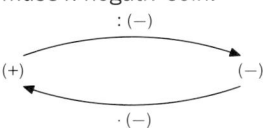

b) $x \cdot (-) = (-)$, also muss x positiv sein.

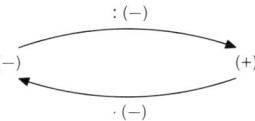

72 a) $-10,5$ **b)** -132 **c)** -525 **d)** $743,6$

73 a) minus; $(+) \cdot [(+) : (-)]$ wird zu $(+) \cdot (-)$ wird zu $(-)$

b) plus; $[(-) \cdot (-)] : (+)$ wird zu $(+) : (+)$ wird zu $(+)$

c) plus; $[(+) \cdot (-)] : (-)$ wird zu $(-) : (-)$ wird zu $(+)$

d) minus; $(+) \cdot [(-) : (+)]$ wird zu $(+) \cdot (-)$ wird zu $(-)$

74 a) z. B.: $[96 : (-2)] : (-3)$

b) z. B.: $(-56) : [8 : 2]$

c) z. B.: $[98 : 7] : 2$

d) z. B.: $[(-44) \cdot (-3)] : [11 \cdot 2]$

75 Im Buch ausgeführt.

76 Im Buch ausgeführt.

77 Im Buch ausgeführt.

78 a) -11 **b)** 5 **c)** $-1,9$ **d)** 101 **e)** $7,7$

79 a) -22 **b)** -21 **c)** 6 **d)** 20 **e)** $5,3$
f) -30

80 $\boxed{D}$ $\boxed{B}$ $\boxed{F}$ $\boxed{E}$ $\boxed{A}$ $\boxed{C}$

81 *erster Schritt*: $-7 = 3 - 10$;
zweiter Schritt: Paul verwendet das Distributivgesetz;
dritter Schritt: Punkt- vor Strichrechnung;
vierter Schritt: Paul subtrahiert.

82 a) z. B.: $12 \cdot (-4) = 12 \cdot (1 - 5) = 12 \cdot 1 - 12 \cdot 5 =$
$= 12 - 60 = -48$

b) z. B.: $8 \cdot (-13) = 8 \cdot (7 - 20) = 8 \cdot 7 - 8 \cdot 20 =$
$= 56 - 160 = -104$

c) z. B.: $25 \cdot (-8) = 25 \cdot (2 - 10) = 25 \cdot 2 - 25 \cdot 10 =$
$= 50 - 250 = -200$

d) z. B.: $5,8 \cdot (-6) = 5,8 \cdot (4 - 10) = 5,8 \cdot 4 - 5,8 \cdot 10 =$
$= 23,2 - 58 = -34,8$

e) z. B.: $-8,4 \cdot (-12) = -8,4 \cdot (-10 - 2) =$
$= -8,4 \cdot (-10) - 8,4 \cdot (-2) = 84 + 16,8 = 100,8$

83 Wenn sie (-1) heraushebt, ändern sich alle Vorzeichen. Der Vorteil besteht darin, dass sich Sonja beim Berechnen des Klammerausdrucks immer im Bereich der positiven Zahlen bewegt.

84 a) $(-1) \cdot (3 - 7 + 4 + 3 - 9 + 11) = -5$
b) $(-1) \cdot (2,8 - 2 + 8,1 + 7,6 + 9,9) = -26,4$
c) $(-1) \cdot (-45 + 36 + 8 + 13 + 72) = -84$
d) $(-1) \cdot (0,2 + 1,7 - 2,25 + 0,26) = 0,09$

85 (1) Alessa schreibt das Produkt der beiden äußeren Zahlen in den Zähler, das Produkt der beiden inneren Zahlen in den Nenner.

(2) Das Ergebnis ist immer richtig, da die Zahlen beim Umschreiben in eine Division von zwei Brüchen in genau derselben Weise kombiniert werden.

86 (1) $\frac{a}{b} : \frac{c}{d} = \frac{a}{b} \cdot \frac{d}{c} = \frac{a \cdot d}{b \cdot c}$
(2) Wende die Regel „außen mal außen durch innen mal innen" an: $\frac{a \cdot d}{b \cdot c}$

87 a) $-\frac{3}{2}$ **b)** $\frac{5}{14}$ **c)** $\frac{4}{5}$ **d)** $-\frac{9}{8}$ **e)** $-\frac{1}{2}$

88 erste Spalte: -35; -10; -30; -130; 17; -5; $-3\,400$
zweite Spalte: -16; 98; $0,25$; 3; $-\frac{1}{16}$; -4; $-65,23$
dritte Spalte: -22; -33; -28; $\frac{3}{4}$; 0; -7; -5

89 Alle Rechnungen können sehr schnell im Kopf berechnet werden. Es ist daher nicht sinnvoll, einen Taschenrechner zu verwenden, weil man für das Eingeben mehr Zeit braucht. Alle drei Ergebnisse sind negativ.
(1) -34 **(2)** $-9,9$ **(3)** $-\frac{7}{2}$

90 $-9\frac{60}{77} + 7\frac{25}{22} = -1\frac{9}{14}$; $\quad 2\frac{6}{17} + 3\frac{4}{10} = 5\frac{64}{85}$;
$6\frac{24}{55} - 8\frac{3}{11} = -1\frac{46}{55}$; $\quad -7\frac{8}{13} + 6\frac{4}{11} = -1\frac{36}{143}$;
$-2\frac{3}{7} + 7\frac{9}{11} = 5\frac{30}{77}$; $\quad -12\frac{13}{15} + 9\frac{8}{9} = -2\frac{44}{45}$

91 Man muss zuerst das Rechenzeichen $\boxed{-}$ und dann das Vorzeichen $\boxed{(-)}$ verwenden.

92 Nur das Rechenzeichen Minus ⊖ ist möglich und sinnvoll.

93 —

94 a) $+40€$ **b)** $+4$ **c)** $-15€$ **d)** $-200\,m$
e) $-200€$ **f)** $-6°C$ **g)** -3 **h)** $+500\,m$

95 a) z. B.: 4 Minusgrade
b) z. B.: 250 € Schulden
c) z. B.: ein Temperaturunterschied von 35 °C
d) z. B.: 300 m unter dem Meeresspiegel
e) z. B.: 2 000 m Entfernung

96 a) In Zwettl wurde eine Temperatur von $-36,6°C$ gemessen.
b) In der Wostok-Station wurde eine Temperatur von $-89,2°C$ gemessen.

97 a) $19\,842\,m$ **b)** $1\,021\,m$ **c)** $10\,574\,m$
d) $335\,m$ **e)** $10\,077\,m$ **f)** $5\,727\,m$

98 1) Susi hätte nach dem Herunternehmen des Topfes die Waage wieder auf 0 stellen sollen. Da sie es vergessen hat, wird das Gewicht des Topfes immer abgezogen.
2) An der letzten Anzeige kann sie erkennen, dass der Topf 955 g wiegt. Damit kann sie berechnen, wie viel die Erdäpfel wiegen: $955 - 539 = 416\,g$

99 (1) z. B.: (z ... Zahl, v ... Vorgänger)

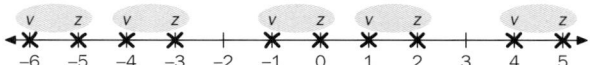

(2) Zu jeder ganzen Zahl gibt es eine ganze Zahl, die um 1 weiter links liegt. Das ist der Vorgänger dieser Zahl.

100 a) Vorgänger: -4; Nachfolger: -2
b) Vorgänger: -100; Nachfolger: -98
c) Vorgänger: -103; Nachfolger: -101
d) Vorgänger: -1; Nachfolger: 1

101 a) z. B.:

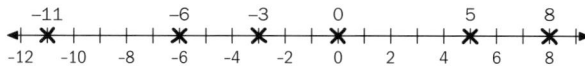

b) z. B.:

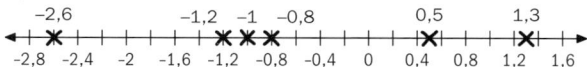

c) z. B.:

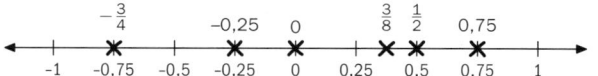

102 $|0,2| < \left|\frac{4}{5}\right| < |2| < |-5| < |-9,03|$

103 a) 3 **b)** $-2,4$ **c)** $\frac{3}{4}$
d) $-42,5$ **e)** 1 **f)** keine

104 a) $5 > |-4|$ **b)** $17,3 > -26$
c) $8 > -|-8|$ **d)** $|-17| > 0$
e) $-5,3 < \left|+\frac{3}{5}\right|$ **f)** $|-7| = |+7|$
g) $-9,8 > -12,8$ **h)** $-50 > -50,1$
i) $-|-6| = -6$ **j)** $-|45| > -67$

105 a) $|0| < |1| < |-3| < |5| < |-11| < |23| < |-74|$
b) $|-1| < |-2| < |-3| < |8| < |-10| < |12| < |-23|$
c) $|-0,1| < |-0,3| < |1,8| < |2,9| < |-3,4| < < |-5,2| < |5,5|$

106 0 ist weder positiv noch negativ, da es auf der Zahlengeraden weder links noch rechts von 0 liegt.

107 a) $(-25) + (+40) = 15$; Julia hat dann 15 €.
b) $(+68) - (+50) = 18$; Bernhard hat dann 18 € am Konto.
c) $(+32) + (-45) - (+32) = -45$; Nicole hat dann 45 € Schulden.
d) $(-15) + (-8) = -23$; Peter hat dann 23 € Schulden.
e) $(+78) + (-35) - (-35) = 78$; Eva hat dann 78 €.
f) $(+125) + (+36) - (+36) = 125$; Lisa hat dann 125 €.

108 SMARTPHONE

109 a) 4 **b)** 20 **c)** $9,3$ **d)** $0,6$
e) $-\frac{3}{2} = -1\frac{1}{2}$ **f)** $-\frac{1}{10}$ **g)** 3 **h)** $-\frac{1}{2}$

110 a) $-\frac{1}{2}$ **b)** $-\frac{13}{4} = -3\frac{1}{4}$ **c)** $\frac{6}{5} = 1\frac{1}{5}$
d) $\frac{187}{100} = 1\frac{87}{100}$ **e)** $-\frac{1}{3}$ **f)** $-\frac{13}{3} = -4\frac{1}{3}$
g) $\frac{7}{4} = 1\frac{3}{4}$ **h)** $\frac{36}{5} = 7\frac{1}{5}$

111 SOMMERHIT

112 a) richtig, richtig, falsch, richtig
b) falsch, richtig, falsch, falsch

113 a) $-\frac{8}{15}$ **b)** $-\frac{3}{20}$ **c)** $\frac{77}{9} = 8\frac{5}{9}$
d) $-\frac{91}{24} = -3\frac{19}{24}$ **e)** $\frac{1}{8}$ **f)** $-\frac{1}{6}$ **g)** $-\frac{7}{4} = -1\frac{3}{4}$
h) $-\frac{18}{25}$ **i)** $-\frac{26}{11} = 2\frac{4}{11}$ **j)** $-\frac{1}{2}$

114 (1) erste Zeile: -5; $1,9$; $-3,2$
zweite Zeile: 7; $10,8$; $-45,2$
(2) Die Multiplikation oder Division einer Zahl mit (-1) ändert das Vorzeichen dieser Zahl. Für jede rationale Zahl a gilt daher: $a \cdot (-1) = -a$ bzw. $a : (-1) = -a$

115 a) richtig, falsch, richtig

b) richtig, falsch, richtig

116 a) plus; $(-) \cdot [(+) : (-)]$ wird zu $(-) \cdot (-)$
wird zu $(+)$

b) minus; $[(+) : (-)] \cdot (+)]$ wird zu $(-) \cdot (+)$ wird zu $(-)$

c) minus; $(-) \cdot [(+) : (+)]$ wird zu $(-) \cdot (+)$ wird zu $(-)$

117 a) $[66 : (-6)] \cdot (-2,5) = [(-66) : (-6)] \cdot 2,5 =$
$= [66 : 6] \cdot 2,5$

b) $-56 : [4 \cdot 2] = 56 : [4 \cdot (-2)] = (-56) : [(-4) \cdot (-2)]$

c) $= [85 : (-17)] : (-2) = [(-85) : 17] : (-2) =$
$= [85 : 17] : 2$

118 a) richtig; Wenn z positiv ist, dann ist das Produkt $z \cdot z \cdot z \cdot z$ natürlich positiv. Wenn z negativ ist, dann ist das Produkt $z \cdot z$ positiv und damit ist dann auch das Produkt $\underbrace{z \cdot z}_{\text{positiv}} \cdot \underbrace{z \cdot z}_{\text{positiv}}$ positiv.

b) richtig; Wenn n eine negative Zahl ist, sind die Produkte $(-4) \cdot n$ bzw. $(-2) \cdot n$ positiv und die Summe zweier positiver Zahlen ist wieder positiv.

c) falsch; für z. B. $z = 10$ ist das Ergebnis positiv.

119 a) z. B.: Für jede ganze Zahl z außer $z = 6$ ist $(z - 6) \cdot (z - 6)$ positiv.

b) z. B.: Für jede negative ganze Zahl z ist $z \cdot z \cdot z$ negativ.

120 a) 33 **b)** 14 **c)** 12 **d)** 5 **e)** $-0,3$
f) $-8,3$ **g)** $\frac{13}{8} = 1\frac{5}{8}$ **h)** 5

121 a) falsch, richtig, falsch, falsch
b) falsch, falsch, falsch, richtig

122 a) falsch, richtig, richtig, richtig
b) richtig, falsch, richtig, richtig

123 Ja, die Zahl 0.

124 Die Zahl 0 fehlt, denn sie gehört weder zu den negativen ganzen Zahlen (hier dunkelgrau angemalt) noch zu den positiven ganzen Zahlen (hellgrau angemalt).

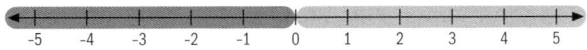

125 falsch, richtig, richtig

126 Beide Zahlen haben den gleichen Abstand zum Nullpunkt, nämlich 4,5.

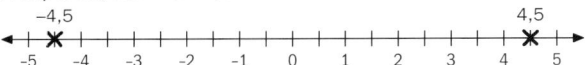

127 (1) Der Betrag ist der Abstand einer Zahl vom Nullpunkt. Die Gegenzahl ist jene Zahl, die von 0 denselben Abstand, aber entgegengesetztes Vorzeichen hat wie die Zahl selbst.

(2) Ein Abstand kann nicht negativ sein.

128 $-0,1$ ist größer als $-1\,000$, da diese Zahl auf der Zahlengeraden weiter rechts liegt.

129

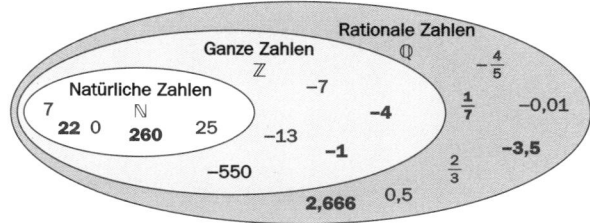

130 a) -7 ist Element aus der Zahlenmenge ganze Zahlen.

b) 0 ist Element aus der Zahlenmenge natürliche Zahlen.

c) 5 ist Element aus der Zahlenmenge rationale Zahlen.

d) $\frac{5}{6}$ ist Element aus der Zahlenmenge rationale Zahlen.

e) 3,4 ist kein Element aus der Zahlenmenge ganze Zahlen.

f) $\frac{1}{10}$ ist kein Element aus der Zahlenmenge natürliche Zahlen.

131 a) richtig, richtig
b) falsch, falsch

132 a) negativ; Das Produkt einer ganzen Zahl ($\neq 0$) mit sich selbst ist immer positiv, da sowohl $(+) \cdot (+)$, als auch $(-) \cdot (-)$ das Vorzeichen $(+)$ ergibt. Wird das Ergebnis dann noch durch (-2) dividiert, so ist das Endergebnis negativ.

b) positiv; Der Quotient einer ganzen Zahl ($\neq 0$) durch sich selbst ist immer positiv, da sowohl $(+) : (+)$, als auch $(-) : (-)$ das Vorzeichen $(+)$ ergibt. Wird zum Ergebnis dann noch die Zahl 5 addiert, so bleibt das Endergebnis positiv.

133–147 Lösungen siehe Schulbuch (Anhang ab S. 211)

2. Potenzen

Seite 33

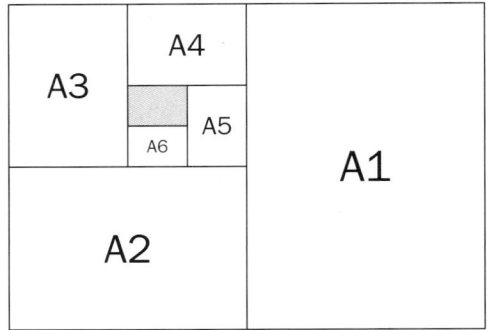

(1) & (2)

	DIN A0	DIN A1	DIN A2	DIN A3	DIN A4	DIN A5	DIN A6
Blätter pro DIN A0	1	2	4	8	16	32	64
Flächeninhalt in m²	1	$\frac{1}{2}$	$\frac{1}{4}$	$\frac{1}{8}$	$\frac{1}{16}$	$\frac{1}{32}$	$\frac{1}{64}$

148 Im Buch ausgeführt.

149 Im Buch ausgeführt.

150 Im Buch ausgeführt.

151 a) $3^4 \cdot 5^3 = 10\,125$
b) $-6^5 \cdot 11^3 = -10\,349\,856$
c) $2^2 \cdot 0,3^2 \cdot 0,5 \cdot 0,7^2 = 0,0882$
d) $-\left(\frac{2}{3}\right)^5 \cdot \left(\frac{3}{4}\right)^3 = -\frac{1}{18}$
e) $(-3,2)^3 \cdot 4^3 = -2\,097,152$
f) $5^2 \cdot (-5)^4 = 15\,625$

152

a	5	-3	8	10	0,6	$-0,4$	$\frac{1}{3}$	$\frac{2}{3}$	$-1\frac{1}{2}$
$a \cdot 2$	10	-6	16	20	1,2	$-0,8$	$\frac{2}{3}$	$\frac{4}{3}$	-3
a^2	25	9	64	100	0,36	0,16	$\frac{1}{9}$	$\frac{4}{9}$	$2\frac{1}{4}$

153 a) $a^4 \cdot b^5$ **b)** $2^2 \cdot z^5$ **c)** $4^4 \cdot k^3$
d) $e^5 \cdot f^3$ **e)** $3^2 \cdot r^3 \cdot w^3$ **f)** $d^3 \cdot n^2 \cdot w \cdot z^2$

154

Basis	10	u	m	k	c	f	s
Hochzahl	5	4	7	8	3	a	n
Potenz	10^5	u^4	m^7	k^8	c^3	f^a	s^n

155 (1)

$(-2)^0$	$(-2)^1$	$(-2)^2$	$(-2)^3$	$(-2)^4$	$(-2)^5$	(-2^6)
1	-2	4	-8	16	-32	64

(2) Wenn die Hochzahl gerade ist, so erhält man immer ein positives Vorzeichen.

156 Die Ergebnisse unterscheiden sich jeweils im Vorzeichen.
a) $-3^2 = -9$ und $(-3)^2 = 9$
b) $-4^2 = -16$ und $(-4)^2 = 16$

157 a) $A = s^2$ **b)** $V = s^3$

158

	1. Feld	2. Feld	3. Feld	4. Feld	5. Feld	6. Feld	7. Feld	8. Feld	9. Feld
Potenz	2^0	2^1	2^2	2^3	2^4	2^5	2^6	2^7	2^8
Anzahl	1	2	4	8	16	32	64	128	256

159 a) $d^5 \cdot d^3 = (d \cdot d \cdot d \cdot d \cdot d) \cdot (d \cdot d \cdot d) = d^8$
b) $\frac{k^7}{k^3} = \frac{\cancel{k} \cdot \cancel{k} \cdot \cancel{k} \cdot k \cdot k \cdot k \cdot k}{\cancel{k} \cdot \cancel{k} \cdot \cancel{k}} = k^4$
c) $(-2\,h)^3 = (-2\,h) \cdot (-2\,h) \cdot (-2\,h) =$
$= (-2) \cdot (-2) \cdot (-2) \cdot h \cdot h \cdot h = (-2)^3 \cdot h^3 = -8\,h^3$

160 Im Buch ausgeführt.

161 Im Buch ausgeführt.

162 Im Buch ausgeführt.

163 Im Buch ausgeführt.

164 Im Buch ausgeführt.

165 a) $5\,e + 3\,f + 2\,k$ **b)** $2\,h + 3\,t + 2\,w$
c) $2\,a^2 + 3\,b^2 + 4\,c^2$ **d)** $2\,d + 2\,u + 2\,d^2 + 2\,u^2$
e) $5\,b + 4\,b^2$ **f)** $4\,r + 6\,r^2 + 4\,r^3$ **g)** $3\,s^3 + 6\,t^3$
h) $3\,p^2 + 3\,x^2 + 5\,z^2$

166 a) z. B.: $V = 2\,k^3 + k^3 + 2\,k^3 + 4\,g^3 + g^3 =$
$= 3\,k^3 + 2\,k^3 + g^3 + 4\,g^3 = 5\,k^3 + 5\,g^3$
b) $5\,g^3 - 5\,k^3$

167 a) $3\,a^2 + 2\,b^2$; Probe: $30 = 30$
b) $2\,a + 2\,b + a^2 + 2\,b^2$; Probe: $32 = 32$
c) $4\,a + 3\,a^2$; Probe: $20 = 20$
d) $4\,b + 3\,b^2$; Probe: $39 = 39$
e) $2\,a + 2\,a^2 + 2\,a^3$; Probe: $28 = 28$
f) $3\,b + 2\,b^2 + 2\,b^3$; Probe: $81 = 81$

168 a) $-2\,d^2 + 6\,d^3$ **b)** $3\,h^2 + h^3 - 3\,h^4$
c) $4\,e + 8\,e^2 - 6\,e^4$ **d)** $-r + 6\,r^3$
e) $-c + 5\,c^5$ **f)** $-n^2 + 5\,n^3 - 2\,n^5$

169 Ich fasse bei allen Rechnungen gleiche Potenzen mit gleicher Basis zusammen.

a) $4a + 2b^2$ **b)** $2g^3 + 3h^2 + h^3$

c) $3r^2 + 2t^2 + 2z^2$ **d)** $2k + 2k^3 + 3m^2$

e) $d + 2d^3 + 2f + g + g^2$ **f)** $3b + 2n^2 + 2v^2$

170 a) richtig, falsch, richtig, falsch, falsch

b) richtig, falsch, falsch, falsch, richtig

171 a) $\frac{1}{10}h^3 - \frac{1}{4}h^4$ **b)** $-\frac{2}{3}m^2 - \frac{37}{36}m^3$

c) $z^2 + \frac{1}{2}z^3$ **d)** $-\frac{1}{2}s^2 + \frac{5}{8}s^3$ **e)** $\frac{17}{3}g + \frac{1}{3}g^5$

f) $-\frac{1}{4}x + \frac{11}{10}x^2$

172 Im Buch ausgeführt.

173 Im Buch ausgeführt.

174 Im Buch ausgeführt.

175 Im Buch ausgeführt.

176 a) $2^7 = 128$ **b)** $4^9 = 262\,144$

c) $3^5 = 243$ **d)** $5^7 = 78\,125$ **e)** $4^3 = 64$

f) $6^2 = 36$ **g)** $7^3 = 343$ **h)** $3^4 = 81$

177 a) s^7 **b)** d^7 **c)** f^8 **d)** g^8 **e)** x^3

178 a) 60-mal **b)** 35-mal **c)** 200-mal

d) 27-mal **e)** 67-mal **f)** 250-mal

179 *1. Schritt*: die Potenzen wurden als Produkte geschrieben; *2. Schritt*: die Faktoren wurden gezählt

180 a) u^2 **b)** r^3 **c)** t^3 **d)** r^6 **e)** e^6

181 $\dfrac{a^n}{a^k} = \dfrac{\overbrace{a \cdot a \cdots a}^{n\text{-mal}}}{\underbrace{a \cdot a \cdots a}_{k\text{-mal}}} = \dfrac{\overbrace{\cancel{a} \cdot \cancel{a} \cdots \cancel{a}}^{k\text{-mal}} \cdot \overbrace{a \cdot a \cdots a}^{(n-k)\text{-mal}}}{\underbrace{\cancel{a} \cdot \cancel{a} \cdots \cancel{a}}_{k\text{-mal}}} = a^{n-k}$

182 $12\,a \cdot b$

183 a) $2 \cdot a \cdot a \cdot 5 \cdot a \cdot a \cdot a = 10\,a^5$

b) $3 \cdot d \cdot d \cdot 4 \cdot d \cdot d \cdot d \cdot d = 12\,d^6$

c) $5 \cdot (-j) \cdot (-j) \cdot (-j) \cdot 4 \cdot j = -20\,j^4$

d) $2 \cdot k \cdot k \cdot k \cdot k \cdot 5 \cdot (-k) \cdot (-k) = 10\,k^6$

e) $\dfrac{15 \cdot b \cdot b \cdot \cancel{b} \cdot \cancel{b}}{3 \cdot \cancel{b} \cdot \cancel{b}} = 5\,b^2$

f) $\dfrac{8 \cdot \cancel{m} \cdot \cancel{m} \cdot n}{20 \cdot \cancel{m} \cdot \cancel{m}} = \dfrac{2n}{5}$

g) $\dfrac{25 \cdot \cancel{(-f)} \cdot \cancel{(-f)} \cdot (-f)}{15 \cdot \cancel{(-f)} \cdot \cancel{(-f)}} = -\dfrac{5f}{3}$

h) $\dfrac{45 \cdot g \cdot g \cdot g \cdot g \cdot g}{9 \cdot (-g) \cdot (-g) \cdot (-g)} = -\dfrac{45 \cdot \cancel{g} \cdot \cancel{g} \cdot \cancel{g} \cdot g \cdot g}{9 \cdot \cancel{g} \cdot \cancel{g} \cdot \cancel{g}} = -5\,g^2$

184 a) $15\,d^3e$ **b)** $8\,d^3e^4$ **c)** $21\,d^7e^4$

d) $15\,d^3e^4$ **e)** $8\,d^5e^5$

185 a) $-20\,a^3$; Probe: $-540 = -540$

b) $-21\,a^5$; Probe: $-5\,103 = -5\,103$

c) $-10\,a^4$; Probe: $-810 = -810$

d) $-6\,a^3$; Probe: $-162 = -162$

e) $20\,a^3b^2$; Probe: $2\,160 = 2\,160$

186 a) $\frac{3a}{5}$; Probe: $\frac{6}{5} = \frac{6}{5}$ **b)** $\frac{b^2}{2}$; Probe: $\frac{9}{2} = \frac{9}{2}$

c) $-\frac{2a}{5}$; Probe: $-\frac{4}{5} = -\frac{4}{5}$ **d)** $\frac{5}{2}$; Probe: $\frac{5}{2} = \frac{5}{2}$

e) $-5\,b$; Probe: $-15 = -15$

f) $-5\,a^2b$; Probe: $-60 = -60$

g) $\frac{10a^3}{b}$; Probe: $\frac{80}{3} = \frac{80}{3}$ **h)** b^3; Probe: $27 = 27$

i) $-\frac{4a^5b}{3}$; Probe: $-128 = -128$

j) $\frac{5a^2}{b}$; Probe: $\frac{20}{3} = \frac{20}{3}$

187 Im Buch ausgeführt.

188 Im Buch ausgeführt.

189 Im Buch ausgeführt.

190 Im Buch ausgeführt.

191 Im Buch ausgeführt.

192 (1) In ein großes Quadrat passen 16 kleine Quadrate.

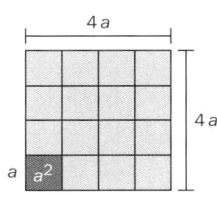

(2) Seitenlänge des großen Quadrats: $4 \cdot a$, Flächeninhalt des großen Quadrats:
$(4a)^2 = (4a) \cdot (4a) = 4 \cdot 4 \cdot a \cdot a = 16\,a^2$

193 a) 15-mal **b)** 10-mal **c)** 18-mal

d) 12-mal **e)** 15-mal **f)** 18-mal

194 a) 12-mal **b)** 25-mal **c)** 200-mal

d) 1\,000-mal

195 a) $(4h) \cdot (4h) = 16\,h^2$

b) $(7j) \cdot (7j) = 49\,j^2$

c) $(-5k) \cdot (-5k) = 25\,k^2$

d) $(-2l) \cdot (-2l) \cdot (-2l) = -8\,l^3$

e) $\left(\frac{c}{3}\right) \cdot \left(\frac{c}{3}\right) \cdot \left(\frac{c}{3}\right) = \frac{c^3}{27}$

f) $\left(-\frac{v}{2}\right) \cdot \left(-\frac{v}{2}\right) \cdot \left(-\frac{v}{2}\right) = -\frac{v^3}{8}$

g) $\left(\frac{t}{2}\right) \cdot \left(\frac{t}{2}\right) \cdot \left(\frac{t}{2}\right) \cdot \left(\frac{t}{2}\right) = \frac{t^4}{16}$

h) $\left(-\frac{z}{10}\right) \cdot \left(-\frac{z}{10}\right) = \frac{z^2}{100}$

i) $\left(-\frac{u}{3}\right) \cdot \left(-\frac{u}{3}\right) \cdot \left(-\frac{u}{3}\right) \cdot \left(\frac{u}{3}\right) = \frac{u^4}{81}$

196 a) $5a^2$; Probe: $45 = 45$

b) $20b^2$; Probe: $80 = 80$

c) $110a^2$; Probe: $990 = 990$

d) $3b^2$; Probe: $12 = 12$

e) $-35a^3$; Probe: $-945 = -945$

f) $-250a^3$; Probe: $-6\,750 = -6\,750$

g) $97a^4$; Probe: $7\,857 = 7\,857$

h) $30b^2$; Probe: $120 = 120$

197 a) falsch, richtig, richtig, falsch

b) falsch, falsch, richtig, richtig

198 a) $4a^6$ **b)** $64b^6$ **c)** $25d^8$

d) $-243e^{15}$ **e)** $-22a^6$ **f)** $9b^9$ **g)** $-5c^4$

h) $36d^5$

199 a) $-85a^4 - 7b^4$; Probe: $-6\,997 = -6\,997$

b) $-14a^6 + 17b^6$; Probe: $-9\,118 = -9\,118$

c) $52a^2 + 8a^3 - 85b^3$; Probe: $4 = 4$

d) $11a^4 + 6b^2$; Probe: $915 = 915$

200 a) $15d^4e^2$ **b)** $-8d^8e^5$

c) $-21d^{17}e^5$ **d)** $45d^3e^4$

201 a) $\frac{18a^3}{5}$; Probe: $\frac{144}{5} = \frac{144}{5}$

b) $8b^3$; Probe: $216 = 216$

c) $\frac{4a}{5}$; Probe: $\frac{8}{5} = \frac{8}{5}$

d) $-\frac{5}{9a^3b}$; Probe: $-\frac{5}{216} = -\frac{5}{216}$

e) $\frac{5}{2ab^5}$; Probe: $\frac{5}{972} = \frac{5}{972}$

f) $\frac{18b^4}{a}$; Probe: $729 = 729$

g) $5a^2b^2$; Probe: $180 = 180$

h) $\frac{81a^8}{625b^4}$; Probe: $\frac{256}{625} = \frac{256}{625}$

202 Im Buch ausgeführt.

203 Im Buch ausgeführt.

204 Im Buch ausgeführt.

205 a) 10^3; 10^5; 10^6; 10^7

b) 10^4 m; 10^6 t; 10^3 m^3; 10^{11} s

206 a) ungünstig, günstig, ungünstig, günstig

b) günstig, ungünstig, günstig, ungünstig

207 a) $5 \cdot 10^3$; $9 \cdot 10^4$; $5 \cdot 10^5$; $6 \cdot 10^7$

b) $6 \cdot 10^2$; $2 \cdot 10^4$; $3 \cdot 10^6$; $7 \cdot 10^7$

c) $8 \cdot 10^4$ kg; $5 \cdot 10^3$ l; $3,6 \cdot 10^3$ ha; $5,6 \cdot 10^5$ m^3

d) $8,64 \cdot 10^4$ m^2; $1,2 \cdot 10^5$ kg; $1,256 \cdot 10^8$ s

208 falsch (Korr.: $1,29 \cdot 10^5$), richtig, falsch (Korr.: $4,6 \cdot 10^2$), falsch (Korr.: $8,75 \cdot 10^7$)

209 a) $4\,000$ **b)** 310 **c)** $1\,700\,000\,000$

d) $-82\,000$ **e)** $-23\,100\,000\,000$ **f)** -250

g) $7\,810\,000$ **h)** $-2\,650$ **i)** $592\,100\,000$

j) $98\,100$

210 a) 5 Nullen; $1\,496 \cdot 10^8$ m $= 1,496 \cdot 10^{11}$ m

b) 6 Nullen; $1\,391 \cdot 10^3$ km $= 1,391 \cdot 10^6$ km

c) 27 Nullen; $1\,989 \cdot 10^{24}$ t $= 1,989 \cdot 10^{27}$ t

d) 16 Nullen; $7\,329 \cdot 10^{19}$ kg $= 7,329 \cdot 10^{22}$ kg

211 a) $3 \cdot 10^5$; $5,5 \cdot 10^{10}$; $1,2 \cdot 10^{14}$

b) $2 \cdot 10^9$; $1,8 \cdot 10^9$; $7,2 \cdot 10^{12}$

212 a) $1,8 \cdot 10^7$ km **b)** 500 s $= 8$ min 20 s

c) $\approx 16\,667$ s ≈ 4 h 37 min 47 s

d) $\approx 9,46 \cdot 10^{12}$ km

213 9; -64; -1; 256; 1; -81; -64; -125; -16

214 a) $2^3 \cdot 3 \cdot 5$ **b)** $3 \cdot 5 \cdot 7$ **c)** $2^4 \cdot 5$

d) $2^2 \cdot 3 \cdot 5^2$ **e)** $2^2 \cdot 3^2 \cdot 5$ **f)** $2^2 \cdot 3 \cdot 5$

g) $2^5 \cdot 3$ **h)** $3^2 \cdot 5^2$ **i)** $2^3 \cdot 3^2 \cdot 5^2$ **j)** $2^3 \cdot 7^2$

215 (1)

Generation	Eltern	Großelt.	Urgroßelt.	4. Gen.	5. Gen.	6. Gen.	7. Gen.
A. als Potenz	2^1	2^2	2^3	2^4	2^5	2^6	2^7
Anzahl	2	4	8	16	32	64	128

(2) 10 Generationen

216 a) $4 \cdot 5^3 = 500$ **b)** $10 \cdot 3^2 = 90$ **c)** $5a^2$

d) $6s^5$ **e)** $\frac{13}{2}u^2$ **f)** $3a^4$

217 Ⓐ Ⓓ Ⓔ Ⓒ Ⓖ Ⓗ

218 a) $8a^2$ **b)** $-27b^3$ **c)** $28c^2$

d) $-105d^4$

219 a) $(a \cdot b)^2 = (a \cdot b) \cdot (a \cdot b) = a \cdot b \cdot a \cdot b = a^2 \cdot b^2$

b) $(a \cdot b)^3 = (a \cdot b) \cdot (a \cdot b) \cdot (a \cdot b) = a \cdot b \cdot a \cdot b \cdot a \cdot b = a^3 \cdot b^3$

c) $\left(\frac{a}{b}\right)^2 = \left(\frac{a}{b}\right) \cdot \left(\frac{a}{b}\right) = \frac{a}{b} \cdot \frac{a}{b} = \frac{a \cdot a}{b \cdot b} = \frac{a^2}{b^2}$

220 a) $15x^5y^5$; Probe: $480 = 480$

b) $12x^3y^6$; Probe: $768 = 768$

c) $3x^7y^7$; Probe: $384 = 384$

d) $-2x^9y^9$; Probe: $-1\,024 = -1\,024$

e) $-2x^7y^6$; Probe: $-128 = -128$

f) $-\frac{4x^3y}{5}$; Probe: $-\frac{8}{5} = -\frac{8}{5}$

g) $\frac{2x^2y^4}{5}$; Probe: $\frac{32}{5} = \frac{32}{5}$

h) $-\frac{15x^2y^3}{4}$; Probe: $-30 = -30$

i) $\frac{5y^2}{x^2}$; Probe: $20 = 20$

j) $\frac{2x^2 y}{3}$; Probe: $\frac{4}{3} = \frac{4}{3}$

k) $-\frac{y}{3}$; Probe: $-\frac{2}{3} = -\frac{2}{3}$

l) $\frac{x^2}{4}$; Probe: $\frac{1}{4} = \frac{1}{4}$

221 $\boxed{A}$ $\boxed{E}$ $\boxed{C}$ $\boxed{F}$

222 a) falsch, falsch, falsch, falsch

b) falsch, richtig, richtig, richtig

223

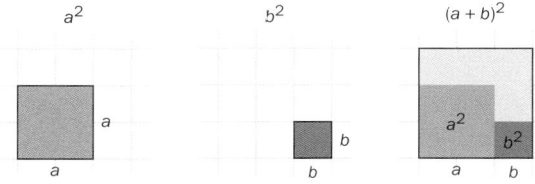

224 *1. Schritt*: die Potenz wird als Produkt geschrieben;
2. Schritt: es wird gezählt, wie oft jeder Faktor vorkommt.

225 a) $\left(\dfrac{a}{b}\right)^n = \underbrace{\left(\dfrac{a}{b}\right) \cdot \left(\dfrac{a}{b}\right) \cdots \left(\dfrac{a}{b}\right)}_{n\text{-mal}} = \dfrac{\overbrace{a \cdot a \cdots a}^{n\text{-mal}}}{\underbrace{b \cdot b \cdots b}_{n\text{-mal}}} = \dfrac{a^n}{b^n}$

b) $(a^n)^k = \underbrace{a^n \cdot a^n \cdots a^n}_{k\text{-mal}} = \underbrace{a \cdot a \cdots a}_{(n \cdot k)\text{-Faktoren}} = a^{n \cdot k}$

226 a) $\boxed{C}$ $\boxed{A}$ $\boxed{E}$ $\boxed{F}$ $\boxed{B}$ $\boxed{D}$

b) $\boxed{B}$ $\boxed{C}$ $\boxed{F}$ $\boxed{D}$ $\boxed{A}$ $\boxed{E}$

227 a) Unsere Galaxie würde aus 10^{11} Sternen bestehen.

b) Auf jeden Menschen würden 10 Sterne entfallen.

228

Basis	a	h	k	b	n
Hochzahl	3	4	4	5	2
Potenz	a^3	h^4	k^4	b^5	n^2
als Produkt	$a \cdot a \cdot a$	$h \cdot h \cdot h \cdot h$	$k \cdot k \cdot k \cdot k$	$b \cdot b \cdot b \cdot b \cdot b$	$n \cdot n$

229 a) $a^2 \cdot a^2 = (a \cdot a) \cdot (a \cdot a) = a \cdot a \cdot a \cdot a = a^4$

b) $\dfrac{a^6}{a^2} = \dfrac{a \cdot a \cdot a \cdot a \cdot \cancel{a} \cdot \cancel{a}}{\cancel{a} \cdot \cancel{a}} = a \cdot a \cdot a \cdot a = a^4$

c) $(-2a)^4 = (-2a) \cdot (-2a) \cdot (-2a) \cdot (-2a) = (-2) \cdot (-2) \cdot (-2) \cdot (-2) \cdot a \cdot a \cdot a \cdot a = 16 a^4$

d) $(a^2 b^2)^2 = (a \cdot a \cdot b \cdot b)^2 = (a \cdot a \cdot b \cdot b) \cdot (a \cdot a \cdot b \cdot b) = a \cdot a \cdot b \cdot b \cdot a \cdot a \cdot b \cdot b = a^4 b^4$

e) $(a^3 b^2)^3 = (a \cdot a \cdot a \cdot b \cdot b)^3 = (a \cdot a \cdot a \cdot b \cdot b) \cdot (a \cdot a \cdot a \cdot b \cdot b) \cdot (a \cdot a \cdot a \cdot b \cdot b) = a \cdot a \cdot a \cdot b \cdot b \cdot a \cdot a \cdot a \cdot b \cdot b \cdot a \cdot a \cdot a \cdot b \cdot b = a^9 b^6$

f) $\left(\dfrac{a^3}{b^2}\right)^3 = \left(\dfrac{a \cdot a \cdot a}{b \cdot b}\right)^3 = \left(\dfrac{a \cdot a \cdot a}{b \cdot b}\right) \cdot \left(\dfrac{a \cdot a \cdot a}{b \cdot b}\right) \cdot \left(\dfrac{a \cdot a \cdot a}{b \cdot b}\right) = \dfrac{a \cdot a \cdot a \cdot a \cdot a \cdot a \cdot a \cdot a \cdot a}{b \cdot b \cdot b \cdot b \cdot b \cdot b} = \dfrac{a^9}{a^6}$

g) $\dfrac{(-a)^3}{(-a)^2} = \dfrac{(-a) \cdot \cancel{(-a)} \cdot \cancel{(-a)}}{\cancel{(-a)} \cdot \cancel{(-a)}} = -a$

h) $(-1)^7 = (-1) \cdot (-1) \cdot (-1) \cdot (-1) \cdot (-1) \cdot (-1) \cdot (-1) = -1$

230 a) $1\,\text{kg} = 1 \cdot 10^3\,\text{g} = 1\,000\,\text{g}$;
$1\,\text{ha} = 1 \cdot 10^2\,\text{a} = 100\,\text{a}$;
$3\,\text{TW} = 3 \cdot 10^{12}\,\text{W} = 3\,000\,000\,000\,000\,\text{W}$;
$40\,\text{GB} = 40 \cdot 10^9\,\text{B} = 40\,000\,000\,000\,\text{B}$;
$200\,\text{kJ} = 200 \cdot 10^3\,\text{J} = 200\,000\,\text{J}$

b) Für einen M€ braucht man 1.000.000€ (= 10^6 €).
z. B.: Wie viele Jahre sind eine Ps?

231 a) $3,5\,\text{km} = 3,5 \cdot 10^3\,\text{m} = 3\,500\,\text{m}$;
$10\,\text{MW} = 10 \cdot 10^6\,\text{W} = 10\,000\,000\,\text{W}$

b) $1\,\text{GHz} = 1 \cdot 10^9\,\text{Hz} = 1\,000\,000\,000\,\text{Hz}$;
$1\,\text{TB} = 1 \cdot 10^{12}\,\text{B} = 1\,000\,000\,000\,000\,\text{B}$

c) $30\,\text{kW} = 30 \cdot 10^3\,\text{W} = 30\,000\,\text{W}$;
$8,5\,\text{kW} = 8,5 \cdot 10^3\,\text{W} = 8\,500\,\text{W}$

d) $2,25\,\text{MW} = 2,25 \cdot 10^6\,\text{W} = 2\,250\,000\,\text{W}$;
$12\,\text{GHz} = 12 \cdot 10^9\,\text{Hz} = 12\,000\,000\,000\,\text{Hz}$

e) $7,5\,\text{MB} = 7,5 \cdot 10^6\,\text{B} = 7\,500\,000\,\text{B}$;
$2,5\,\text{TB} = 2,5 \cdot 10^{12}\,\text{B} = 2\,500\,000\,000\,000\,\text{B}$

232 a) $\boxed{E}$ $\boxed{C}$ $\boxed{B}$ $\boxed{D}$ **b)** $\boxed{E}$ $\boxed{F}$ $\boxed{C}$ $\boxed{A}$

233–244 Lösungen siehe Schulbuch (Anhang ab S. 211)

Thema: Mikroskopisch klein

T1 a) 0,0003 **b)** 0,014 **c)** 0,00000595
d) 0,000000003

T2 a) $4,5 \cdot 10^{-3}$ **b)** $2,004 \cdot 10^{-2}$ **c)** $9 \cdot 10^{-5}$
d) 10^{-7}

T3 $0,1\,\text{mm} = 10^{-1}\,\text{mm} = 10^{-4}\,\text{m}$;
$0,3\,\text{mm} = 3 \cdot 10^{-1}\,\text{mm} = 3 \cdot 10^{-4}\,\text{m}$;

T4 $0,05\,\text{mm} = 5 \cdot 10^{-2}\,\text{mm} = 5 \cdot 10^{-5}\,\text{m}$;
$0,32\,\text{mm} = 3,2 \cdot 10^{-1}\,\text{mm} = 3,2 \cdot 10^{-4}\,\text{m}$;

T5 $1,1 \cdot 10^{-6}\,\text{m} = 0,0000011\,\text{m} = 0,0011\,\text{mm}$;
$1,5 \cdot 10^{-6}\,\text{m} = 0,0000015\,\text{m} = 0,0015\,\text{mm}$;
$2,0 \cdot 10^{-6}\,\text{m} = 0,000002\,\text{m} = 0,002\,\text{mm}$;
$6,0 \cdot 10^{-6}\,\text{m} = 0,000006\,\text{m} = 0,006\,\text{mm}$;

T6 $60 \cdot 10^{-9}\,\text{m} = 0,00000006\,\text{m} = 0,00006\,\text{mm}$

T7 $6 \cdot 10^{-8}\,\text{m}\ (= 60 \cdot 10^{-9}\,\text{m}) < 1,1 \cdot 10^{-6}\,\text{m} < {} $
$< 1,5 \cdot 10^{-6}\,\text{m} < 2,0 \cdot 10^{-6}\,\text{m} < 6,0 \cdot 10^{-6}\,\text{m} < {}$
$< 5 \cdot 10^{-5}\,\text{m} < 10^{-4}\,\text{m} < 3 \cdot 10^{-4}\,\text{m} < 3,2 \cdot 10^{-4}\,\text{m}$

3. Flächeninhalte

Seite 51 **(1)** & **(3)**

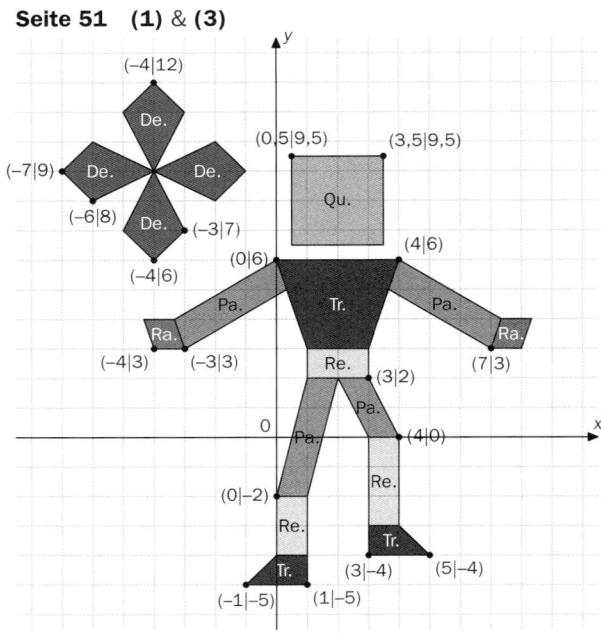

(2) B F C A

245 Im Buch ausgeführt.

246 a) $A(-3|3)$, $B(-2|-2)$, $C(0|0)$, $D(2|-2)$, $E(3|3)$
b) $A(-3|3)$, $B(2|3)$, $C(-3|-1)$, $D(2|-1)$, $E(-2|1)$, $F(1|1)$
c) $A(-3|-2)$, $B(-1|3)$, $C(1|-2)$, $D(-2|1)$, $E(0|1)$
d) $A(1|-5)$, $B(-3|-5)$, $C(-3|-1)$, $D(1|-1)$, $E(-3|-3)$, $F(-1|-3)$

247 a) 1. Quadrant: A, 2. Quadrant: B und C,
3. Quadrant: D und E, 4. Quadrant: F, x-Achse: H,
y-Achse: G

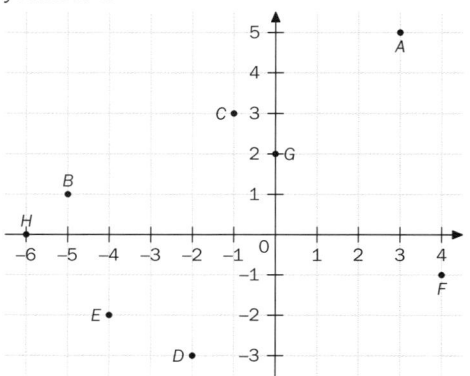

b) 1. Quadrant: D, 2. Quadrant: E,
3. Quadrant: A und G, 4. Quadrant: C und F,
x-Achse: H, y-Achse: B

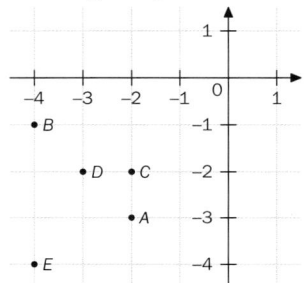

248 z. B.: $A(-2|-3)$, $B(-4|-1)$, $C(-2|-2)$,
$D(-3|-2)$, $E(-4|-4)$
Alle Punkte im 3. Quadranten haben eine negative x- und
eine negative y-Koordinate.

249 B A F C

250 Differenz von x-Koordinaten: a und c;
Differenz von y-Koordinaten: d; weder noch: b und e

251 $a = 7\,\text{E}$, $c = 1\,\text{E}$, $d = 2\,\text{E}$

252 a) $a = 3\,\text{cm}$ **b)** $a = 6\,\text{cm}$

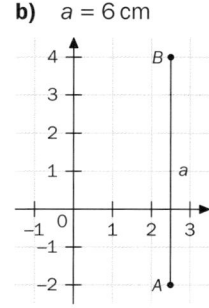

16

c) $a = 7\,\text{cm}$

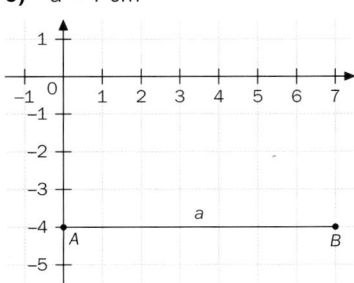

d) $a = 11\,\text{cm}$

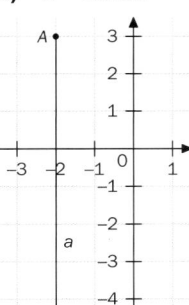

253 a)

$A = 16{,}5\,\text{cm}^2$

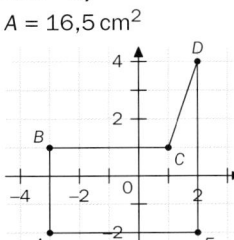

b) $A = 20{,}5\,\text{cm}^2$

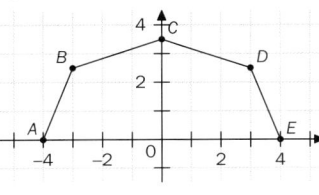

c) $A = 33{,}3\,\text{cm}^2$

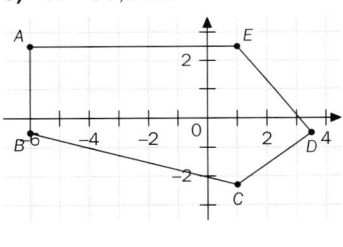

d) $A = 29\,\text{cm}^2$

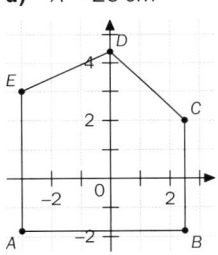

254 Im Buch ausgeführt.

255 Im Buch ausgeführt.

256 a) $A = 50\,\text{cm}^2$

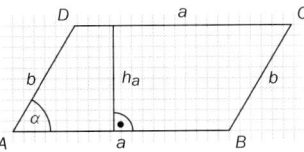

b)

$A = 32{,}68\,\text{cm}^2$

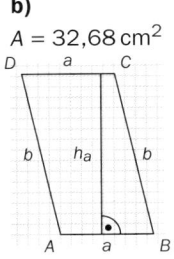

c) $A = 27{,}95\,\text{cm}^2$

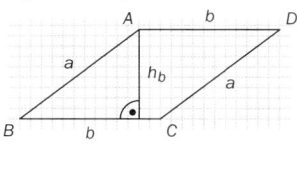

d) $A = 49{,}5\,\text{cm}^2$

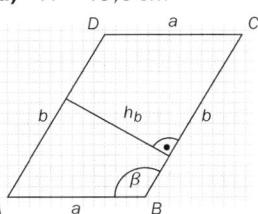

257 Die beiden Ergebnisse sind bis auf kleine Abweichungen, die durch Messungenauigkeit entstanden sind, gleich.

a) $h_a \approx 4{,}7\,\text{cm}$,
$h_b \approx 5{,}8\,\text{cm}$,
$A \approx 30\,\text{cm}^2$

b) $h_a \approx 7{,}2\,\text{cm}$,
$h_b \approx 4{,}3\,\text{cm}$,
$A \approx 33\,\text{cm}^2$

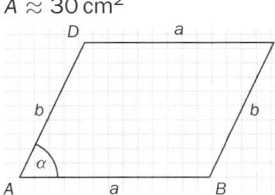
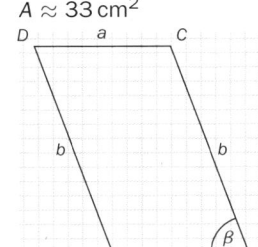

c) $b \approx 3{,}2\,\text{cm}$,
$h_a \approx 2{,}5\,\text{cm}$,
$h_b \approx 3{,}9\,\text{cm}$,
$A \approx 13\,\text{cm}^2$

d) $h_a \approx 3{,}3\,\text{cm}$,
$h_b \approx 1{,}5\,\text{cm}$, $A \approx 7\,\text{cm}^2$

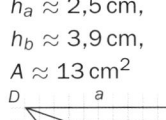
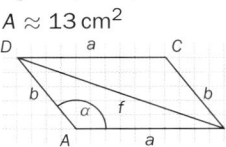

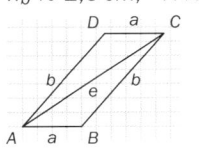

258 a) $D(7|7)$, $A = 20\,\text{cm}^2$
b) $C(1|9)$, $A = 42\,\text{cm}^2$ **c)** $A(3|-4)$, $A = 14\,\text{cm}^2$
d) $B(-2|2)$, $A = 42\,\text{cm}^2$

259 Es gibt unendlich viele solche Parallelogramme. Sie haben alle denselben Flächeninhalt und zwar $36\,\text{cm}^2$, z. B.:

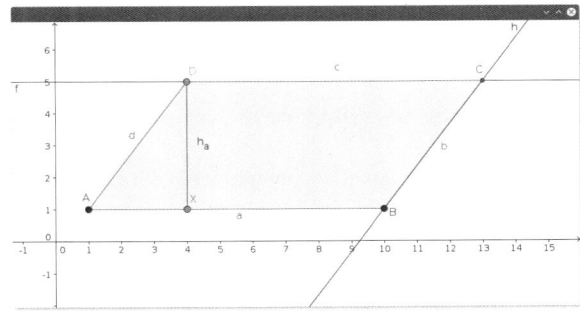

260 Die Parallelogramme A, B, D und E haben den gleichen Flächeninhalt.

261 Zwei Parallelogramme haben denselben Flächeninhalt, wenn sie in einer Seitenlänge und der zugehörigen Höhe übereinstimmen.

262

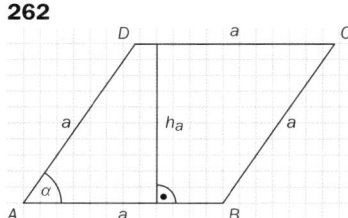

$A \approx 120\,\text{m}^2$

263 a) Der Flächeninhalt wird verdoppelt.
b) Der Flächeninhalt wird verdreifacht.
c) Der Flächeninhalt wird vervierfacht.
d) Der Flächeninhalt bleibt gleich.

264 Parallelogramm 1 mit Seite a und Höhe h_a:
$A_1 = a \cdot h_a$
a) Parallelogramm 2 mit Seite $4\,a$ und Höhe $\frac{1}{2}\,h_a$:
$A_2 = 4\,a \cdot \frac{1}{2}\,h_a = 2 \cdot a \cdot h_a = 2 \cdot A_1 \Rightarrow$ Parallelogramm 2 hat den doppelten Flächeninhalt.
b) Parallelogramm 2 mit Seite $2\,a$ und Höhe $5\,h_a$:
$A_2 = 2\,a \cdot 5\,h_a = 10 \cdot a \cdot h_a = 10 \cdot A_1 \Rightarrow$ Parallelogramm 2 hat den zehnfachen Flächeninhalt.
c) Parallelogramm 2 mit Seite $\frac{1}{3}\,a$ und Höhe $2\,h_a$:
$A_2 = \frac{1}{3}\,a \cdot 2\,h_a = \frac{2}{3} \cdot a \cdot h_a = \frac{2}{3} \cdot A_1 \Rightarrow$ Parallelogramm 2 wird auf $\frac{2}{3}$ der ursprünglichen Fläche verkleinert.
d) Parallelogramm 2 mit Seite $\frac{1}{2}\,a$ und Höhe $\frac{1}{4}\,h_a$:
$A_2 = \frac{1}{2}\,a \cdot \frac{1}{4}\,h_a = \frac{1}{8} \cdot a \cdot h_a = \frac{1}{8} \cdot A_1 \Rightarrow$ Parallelogramm 2 hat nur noch ein Achtel des ursprünglichen Flächeninhalts.

265 a) Durch Umlegen des grauen Dreiecks entsteht ein Rechteck mit den Seitenlängen b und h_b. Daher gilt

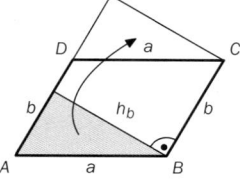

$A_{\text{Parallelogramm}} = b \cdot h_b$.

266 Im Buch ausgeführt.

267 Im Buch ausgeführt.

268 a)
$A = 18\,\text{cm}^2$
b)
$A = 108\,\text{cm}^2$
c)
$A = 54\,\text{cm}^2$

d) $f \approx 5,6\,\text{cm}$,
$A \approx 20\,cm^2$

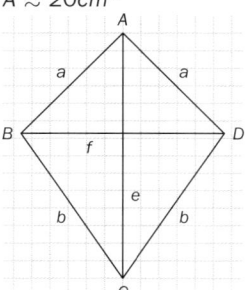

e) $e \approx 4,0\,\text{cm}$,
$f \approx 4,3\,\text{cm}$, $A \approx 9\,\text{cm}^2$

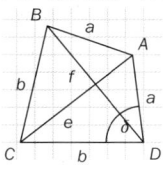

f) $e \approx 6,0\,\text{cm}$, $f \approx 6,0\,\text{cm}$,
$A \approx 18\,\text{cm}^2$

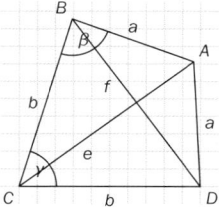

269 a) $D(9|5)$, $A = 12\,\text{cm}^2$ **b)** $B(1|10)$, $A = 44\,\text{cm}^2$
c) $D(2|-1)$, $A \approx 26\,\text{cm}^2$ **d)** $B(-8|-1)$, $A = 42\,\text{cm}^2$

270 Sie benötigen dafür $2\,000\,\text{cm}^2 = 20\,\text{dm}^2$.

271 Es gibt unendlich viele solche Deltoide. Alle haben denselben Flächeninhalt und zwar $A = 18\,\text{cm}^2$, z. B.:

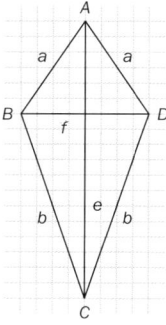

272 Die Diagonalen der Raute bilden einen rechten Winkel, also ist sie auch ein besonderes Deltoid.

273 a)
$A \approx 15,44\,\text{cm}^2$
b)
$A = 6,21\,\text{cm}^2$
c)
$A = 10,5\,\text{cm}^2$

d) $e \approx 4,9\,\text{cm}$,
$f \approx 4,1\,\text{cm}$, $A \approx 10\,\text{cm}^2$
e) $f \approx 6,2\,\text{cm}$,
$A \approx 12\,\text{cm}^2$

f) $e \approx 3{,}3\,\text{cm}$, $A \approx 4\,\text{cm}^2$

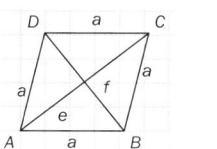

274 Die Diagonalen bei einem Rechteck und bei einem Parallelogramm bilden keinen rechten Winkel.

275 Nur die Figuren ③ und ⑤ sind keine Deltoide.
① $A = \frac{f \cdot q}{2}$; ② $A = \frac{e \cdot s}{2}$; ④ $A = \frac{a \cdot h}{2}$;
⑥ $A = \frac{e \cdot j}{2}$; ⑦ $A = \frac{t \cdot w}{2}$

276 Deltoid 1 mit Diagonalen e und f: $A_1 = \frac{e \cdot f}{2}$

a) Deltoid 2 mit Diagonalen e und $\frac{f}{2}$:
$A_2 = \frac{e \cdot \frac{f}{2}}{2} = \frac{1}{2} \cdot \frac{e \cdot f}{2} = \frac{1}{2} \cdot A_1 \Rightarrow$ Deltoid 2 hat den halben Flächeninhalt.

b) Deltoid 2 mit Diagonalen $2e$ und $2f$:
$A_2 = \frac{2e \cdot 2f}{2} = \frac{4 \cdot e \cdot f}{2} = 4 \cdot \frac{e \cdot f}{2} = 4 \cdot A_1 \Rightarrow$ Deltoid 2 hat den vierfachen Flächeninhalt.

277 Der Flächeninhalt des Rechtecks ist $A = e \cdot f$. Das Deltoid hat eine halb so große Fläche.

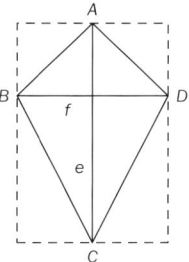

278 Im Buch ausgeführt.

279 Im Buch ausgeführt.

280 **a)** $A = 22{,}5\,\text{cm}^2$ **b)** $A = 38\,\text{cm}^2$

c) $c \approx 3{,}2\,\text{cm}$,
$h \approx 3{,}1\,\text{cm}$,
$A \approx 17\,\text{cm}^2$

d) $h \approx 6{,}9\,\text{cm}$,
$A \approx 48\,\text{cm}^2$

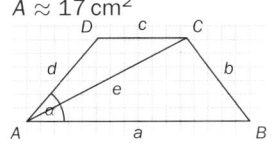
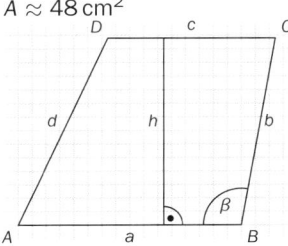

281 **a)** $A = 28\,\text{cm}^2$ **b)** $A = 36\,\text{cm}^2$
c) $A = 40\,\text{cm}^2$ **d)** $A = 38\,\text{cm}^2$

282 **a)** $A = \frac{(s+u) \cdot h}{2}$

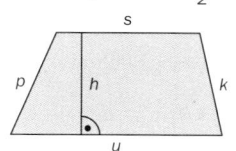

b) $A = \frac{(b+p) \cdot h}{2} = \frac{(b+p) \cdot w}{2}$

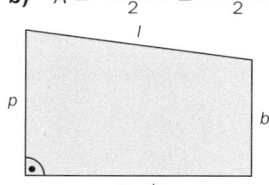

c) $A = \frac{(e+q) \cdot h}{2} = \frac{(e+q) \cdot l}{2}$

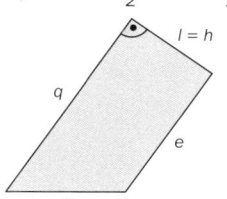

d) $A = \frac{(l+j) \cdot h}{2}$

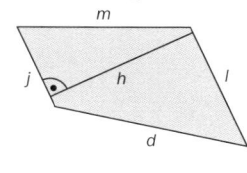

283 $A = 3{,}15\,\text{m}^2$

284 Die Trapeze sind alle gleich hoch und ihre zwei parallelen Seiten ergeben zusammen 7 E. Daher haben sie alle den Flächeninhalt $10{,}5\,\text{E}^2$.

285 Es gibt unendlich viele solche Trapeze. Sie haben denselben Flächeninhalt und zwar $A = 49{,}5\,\text{cm}^2$, z. B.:

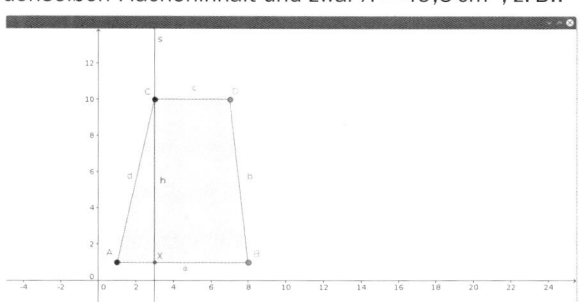

286 **a)** Der Flächeninhalt wird verdoppelt.
b) Der Flächeninhalt wird vervierfacht.
c) Der Flächeninhalt wird halbiert.
d) Der Flächeninahlt wird gedrittel.

287 Trapez 1 mit den parallelen Seiten a und c und der Höhe h: $A_1 = \frac{(a+c) \cdot h}{2}$

a) Trapez 2 mit der Höhe $3h$:
$A_2 = \frac{(a+c) \cdot 3h}{2} = 3 \cdot \frac{(a+c) \cdot h}{2} = 3 \cdot A_1 \Rightarrow$ Trapez 2 hat den dreifachen Flächeninhalt.

b) Trapez 2 mit der Höhe $5h$:
$A_2 = \frac{(a+c) \cdot 5h}{2} = 5 \cdot \frac{(a+c) \cdot h}{2} = 5 \cdot A_1 \Rightarrow$ Trapez 2 hat den fünffachen Flächeninhalt.

c) Trapez 2 mit der Höhe $\frac{1}{2}h$:
$A_2 = \frac{(a+c) \cdot \frac{1}{2}h}{2} = \frac{1}{2} \cdot \frac{(a+c) \cdot h}{2} = \frac{1}{2} \cdot A_1 \Rightarrow$ Trapez 2 hat den halben Flächeninhalt.

d) Trapez 2 mit der Höhe $\frac{1}{4}h$:

$A_2 = \frac{(a+c)\cdot\frac{1}{4}h}{2} = \frac{1}{4}\cdot\frac{(a+c)\cdot h}{2} = \frac{1}{4}\cdot A_1 \Rightarrow$ Trapez 2 hat nur noch ein Viertel des ursprünglichen Flächeninhaltes.

288 Die Bienenwabe hat einen Flächeninhalt von rund $18{,}3\,\text{mm}^2$. Es passen daher ungefähr 136 Waben auf eine Fläche von $25\,\text{cm}^2$.

289 Im Buch ausgeführt.

290 Im Buch ausgeführt.

291 **a)** $A = 12\,\text{cm}^2$ **b)** $A = 17{,}5\,\text{cm}$

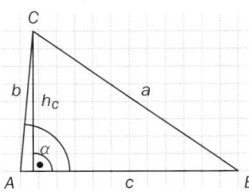

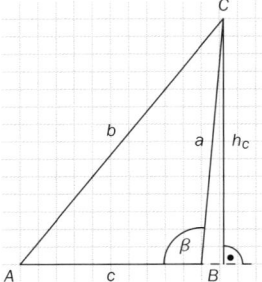

c) $h_c \approx 8{,}0\,\text{cm}$, $A \approx 24\,\text{cm}^2$ **d)** $h_c \approx 2{,}1\,\text{cm}$, $A \approx 4\,\text{cm}^2$

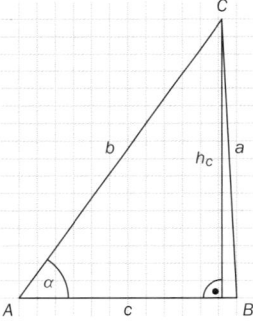

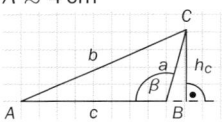

292 $A = 13{,}5\,\text{cm}^2$

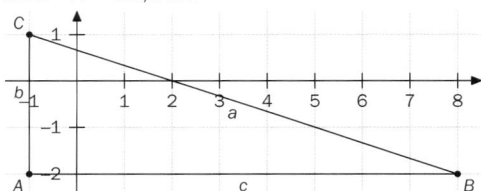

293 $a \approx 9{,}5\,\text{cm}$, $h_a \approx 2{,}9\,\text{cm}$, $A \approx 13{,}8\,\text{cm}^2$
Der Wert ist etwas ungenau, da man nicht ganz genau messen kann.

294 **a)** $A = 6\,\text{cm}^2$ **b)** $A = 24\,\text{cm}^2$
c) $A = 15\,\text{cm}^2$ **d)** $A = 22{,}5\,\text{cm}^2$

295 $A = \frac{c\cdot h_c}{2} = 24{,}225\,\text{cm}^2$,
$h_a \approx 6{,}4\,\text{cm}$, $b \approx 6{,}4\,\text{cm}$, $h_b \approx 7{,}6\,\text{cm}$,
$A = \frac{a\cdot h_a}{2} \approx \frac{b\cdot h_b}{2} \approx 24{,}3\,\text{cm}^2$
Die Werte sind leicht unterschiedlich, da die Längen nicht exakt abgemessen werden können.

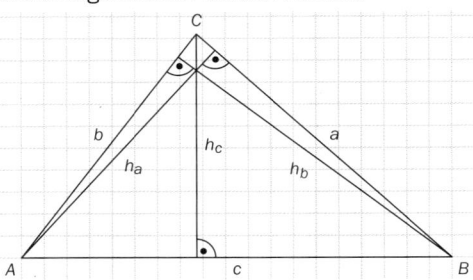

296 **(1)** Die Seite c und die zugehörige Höhe h_c sind in beiden Dreiecken gleich lang.
(2) Zwei Dreiecke haben denselben Flächeninhalt, wenn sie in einer Seite und in der zugehörigen Höhe übereinstimmen.

297 Die Dreiecke D, E und F haben den gleichen Flächeninhalt wie das Dreieck A.

298 Ja, es ist möglich, wenn alle drei auch noch die gleiche Höhe h_c haben.

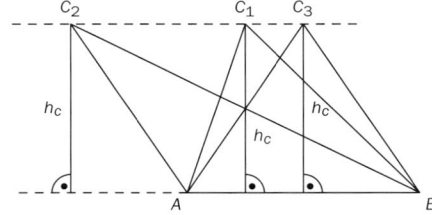

299 **a)** Der Flächeninhalt wird verdreifacht.
b) Der Flächeninhalt wird halbiert.
c) Der Flächeninhalt wird vervierfacht.
d) Der Flächeninhalt bleibt gleich.

300 Dreieck 1 mit den Seiten a, b und c und den Höhen h_a, h_b und h_c: $A_1 = \frac{a\cdot h_a}{2} = \frac{b\cdot h_b}{2} = \frac{c\cdot h_c}{2}$
a) Dreieck 2 mit der Seite $\frac{1}{2}c$ und der Höhe $\frac{1}{2}h_c$:
$A_2 = \frac{\frac{1}{2}c\cdot\frac{1}{2}h_c}{2} = \frac{1}{4}\cdot\frac{c\cdot h_c}{2} = \frac{1}{4}\cdot A_1 \Rightarrow$ Dreieck 2 hat nur noch ein Viertel des ursprünglichen Flächeninhaltes.
b) Dreieck 2 mit der Seite $\frac{1}{4}a$ und der Höhe $2h_a$:
$A_2 = \frac{\frac{1}{4}a\cdot 2h_a}{2} = \frac{1}{2}\cdot\frac{a\cdot h_a}{2} = \frac{1}{2}\cdot A_1 \Rightarrow$ Dreieck 2 hat den halben Flächeninhalt.

c) Dreieck 2 mit der Seite $4\,b$ und der Höhe $\frac{1}{4}\,h_b$:
$A_2 = \frac{4\,b \cdot \frac{1}{4}\,h_b}{2} = \frac{b \cdot h_b}{2} = A_1 \Rightarrow$ Der Flächeninhalt bleibt gleich.

d) Dreieck 2 mit der Seite $2\,c$ und der Höhe $4\,h_c$:
$A_2 = \frac{2\,c \cdot 4\,h_c}{2} = 8 \cdot \frac{c \cdot h_c}{2} = 8 \cdot A_1 \Rightarrow$ Dreieck 2 hat den achtfachen Flächeninhalt.

301 Hänge ein kongruentes Dreieck so an das Dreieck an, dass ein Parallelogramm entsteht. Der Flächeninhalt dieses Parallelogramms ist dann: $A_{\text{Parallelogramm}} = b \cdot h_b$. Das Dreieck ist die Hälfte vom Parallelogramm, also gilt damit $A = \frac{b \cdot h_b}{2}$.

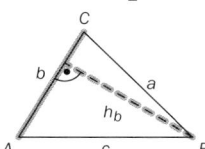 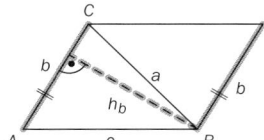

302

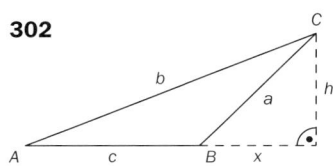

Großes Dreieck: $A_1 = \frac{(c+x) \cdot h_c}{2}$
Kleines rechtwinkliges Dreieck: $A_2 = \frac{x \cdot h_c}{2}$
Stumpfwinkliges Dreieck: $A_1 - A_2 = \frac{(c+x) \cdot h_c}{2} - \frac{x \cdot h_c}{2}$
$\left(\text{weiter vereinfacht: } \ldots = \frac{c \cdot h_c + x \cdot h_c}{2} - \frac{x \cdot h_c}{2} = \frac{c \cdot h_c}{2}\right)$

303 Im Buch ausgeführt.

304 Im Buch ausgeführt.

305 a) Zerlegen, z. B.: Der Gesamtflächeninhalt ergibt sich aus dem Flächeninhalt der vier Rechtecke und den vier Dreiecken. Also:
$A = 2 \cdot A_1 + 2 \cdot A_2 + 2 \cdot A_3 + 2 \cdot A_4 = 15,5\,\text{cm}^2$

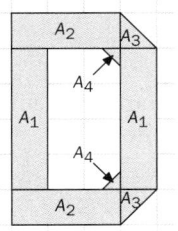

b) Zerlegen, z. B.: Der Gesamtflächeninhalt ergibt sich aus dem Flächeninhalt der vier Rechtecke und den zwei Dreiecken. Also:
$A = A_1 + 2 \cdot A_2 + A_3 + 2 \cdot A_4 = 10\,\text{cm}^2$

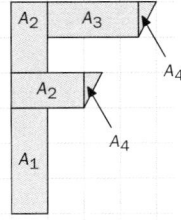

c) Ergänzen, z. B.: Der Gesamtflächeninhalt ergibt sich aus dem Flächeninhalt des Rechtecks abzüglich der vier Dreiecke. Also:
$A = A_{\text{Rechteck}} - 2 \cdot A_1 - 2 \cdot A_2 = 11\,\text{cm}^2$

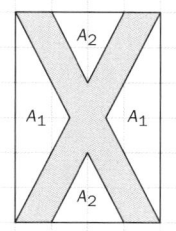

d) Ergänzen, z. B.: Der Gesamtflächeninhalt ergibt sich aus dem Flächeninhalt des Quadrats abzüglich der zwei Dreiecke, des Rechtecks und des Trapezes. Also:
$A = A_{\text{Quadrat}} - 2 \cdot A_1 - A_2 - A_3 = 13\,\text{cm}^2$

306 a) $A = 43{,}02\,\text{cm}^2$ **b)** $A = 23{,}4\,\text{cm}^2$
c) $A = 15{,}63\,\text{cm}^2$

307 a) $A = 30{,}5\,\text{m}^2$ **b)** $A = 3\,000\,\text{m}^2$

308 a) $A = 38{,}5\,\text{E}^2$ **b)** $A = 23\,\text{E}^2$
c) $A = 15\,\text{E}^2$ **d)** $A = 13\,\text{E}^2$

309 (1) Um den Flächeninhalt der Figuren möglichst genau zu berechnen benötigt man die Höhe und Breite der Figuren sowie deren Armlängen, Beinlängen und den Radius vom Kopf. Die restlichen Abmessungen kann man damit gut abschätzen.

a) (siehe Skizzen bei **(2)**) Den Flächeninhalt der blauen Figur kann man näherungsweise berechnen, indem man den Flächeninhalt von fünf Rechtecken (A_1, A_2 und A_3) und einem Quadrat (A_4) addiert:
$A = A_1 + 2 \cdot A_2 + 2 \cdot A_3 + A_4$.
Den Flächeninhalt der rosa Figur kann man näherungsweise berechnen, indem man den Flächeninhalt von einem Trapez (A_1), zwei Rechtecken (A_2), zwei Parallelogrammen (A_3) und von einem Quadrat (A_4) addiert:
$A = A_1 + 2 \cdot A_2 + 2 \cdot A_3 + A_4$

b) (siehe Skizzen bei **(2)**) Den Flächeninhalt der männlichen Figur kann man näherungsweise berechnen, indem man den Flächeninhalt von drei Trapezen (A_1 und A_2), zwei Dreiecken (A_3) und von einem Quadrat (A_4) addiert:
$A = 2 \cdot A_1 + A_2 + 2 \cdot A_3 + A_4$.
Den Flächeninhalt der weiblichen Figur kann man näherungsweise berechnen, indem man den Flächeninhalt von sechs Trapezen (A_1, A_2, A_3, A_6), von zwei Dreiecken (A_4) und von einem Rechteck (A_5) addiert:
$A = 2 \cdot A_1 + A_2 + A_3 + 2 \cdot A_4 + A_5 + 2 \cdot A_6$

(2) a) blaue Figur: $A \approx 425\,\text{mm}^2$,
rosa Figur: $A \approx 417\,\text{mm}^2$

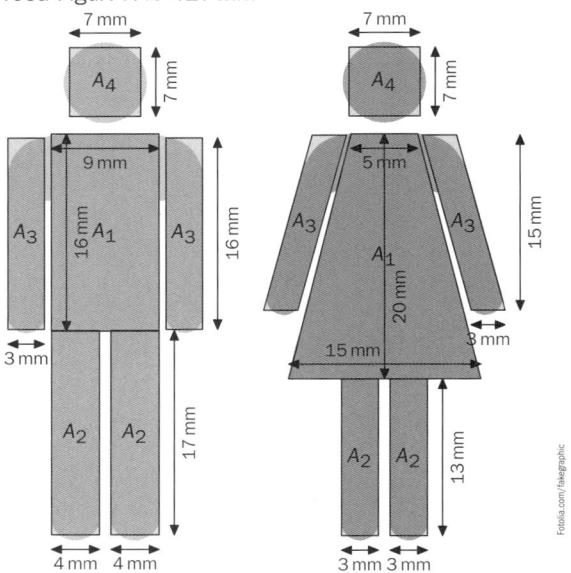

b) männliche Figur: $A \approx 388\,\text{mm}^2$,
weibliche Figur: $A \approx 425\,\text{mm}^2$

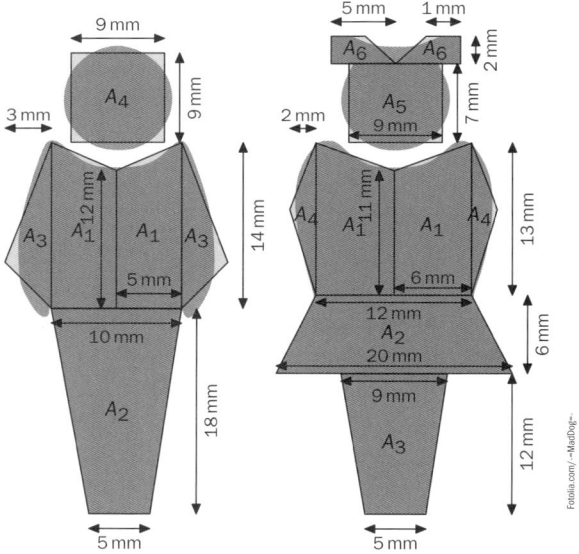

310 ZAUN

311
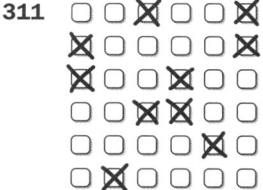

312 *Spiegelung an der x-Achse*:
$A(2|3)$, $B(4|-2)$, $C(5|-5)$, $D(-2|-3)$, $E(1|-4)$
Die Punkte haben dieselbe x-Koordinate. Das Vorzeichen der y-Koordinate ändert sich.

Spiegelung an der y-Achse:
$A(-2|-3)$, $B(-4|2)$, $C(-5|5)$, $D(2|3)$, $E(-1|4)$
Die Punkte haben dieselbe y-Koordinate. Das Vorzeichen der x-Koordinate ändert sich.

313 **(1)** $r \approx 2{,}2\,\text{cm}$
(2) $S_1(-2|0)$, $S_2(0|0)$, $S_3(0|4)$
(3) $M'(1|-2)$

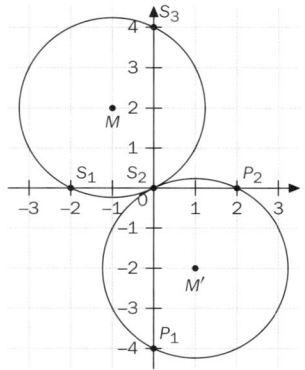

314 Es bleiben $92{,}93\,\text{m}^2$ übrig.

315 **(1)**

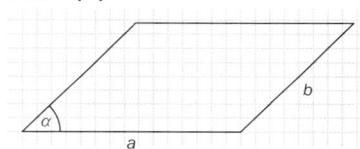

(2) $h_a \approx 7{,}8\,\text{cm}$, $A \approx 117\,\text{cm}^2$
(3) Man benötigt mindestens 5 129 Steine.

316 **a)** & **b)** $C(3|2)$, $A = 20\,\text{cm}^2$;
z. B.: Den Punkt C erhalte ich, indem ich die Seite d parallel durch den Punkt B und die Seite a parallel durch den Punkt D verschiebe. Der Schnittpunkt dieser beiden Geraden ergibt dann den Punkt C. Für den Flächeninhalt entnehme ich aus der Zeichnung die Länge a und die Höhe h_a und verwende dann die Formel $A = a \cdot h_a$.

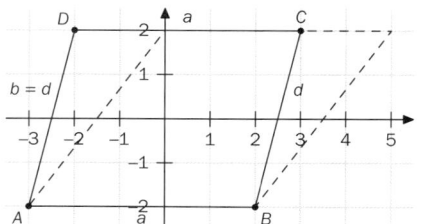

317 Parallelogramm: durchgezogene Linie;
Raute: strichliert

a) $A = 56\,\text{cm}^2$; z. B.:

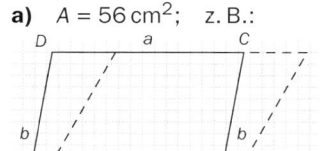

b) $A = 18,8\,\text{cm}^2$;
z. B.:

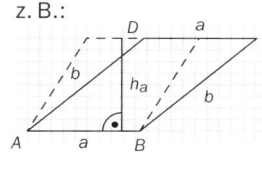

318 Die Diagonalen der Raute bilden einen rechten Winkel, also ist sie auch ein besonderes Deltoid.

319 **a)** z. B.: e und f jeweils verdoppeln, oder e vervierfachen und f gleich lassen

b) f muss verdoppelt werden

c) z. B.: e verdreifachen und f vervierfachen, e versechsfachen und f verdoppeln, e gleich lassen und f verzwölffachen

320 Diese Rauten haben nicht denselben Flächeninhalt, da sie zwar gleich lange Seiten, aber unterschiedliche Höhen haben.

 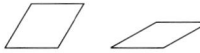

321 Sabine benötigt mindestens $1\,440\,\text{cm}^2$ Papier.

322 **a)** Der Flächeninhalt wird verdoppelt.
b) Der Flächeninhalt wird halbiert.
c) Der Flächeninhalt bleibt gleich.
d) Der flächeninhalt bleibt gleich.

323 Deltoid 1 mit Diagonalen e und f: $A_1 = \frac{e \cdot f}{2}$

a) Deltoid 2 mit Diagonalen $4e$ und $2f$:
$A_2 = \frac{4e \cdot 2f}{2} = 8 \cdot \frac{e \cdot f}{2} = 8 \cdot A_1 \Rightarrow$ Deltoid 2 hat den achtfachen Flächeninhalt.

b) Deltoid 2 mit Diagonalen $2e$ und $2f$:
$A_2 = \frac{2e \cdot 2f}{2} = \frac{4 \cdot e \cdot f}{2} = 4 \cdot A_1 \Rightarrow$ Deltoid 2 hat den vierfachen Flächeninhalt.

c) Deltoid 2 mit Diagonalen e und $4f$:
$A_2 = \frac{e \cdot 4f}{2} = 4 \cdot \frac{e \cdot f}{2} = 4 \cdot A_1 \Rightarrow$ Deltoid 2 hat den vierfachen Flächeninhalt.

d) Deltoid 2 mit Diagonalen $4e$ und $\frac{f}{4}$:
$A_2 = \frac{4e \cdot \frac{f}{4}}{2} = \frac{e \cdot f}{2} = A_1 \Rightarrow$ Deltoid 2 hat den gleichen Flächeninhalt wie Deltoid 1.

324 Alle Vierecke haben denselben Flächeninhalt und zwar $20\,\text{E}^2$.

325 $A = \frac{e \cdot f}{2}$

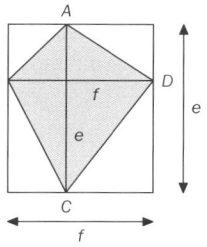

Ein solches Viereck kann zu einem Rechteck mit den Seiten e und f ergänzt werden. Der Flächeninhalt des Vierecks ist dann genau halb so groß wie die Fläche des Rechtecks (siehe Skizze), denn zerlegt man das Viereck entlang seiner Diagonalen, so erhält man vier kleine Rechtecke. In jedem dieser Rechtecke teilt die Seite die Fläche genau in der Hälfte.

326 Bei allen Vierecken, deren Diagonalen einen rechten Winkel bilden, kann der Flächeninhalt mit dieser Formel berechnet werden. Begründung: siehe Bsp. **325**

327 Für die Verkleidung der Gartenhütte werden
a) $32,74\,\text{m}^2$ **b)** $39,02\,\text{m}^2$ benötigt.

328 **(1)** *Hinweis*: Die Seiten sind in der Zeichnung 11 cm lang.

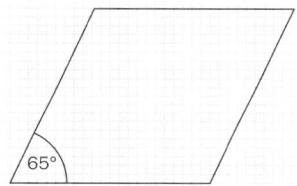

(2) $h \approx 29,9\,\text{cm}$; $A \approx 987\,\text{cm}^2$
(3) $A_{\text{Walmdach}} = 290,4\,\text{m}^2$;
Man benötigt rund $3\,000$ Dachziegel.

329 Das Trapez wird durch die Konstruktionsschritte in ein flächengleiches Rechteck umgewandelt.

330 *1. Schritt*: Das Trapez wird in ein Parallelogramm und ein Dreieck zerlegt.
2. Schritt: Der Flächeninhalt des Parallelogramms ist $c \cdot h$ und der des Dreiecks ist $\frac{(a-c) \cdot h}{2}$.
3. Schritt: Aus beiden Flächeninahlten wird h herausgehoben.
4. Schritt: Die beiden Brüche werden auf gleichen Nenner gebracht.
5. Schritt: Die Brüche werden addiert.

331 **a)** $A = 108\,\text{m}^2$
b) Es werden 13 Kübel Fertigputz benötigt.

332 Die Formel kann verwendet werden, da ein Parallelogramm ein spezielles Trapez ist. Außerdem kann die Formel wieder vereinfacht werden: $A = \frac{(a+a) \cdot h}{2} = \frac{2a \cdot h}{2} = a \cdot h$.
Somit erhält man wieder die Formel für den Flächeninhalt eines Parallelogramms.

333 **(1)** $A = 8\,\text{cm}^2$

(2) Die beiden anderen Dreiecke haben den gleichen Flächeninhalt wie das Dreieck ABC, da bei allen Dreiecken die Seite c und die Höhe h_c jeweils gleich lang sind.

334 Alle haben denselben Flächeninhalt von $15\,\text{cm}^2$.

335 **a)** $A = 13\,\text{cm}^2$; z. B.:

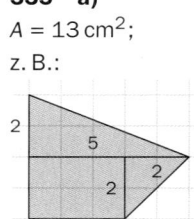

b) $A = 8\,\text{cm}^2$; z. B.:

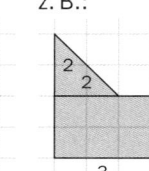

c) $A = 15\,\text{cm}^2$; z. B.:

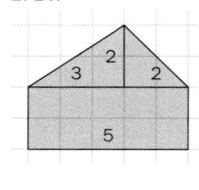

d) $A = 11\,\text{cm}^2$; z. B.:

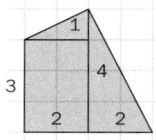

e) $A = 13\,\text{cm}^2$; z. B.:

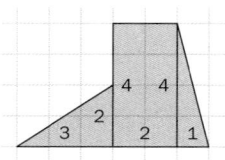

f) $A = 7,5\,\text{cm}^2$; z. B.:

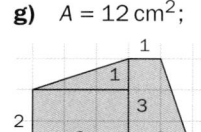

g) $A = 12\,\text{cm}^2$; z. B.:

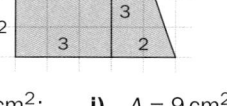

h) $A = 11,5\,\text{cm}^2$; z. B.:

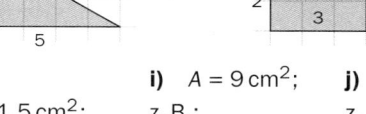

i) $A = 9\,\text{cm}^2$; z. B.:

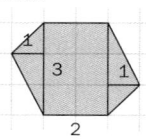

j) $A = 9\,\text{cm}^2$; z. B.:

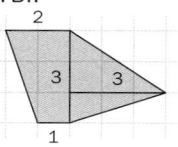

336 **a)** $A = a \cdot b + \frac{a \cdot c}{2}$ **b)** $A = a \cdot b + \frac{(a+b) \cdot c}{2}$

c) $A = a \cdot b + \frac{a \cdot (c-b)}{2}$ **d)** $A = \frac{(a+b) \cdot c}{2} + \frac{b \cdot c}{2}$

e) $A = \frac{(a+b) \cdot c}{2} + \frac{(b+\frac{a}{2}) \cdot c}{2}$ **f)** $A = \frac{(a+b) \cdot c}{2} + \frac{(b+\frac{a}{2}) \cdot c}{2}$

337 kartesischen, x, y, normal, Koordinatenursprung, Quadranten, 2. Quadranten

338 Es gibt unendlich viele, da alle Parallelogramme mit gleicher Seitenlänge und gleicher Höhe denselben Flächeninhalt haben, z. B.:

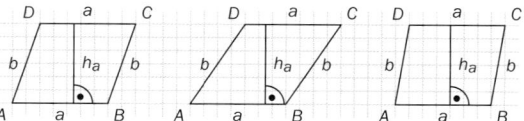

339 **a)** Robert hat recht, da die Diagonalen einer Raute aufeinander normal stehen.

b) Noreen hat recht, da ein Parallelogramm ein Trapez mit gleich langen Parallelseiten ist.

340 richtig, richtig, richtig, richtig, falsch

341 Bei einem Trapez müssen zwei gegenüberliegende Seiten parallel sein. Zusätzlich können auch noch die beiden anderen Seiten parallel sein. Dann sind zwei (Parallelogramm und Rechteck) oder sogar vier Seiten (Raute und Quadrat) gleich lang. Weiters gibt es noch die Sonderfälle, bei denen alle Seiten aufeinander normal stehen (Quadrat und Rechteck).

a) *Trapez*: zwei parallele Seiten; $A = \frac{(a+c) \cdot h}{2}$

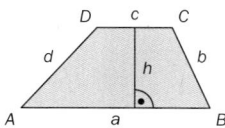

b) *Raute*: alle Seiten sind gleich lang und je zwei sind parallel, die Diagonalen stehen normal aufeinander; $A = \frac{e \cdot f}{2}$ oder $A = a \cdot h_a$

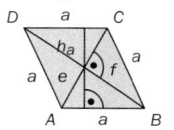

c) *Parallelogramm*: je zwei Seiten sind parallel; $A = a \cdot h_a$ oder $A = b \cdot h_b$

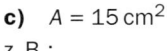

d) *Quadrat*: alle Seiten sind gleich lang und je zwei sind parallel, sowohl die Seiten als auch die Diagonalen stehen normal aufeinander; $A = a^2$ oder $A = \frac{d^2}{2}$

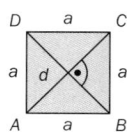

e) *Rechteck*: je zwei Seiten sind gleich lang und parallel, die Seiten stehen normal aufeinander; $A = a \cdot b$

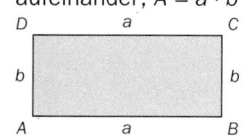

342 Simon hat recht. Die Formel $A = \frac{a \cdot b}{2}$ gilt nur für rechtwinklige Dreiecke.

343–358 Lösungen siehe Schulbuch (Anhang ab S. 211)

4. Statistik

Seite 71 **(1)** Regenmenge im Sept. in Linz: 105 mm
größte Regenmenge in Innsbruck: 152 mm
Monat, in dem es in Graz am meisten geregnet hat:
September (165 mm)
kleinste Regenmenge überhaupt:
7 mm (im Februar, in Linz)
(2) ⬭B ⬭C ⬭A

359 Im Buch ausgeführt.

360 Im Buch ausgeführt.

361 **a)** *Niederschlag*: Min = 23 mm (Im Jänner gab
es mit 23 mm den wenigsten Niederschlag.)
Max = 69 mm (Im August gab es mit 69 mm den meisten
Niederschlag.)
Spannweite: 46 mm (Im trockensten Monat gab es um
46 mm weniger Niederschlag als im feuchtesten Monat.)
Sonnenschein: Min = 57 h (Im Dezember gab es mit 57 h
die kürzeste Sonnenscheindauer.)
Max = 267 h (Im Juli gab es mit 267 h die längste Sonnenscheindauer.)
Spannweite: 210 h (Die Sonnenscheindauer zwischen
den Monaten mit den wenigsten bzw. meisten Sonnenstunden unterschied sich um 210 Stunden.)
b) *Niederschlag*: Min = 59 mm (Im Februar und Oktober
gab es mit 59 mm den wenigsten Niederschlag.)
Max = 148 mm (Im August gab es mit 148 mm den meisten Niederschlag.)
Spannweite: 89 mm (Im trockensten Monat gab es um
89 mm weniger Niederschlag als im feuchtesten Monat.)
Sonnenschein: Min = 70 h (Im Dezember gab es mit 70 h
die kürzeste Sonnenscheindauer.)
Max = 188 h (Im Juli gab es mit 188 h die längste Sonnenscheindauer.)
Spannweite: 118 h (Die Sonnenscheindauer zwischen
den Monaten mit den wenigsten bzw. meisten Sonnenstunden unterschied sich um 118 Stunden.)

362 **a)** Niederschlag:
$\bar{x} \approx 44{,}2$ mm

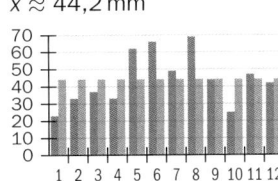

Sonnenschein: $\bar{x} = 154$ h

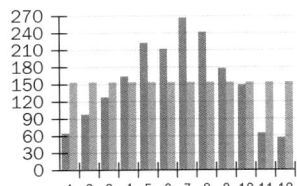

b) Niederschlag:
$\bar{x} = 89$ mm

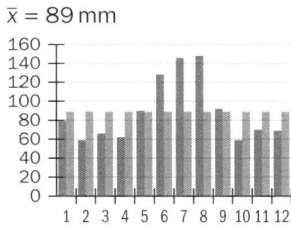

Sonnenschein:
$\bar{x} \approx 135{,}5$ h

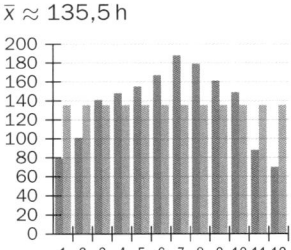

363 z B.:
(1)

Glas	1	2	3	4
Wasserstand (mm)	54	82	70	46

(2) Min = 46 mm, Max = 82 mm,
Spannweite: 36 mm, $\bar{x} = 63$ mm
(3) Das Wasser steht in jedem Glas 63 mm hoch.
(4) Der Wasserstand in **(3)** entspricht dem berechneten
Mittelwert in **(2)**.

364 Hubert hat im Durchschnitt 22 € bekommen.

365 Ein Telefonat hat im Durchschnitt 23 min gedauert.

366 Der Notendurchschnitt wird dadurch besser.

367 z. B.: *sinnvoll*: Anzahl der gelesenen Seiten pro
Tag; Dickenwachstum eines Baumes pro Jahr; Zahl der
geschlafenen Stunden pro Nacht;
nicht sinnvoll: Zahlen einer Telefonnummer; Anzahl der
Füße der Haustiere; Hausnummern in einem Ort

368 Im Buch ausgeführt.

369 Im Buch ausgeführt.

370 **a)** $\bar{x} \approx 4{,}9$, Median: 5, Modus: 3
b) $\bar{x} \approx 31{,}3$, Median: 31,5, Modus: 32
c) $\bar{x} \approx 59{,}8$, Median: 60, Modus: 60
d) $\bar{x} = 100{,}8$, Median: 100,5, Modus: 100
e) $\bar{x} \approx 0{,}306$, Median: 0,3, Modus: 0,3, 0,35
f) $\bar{x} \approx 3\,171{,}4$, Median: 3150, Modus: 3400

371 **a)** Modus: 8 (in den meisten Monaten gibt es
in Wien 8 Regentage);
Median: 7 (in mindestens der Hälfte aller Monate gibt
es höchstens 7 Regentage, in mindestens der Hälfte
mindestens 7 Regentage)

b) Modus: 11 (in den meisten Monaten gibt es in Galtür 11 Regentage);
Median: 11 (in mindestens der Hälfte aller Monate gibt es höchstens 11 Regentage, in mindestens der Hälfte mindestens 11 Regentage)

372 $\bar{x} \approx 2{,}28\,€$ (im Durchschnitt kostet eine Mehlspeise 2,28 €);
Modus: 0,95 € (die meisten Mehlspeisen kosten 0,95 €)
Median: 1,90 € (mindestens die Hälfte aller Mehlspeisen kosten höchstens 1,90 €, mindestens die Hälfte aller Mehlspeisen kosten mindestens 1,90 €)

373 **(1)** $\bar{x} = 10$; Modus: 7; Median: 7
(2) richtig, falsch, richtig, richtig, falsch
(3) Sowohl der Median als auch der Modus sind hier sinnvoll. Der arithmetische Mittelwert ist hier weniger sinnvoll, weil es (zwei) Ausreißer gibt.

374 Modalwert und Median bleiben gleich, während das arithmetische Mittel von 1 000 € auf rund 1 218 € steigt.

375 **a)** $\bar{x} = 1\,900\,€$, Median: 1 000 €
Der Chef hat sein sehr hohes Gehalt mitgerechnet und den erhaltenen Wert auch noch aufgerundet.
b) Der Median charakterisiert die Einkommensverteilung besser. Nur durch das Gehalt einer Person (des Chefs) wird das arithmetische Mittel so hoch.

376 Im Buch ausgeführt.

377 Im Buch ausgeführt.

378 **a)** **(1)**

Sonnenscheindauer		absolute Häufigkeit	relative Häufigkeit
wenig:	25 h bis 70 h	3	$\frac{1}{4}$
etwas:	über 70 h bis 115 h	1	$\frac{1}{12}$
viel:	über 115 h bis 160 h	5	$\frac{5}{12}$
sehr viel:	über 160 h bis 205 h	3	$\frac{1}{4}$

(2)

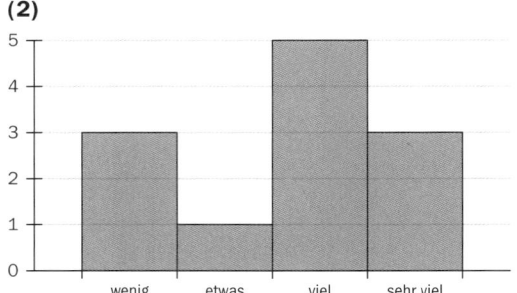

b) **(1)**

Sonnenscheindauer		absolute Häufigkeit	relative Häufigkeit
wenig:	70 h bis 110 h	4	$\frac{1}{3}$
etwas:	über 110 h bis 150 h	3	$\frac{1}{4}$
viel:	über 150 h bis 190 h	5	$\frac{5}{12}$

(2)

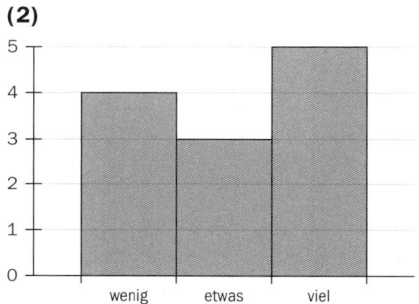

379 **(1)** z. B.: wenig Sonnenschein: 69 h bis 106 h,
etwas S.: über 106 h bis 144 h,
viel S.: über 144 h bis 182 h,
sehr viel S.: über 182 h bis 220 h
(2)

Sonnenscheindauer		absolute Häufigkeit	relative Häufigkeit
wenig:	69 h bis 106 h	4	$\frac{1}{3}$
etwas:	über 106 h bis 144 h	2	$\frac{1}{6}$
viel:	über 144 h bis 182 h	2	$\frac{1}{6}$
sehr viel:	über 182 h bis 220 h	4	$\frac{1}{3}$

(3)

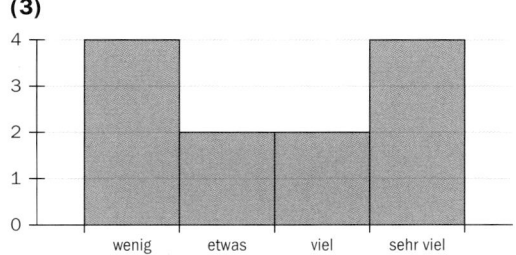

380 (1) $\bar{x} \approx 36{,}6$; Median: 37
(2) klein (34–35): 4, mittel (36–37): 8,
groß (38–39): 4
(3) klein: $\frac{1}{4}$, mittel: $\frac{1}{2}$, groß: $\frac{1}{4}$

381 (1) z. B.: wenig (25–76): 7,
mittel (77–128): 11, viel (129–180): 2
(2)

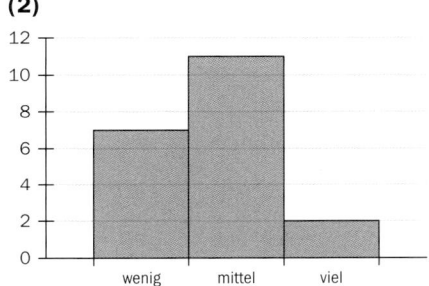

382 —

383 z. B.: Daten aus **376**:
a) absolute Häufigkeiten: $7 + 2 + 3 = 12$
b) relative Häufigkeiten: $\frac{7}{12} + \frac{1}{6} + \frac{1}{4} = 1$

384 Im Buch ausgeführt.

385 a) Bei 6 Brautpaaren war die Braut genau
40 Jahre alt.
b) 40 Jahre: 1 jüngerer, 1 gleich alter und 4 ältere
Männer;
50 Jahre: alle vier Männer waren älter;
60 Jahre: alle drei Männer waren älter
c) Die Punkte gruppieren sich um eine ansteigende
Gerade. Eine ältere Braut heiratet also in der Regel auch
einen älteren Bräutigam.

386 Zwischen Schuhgröße und Körpergröße sollte ein
Zusammenhang feststellbar sein.

387 a) Die Punkte gruppieren sich um eine ansteigende Gerade. Je länger die Lernzeit ist, umso höher ist
auch die erreichte Punktezahl.

b) Die Punkte gruppieren sich um eine fallende Gerade.
Je weiter ein Jugendlicher gesprungen ist, desto schneller
war er auch beim Sprint.
c) Die Punkte gruppieren sich um eine ansteigende
Gerade. Je höher die Geschwindigkeit ist, desto länger
ist auch der Bremsweg.

388 (1) z. B.: x … Übungseinheiten pro Woche, y …
Anzahl der Lieder; Je öfter man Klavier übt, desto mehr
Lieder kann man spielen.
(2) z. B.: x … Anzahl der laufenden Programme, y …
Geschwindigkeit des Computers; Je mehr Programme
gleichzeitig laufen, desto langsamer wird der Computer.
(3) z. B.: x … Schuhgröße in cm, y … Sprungweite in m;
Zwischen der Schuhgröße und der Sprungweite besteht
kein Zusammenhang.

389 In einem Punktwolkendiagramm kann man besser
Zusammenhänge erkennen, dafür kann man die genauen
Daten nicht so gut ablesen.

390 a) Min = 32,8 min (Robert hat mit einer Zeit
von 32,8 min am kürzesten gebraucht, er war also am
schnellsten.)
Max = 37,9 min (Tim hat mit einer Zeit von 37,9 min am
längsten gebraucht, er war also am langsamsten.)
Spannweite: 5,1 min (Die schnellste und die langsamste
Zeit unterscheidet sich um 5,1 min.)
$\bar{x}$ = 35,11 min (Im Durchschnitt haben die Schüler
35,11 min gebraucht.)
b)

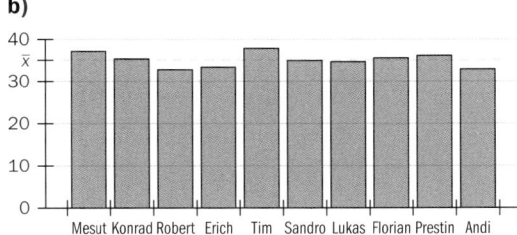

391 $\bar{x} \approx 2{,}7$

392 a) $\bar{x}$ = 1,91 GB, Median: 1,725 GB
b) Das arithmetische Mittel wird durch den „Ausreißer"
mit 3,67 GB untypisch hoch.

393 a) $\bar{x} \approx 12{,}1\,°C$
b) Der Modus ist nicht sinnvoll, da es keinen häufigsten
Wert gibt, da alle Werte nur einmal vorkommen.

394 Sonja hat den Mittelwert der Notendurchschnitte berechnet. Paul hat in seiner genaueren Berechnung berücksichtigt, dass die Anzahl der Kinder in den Klassen unterschiedlich ist. Daher hat er den Notendurchschnitt jeweils mit der Anzahl der Kinder multipliziert und alle drei Werte addiert und das Ergebnis wiederum durch die Gesamtzahl aller Kinder dividiert, um den genauen Mittelwert zu erhalten.

395 $\bar{x} \approx 11,1\,\text{min}$

396 richtig, falsch, falsch, falsch, falsch

397 (1) Das Durchschnittseinkommen wurde falsch berechnet, da die Anzahl der Arbeiter nicht berücksichtigt wurde. Das richtige Durchschnittseinkommen liegt nur bei rund 2 036 €. Die rote Linie im Diagramm sollte also weiter unten liegen.
(2) Modus: 2 000 €, Median: 2 000 €,
$\bar{x} \approx 2\,036,36\,€$
(3) Am wenigsten ist hier der arithmetische Mittelwert geeignet, da 100 von 110 Werten kleiner sind als dieser Mittelwert.

398 (1) $\bar{x} = 146,5\,€$, Median: 153,5 €, Modus: 159 €
(2) Der Modus ist hier am schlechtesten geeignet, da er für die Preise nicht repräsentativ ist, da er hier eher zufällig auftritt.

399 a)

Zeitdauer	absolute Häufigkeit	relative Häufigkeit
0–15 min	23	$\frac{23}{104}$
über 15–30 min	56	$\frac{7}{13}$
über 30–45 min	18	$\frac{9}{52}$
über 45–60 min	7	$\frac{7}{104}$

b)

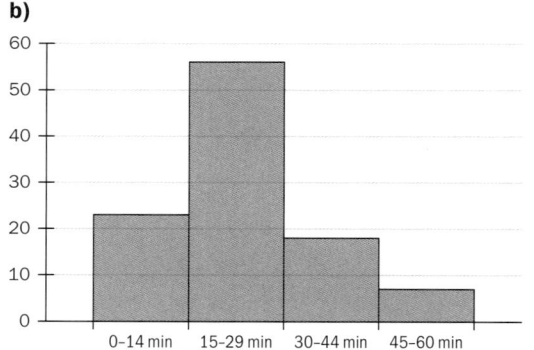

400 —

401 (1) z. B.: die Jüngsten (23–25): 2, jung (26–28): 4, mittel (29–31): 8, älter (32–34): 4, die Ältesten (35–37): 2
(2) die Jüngsten: $\frac{1}{10}$, jung: $\frac{1}{5}$, mittel: $\frac{2}{5}$, älter: $\frac{1}{5}$, die Ältesten: $\frac{1}{10}$
(3)

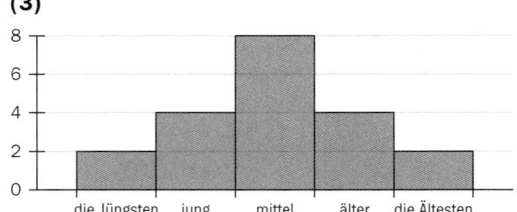

402 —

403 (1) z. B.: sehr wenig: 185–285, wenig: 286–386, mittel: 387–487, viel: 488–588, sehr viel: 589–689
(2) *absolute Häufigkeiten*: sehr wenig: 3, wenig: 2, mittel: 0, viel: 10, sehr viel: 5;
relative Häufigkeiten: sehr wenig: $\frac{3}{20}$, wenig: $\frac{1}{10}$, mittel: 0, viel: $\frac{1}{2}$, sehr viel: $\frac{1}{4}$
(3) Manche Staaten sind nicht so reich und haben daher nicht so viele Autos.

404 (1)

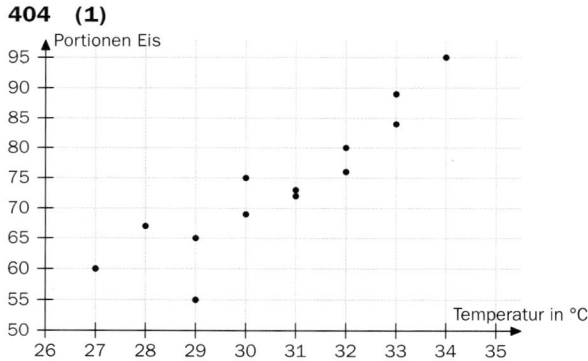

(2) Die Punkte gruppieren sich um eine ansteigende Gerade. An heißeren Tagen wurden also mehr Portionen Eis verkauft.

405 a) Die Punkte gruppieren sich um eine ansteigende Gerade. Je mehr Haushalte es gibt, desto mehr Haustiere gibt es.
b) Die Punkte gruppieren sich um eine fallende Gerade. Bei hohem Ausbildungsgrad wird die Arbeitslosenrate kleiner.
c) Die Punkte gruppieren sich nicht um eine Gerade. Es besteht also kein Zusammenhang zwischen dem Ausbildungsgrad und der Anzahl der Haustiere.

406 a) 11 Schülerinnen und Schüler haben ein Gut.
b) 15 Schülerinnen und Schüler haben in Physik kein Sehr Gut.
c) Die Punkte liegen nahezu auf einer ansteigenden Geraden. Die Schülerinnen und Schüler sind daher tendenziell in beiden Fächern eher gut oder in beiden Fächern eher schwach.

407 —

408 a) Es ist der Punkt ganz rechts unten. 1984 gab es ca. 7,3 % Wirtschaftswachstum. Die Arbeitslosigkeit sank um ca. 2,1 %.
b) Es ist der Punkt ganz links oben. 2009 sank die Wirtschaftskraft um ca. 2,8 %. Die Arbeitslosigkeit nahm um ca. 3,4 % zu.
c) Die Punkte gruppieren sich um eine fallende Gerade.

409 falsch, falsch, richtig, falsch, richtig

410 falsch, richtig, richtig, falsch, falsch

411 D A B E C

412 *Modus*, da sehr oft die Zahl 14 vorkommt; *arithmetisches Mittel und Median*; da mehrere Zahlen gleich oft vorkommen, ist der Modus hier nicht sinnvoll; *Median*; da es Ausreißer gibt und mehrere Zahlen gleich oft vorkommen, sind der arithmetische Mittelwert und der Modus nicht sinnvoll

413 *arithmetisches Mittel*: z. B.: durchschnittliche Lademenge eines LKWs, durchschnittliches Fassungsvermögen eines Betonmischers, durchschnittlicher Kreideverbrauch pro Tag in einer Schule:
Das arithmetische Mittel ist hier jeweils sinnvoll, da es hilfreich ist bei der Berechnung der Gesamtmenge, die z. B. mit einer großen Anzahl LKW transportiert werden kann, oder die Anzahl an Kreidepackungen, die für einen bestimmten Zeitraum bestellt werden muss.
Median: z. B.: Einkommen, Körpergröße, Körpergewicht: Der Median ist hier sinnvoll, da man durch ihn weiß, dass die Werte von 50 % der Personen über dem Median liegen, bzw. 50 % unter dem Median.
Modus: z. B.: Alter in einer Klasse, Schuhgröße in einer Klasse, Noten bei der Mathematikschularbeit; Der Modus ist hier sinnvoll, weil es eine Häufung von bestimmten Daten gibt.

414–420 Lösungen siehe Schulbuch (Anhang ab S. 211)

Thema: Täuschen mit Fläche und Volumen

T1 Die Seitenlängen wurden verdoppelt, die Fläche ist daher viermal so groß. Deswegen wirkt der zweite Geldschein auch nicht doppelt, sondern viermal so groß, da wir die Fläche wahrnehmen.

T2 Die Seitenlängen wurden jeweils verdoppelt, das Volumen eines Goldbarrens ist daher immer achtmal so groß wie der Goldbarren links davon. Mit so einer Täuschung möchte man das Wachstum deutlich größer erscheinen lassen als es ist.

T3 Man will ungünstige Daten in ein besseres Licht rücken. Anstatt der Flächen wurden jeweils die Seitenlängen verkleinert bzw. vergrößert. Bei den beiden Grafiken mit den Ärzten und den Kinderwägen wurden nicht einmal die richtigen Seitenverhältnisse berücksichtigt.
In der obersten Grafik wollte man vielleicht vortäuschen, dass in Ländern wie Österreich nur sehr wenig Fleisch gegessen wird im Vergleich z. B. zu Australien. In der Grafik mit den Ärzten sollte vorgetäuscht werden, dass ein akuter Ärztemangel herrscht. In der Grafik mit den jeweils zwei Personen wollte man vortäuschen, dass die Zustimmung sehr hoch ist und es fast keine Ablehnung gibt. In der Grafik mit den Kinderwägen wollte man eine starke Erhöhung des Kindergeldes vortäuschen.

5. Terme

Seite 89

C (=D)	G	J
A	H	D (=C)
E	K	B
F	I	

421 Im Buch ausgeführt.

422 Im Buch ausgeführt.

423 Im Buch ausgeführt.

424 Im Buch ausgeführt.

425 a) falsch, richtig, richtig
b) falsch, richtig, richtig

426 a) $-12\,b^2 + 4\,a$ ist ein Binom, da das erste Minus kein Rechenzeichen sondern ein Vorzeichen ist.
b) In jedem Binom kommt nur ein Rechenzeichen vor, alle weiteren + oder − sind Vorzeichen.

427 a) 6,70 €; $10\,a + 2\,b + 3\,a + 5\,b = 13\,a + 7\,b$
b) 7,50 €; $22\,a + 5\,a - 2\,a = 25\,a$
c) 4,30 €; $3\,a + (2\,a + 7\,b) = 5\,a + 7\,b$
d) 1 €; $(7\,a + 2\,b) - (5\,a + 1\,b) = 2\,a + b$
e) 2,20 €; $24\,a - 8\,b + 2\,a - a - 7\,a = 18\,a - 8\,b$
f) 16 €; $33\,a + 22\,b - (5\,a + 2\,b + b) = 28\,a + 19\,b$

428

x	0	1	2	3	4	5	6	7	8
a) $5x - 4$	−4	1	6	11	16	21	26	31	36
b) $20 - 3x$	20	17	14	11	8	5	2	−1	−4
c) $x^2 - 3$	−3	−2	1	6	13	22	33	46	61
d) $2 + 4x^2$	2	6	18	38	66	102	146	198	258

429 a) $2x + 8$ **b)** $(a + 15) : 2$
c) $(r + t) \cdot 10$ **d)** $(c - d)^2$

430 a) $u = 2\,a + 2\,b + 2\,(d - c)$, $A = (a + b) \cdot (d - c)$
b) $u = 2\,a + 2\,b + 2\,c + 2\,(e - d)$, $A = (a + b + c) \cdot (e - d)$
c) $u = 2\,(c - a) + 2\,(d - b)$, $A = (c - a) \cdot (d - b)$

431 a)

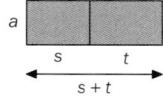

b)

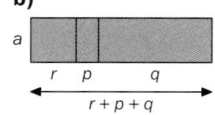

c)

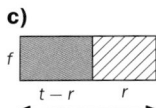

d)

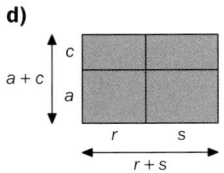

432 a) (1) Neuer Flächeninhalt: $2\,a \cdot \dfrac{b}{4} = \dfrac{a \cdot b}{2}$;
$A_{neu} = \dfrac{A}{2}$

(2)

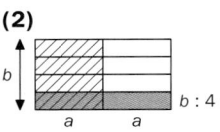

b) (1) Neuer Flächeninhalt: $5\,a \cdot 2\,b = 10\,a\,b$;
$A_{neu} = 10 \cdot A$

(2)

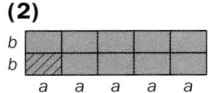

c) (1) Neuer Flächeninhalt: $\dfrac{a}{2} \cdot 2\,b = a\,b$;
$A_{neu} = A$

(2)

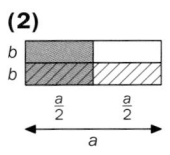

d) (1) Neuer Flächeninhalt: $\dfrac{a}{3} \cdot \dfrac{b}{2} = \dfrac{a \cdot b}{6}$;
$A_{neu} = \dfrac{A}{6}$

(2)

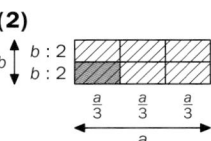

433 Im Buch ausgeführt.

434 Im Buch ausgeführt.

435 Im Buch ausgeführt.

436 (1)

Wochen	0	1	2	3	4	5	6	7	8	9	10
Sparguthaben (€)	57	62	67	72	77	82	87	92	97	102	107

(2) $57 + 5 \cdot w$; In 15 Wochen hat er 132 € gespart.
(3) Er kann sich das Longboard nach 13 Wochen kaufen.

437 (1)

Wochen	0	1	2	3	4	5	6	7	8	9	10
Sparguthaben (€)	57	65	73	81	89	97	105	113	121	129	137

(2) $57 + 8 \cdot w$; In 15 Wochen hat er 177 € gespart.
(3) Er kann sich das Longboard nach 8 Wochen leisten. Er kann sich also das Longboard früher kaufen als in Bsp. **436**.

438 (1)

Jahre	0	10	20	30	40	50	60	70	80	90	100
Höhe (mm)	257	259	261	263	265	267	269	271	273	275	277

(2) $257 + 0,2 \cdot j$;
Der Stalagmit ist in 150 Jahren 287 mm hoch.

439 **(1)**

Menge (l)	0	200	400	600	800	1 000	1 200	1 400	1 600
Kosten (€)	28	168	308	448	588	728	868	1 008	1 148

(2) $28 + 0,7 \cdot l$; Familie Wojta muss 2 282 € bezahlen.

440 **(1)** Am Anfang ist der Fingernagel 12 mm lang. Der Nagel wird jeden Monat um 3,5 mm länger.

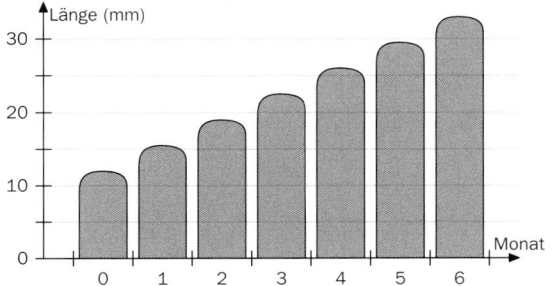

(2)

Monat	0	1	2	3	4	5	6	7	8	9	10	11	12
Länge (mm)	12	15,5	19	22,5	26	29,5	33	36,5	40	43,5	47	50,5	54

(3) $12 + 3,5 \cdot m$

441 **(1)** Der Fingernagel würde 96 mm lang sein.
(2) Nach 140 Monaten (11 Jahren und 8 Monaten) wäre der Fingernagel länger als 50 cm.

442 Im Buch ausgeführt.

443 Im Buch ausgeführt.

444 Im Buch ausgeführt.

445 **(1)** Die Höhe der Kerze nimmt linear ab, da in der gleichen Zeitspanne (jeweils eine Stunde) gleich viel wegkommt (jeweils 1,8 cm).
(2)

Zeit (h)	0	1	2	3	4	5
Länge (mm)	21	19,2	17,4	15,6	13,8	12

(3) $21 - 1,8 \cdot s$;
Nach 8 Stunden ist die Kerze nur noch 6,6 cm hoch.

446 **(1)**

Strecke (km)	0	100	200	300	400	500	600	700	800
Benzin (l)	65	57	49	41	33	25	17	9	1

(2) Herr Tauber kann mit dieser Tankfüllung ungefähr 800 km weit fahren.

447 **(1)**

Tag	0	1	2	3	4	5
Guthaben (€)	36	29,5	23	16,5	10	3,5

(2) $36 - 6,5 \cdot t$; Nach 3 Tagen hat er noch 16,5 €.
(3) Lukas Guthaben reicht für 5 Tage. Er hat dann noch 3,50 € übrig.

448 **(1)** Die Anzahlung ist 390 € und eine Rate jeweils 75 €.
(2) Der Restbetrag nimmt linear ab, da in der gleichen Zeitspanne (1 Woche) gleich viel wegkommt (75 €).
(3) $600 - 75 \cdot w$; $600 - 75 \cdot 8 = 0$, daher ist das Notebook nach 8 Wochen vollständig abbezahlt.

449 **(1)**

Anzahl der Fotos	0	100	200	300
freier Speicherplatz (MB)	450 000	449 650	449 300	448 950

(2) $450\,000 - 3,5 \cdot f$; Wenn 1 500 Fotos abgespeichert wurden, bleiben noch 444 750 MB frei.
(3) Auf der Festplatte können höchstens noch 128 571 Fotos gespeichert werden.

450 **(1)**

Anzahl der Fotos	0	100	200	300	400
freier Speicherplatz (MB)	450 000	449 200	448 400	447 600	446 800

...	500	600	700	800	900	1 000
...	446 000	445 200	444 400	443 600	442 800	442 000

(2) $450\,000 - 8 \cdot f$; Wenn 1 500 Fotos abgespeichert wurden, bleiben noch 438 000 MB frei.
(3) Auf der Festplatte können höchstens noch 56 250 Fotos gespeichert werden. Es passen nun weniger als die Hälfte an Fotos auf die Festplatte.

451 Im Buch ausgeführt.

452 Im Buch ausgeführt.

453 Im Buch ausgeführt.

454 B D E F A G

455 Paul berechnet, wie viel Geld ihm vor dem Kinobesuch noch fehlt. Dann addiert er die 8 €, die er fürs Kino ausgegeben hat, noch dazu.
Armin berechnet die Ersparnisse nach dem Kinobesuch und zieht sie vom Preis der Fußballschuhe ab.

456 **a)** z. B.: Klaus hat a € gespart. Von der Oma bekommt er noch b € und von der Tante c €.

b) z. B.: Klaus hat a € gespart. Von der Oma bekommt er noch b €, von denen er gleich c € für ein Spiel ausgibt.
c) z. B.: Klaus geht mit a € einkaufen. Beim Bäcker gibt er b € und im Supermarkt c € aus.

457 a) $a - 2$, Probe: $0 = 0$
b) $5a - 1$, Probe: $9 = 9$
c) $2a + 2$, Probe: $6 = 6$
d) $7a + 11$, Probe: $25 = 25$
e) $3a + 9$, Probe: $15 = 15$
f) $3a - 11$, Probe: $-5 = -5$
g) $3a + 2$, Probe: $8 = 8$
h) $4a + 19$, Probe: $27 = 27$

458 a) $11b + 6$, Probe: $28 = 28$
b) $7a$, Probe: $7 = 7$
c) $5a$, Probe: $5 = 5$
d) $9b$, Probe: $18 = 18$

459 richtig, falsch, richtig, falsch

460 a) $6x^2 + 11x - 1$, Probe: $45 = 45$
b) $3x$, Probe: $6 = 6$
c) $-2x$, Probe: $-4 = -4$
d) $2x$, Probe: $4 = 4$

461 Das Kommutativgesetz erlaubt das Sortieren der Variablen.

462 $a + b + c = a + (b + c)$ kann z. B. angewendet werden bei $2a + a^2 + 3a^2 = 2a + (a^2 + 3a^2) = 2a + 4a^2$

463 Im Buch ausgeführt.

464 Im Buch ausgeführt.

465 Im Buch ausgeführt.

466 Im Buch ausgeführt.

467 C A B E F D

468 Beide Seiten geben den Flächeninhalt des blauen Rechtecks an. Links wird er direkt berechnet, rechts als Differenz von großer und kleiner Rechtecksfläche.

469 a) $b^2 + (a - b) \cdot b = b^2 + a \cdot b - b^2 = a \cdot b$
b) $a \cdot (a + b) = a^2 + a \cdot b$

470 a) $3r + 21$ **b)** $8 - 12s$ **c)** $20c^2 + 15c$
d) $6d^2 + 3d$ **e)** $-2a^2 + 4a$ **f)** $5b - 10b^2$
g) $-12c^2 + 8c$ **h)** $-6d + 10d^2$

471 a) $-8a^2 + 20a$ **b)** $5k^2 - 14k$
c) $-5r^2$ **d)** $9d$ **e)** $c^2 + 10c$
f) $10h$ **g)** $-12f$ **h)** $12t^2$

472 a) falsch, falsch **b)** richtig, richtig

473 $a^2 + ab - ac - bc$

474 a) $x^2 + 9x + 14$, Probe: $50 = 50$
b) $x^2 + 3x - 10$, Probe: $8 = 8$
c) $x^2 - 2x - 24$, Probe: $-21 = -21$
d) $x^2 - 10x + 24$, Probe: $3 = 3$
e) $x^2 - 5x + 4$, Probe: $-2 = -2$
f) $x^2 - 14x + 45$, Probe: $12 = 12$
g) $x^2 + 2x - 15$, Probe: $0 = 0$
h) $x^2 + x - 20$, Probe: $-8 = -8$

475 a) $-2k^2 + k + 15$ **b)** $2a^2 - a - 15$
c) $2c^2 + 10c + 8$ **d)** $6g^2 - g - 1$
e) $-10d^2 - 3d + 18$ **f)** $-12a^2 + 5a + 2$
g) $-10s - 3c + 5sc + 6$ **h)** $-24c^2 - 29c + 4$
i) $-10m - 8f + 4mf + 20$

476 a) $14x^2 - 36x + 32$, Probe: $16 = 16$
b) $5x^3 + 11x^2 - 23x + 4$, Probe: $42 = 42$
c) $3x^3 + 18x^2 - 4x + 24$, Probe: $112 = 112$

477 Im Buch ausgeführt.

478 Im Buch ausgeführt.

479 Im Buch ausgeführt.

480 Im Buch ausgeführt.

481 Im Buch ausgeführt.

482 a) $a^2 + 10a + 25$, Probe: $49 = 49$
b) $36 + 12a + a^2$, Probe: $64 = 64$
c) $a^2 - 4a + 4$, Probe: $0 = 0$
d) $16 - 8a + a^2$, Probe: $4 = 4$
e) $9 - 6a + a^2$, Probe: $1 = 1$
f) $a^2 + 10a + 25$, Probe: $49 = 49$
g) $36 + 12a + a^2$, Probe: $64 = 64$
h) $25 - 10a + a^2$, Probe: $9 = 9$

483 a) $16a^2 + 24ab + 9b^2$, Probe: $289 = 289$
b) $9a^2 + 30ab + 25b^2$, Probe: $441 = 441$
c) $9a^2 - 42ab + 49b^2$, Probe: $225 = 225$
d) $25b^2 - 30ab + 9a^2$, Probe: $81 = 81$
e) $49b^2 - 9a^2$, Probe: $405 = 405$
f) $a^2 - 25b^2$, Probe: $-221 = -221$
g) $9a^2 - 16b^2$, Probe: $-108 = -108$
h) $25b^2 - 16a^2$, Probe: $161 = 161$

484 a) $2a^2 + 2ab + 4b^2$, Probe: $46 = 46$

b) $-2a^2 - 6ab$, Probe: $-54 = -54$

c) $5a^2 - 8ab + 4b^2$, Probe: $13 = 13$

d) $-12ab + 13b^2$, Probe: $-20 = -20$

485 a) falsch, richtig, richtig

b) falsch, falsch, richtig

486 a) $(e+3)^2$ **b)** $(h-5)^2$ **c)** $(2r+3)^2$

d) $(5t-1)^2$ **e)** $(9x-3y)^2$ **f)** $(6a+7b)^2$

g) $(12u-v)^2$ **h)** $(3w+8z)^2$

487 (1) $(80-1) \cdot (80+1) = 80^2 - 1^2$

(2) $(60+5)^2 = 60^2 + 2 \cdot 60 \cdot 5 + 5^2$

z. B.: $48 \cdot 52 = (50-2) \cdot (50+2) = 50^2 - 2^2 =$
$= 2\,500 - 4 = 2\,496$
$37^2 = (30+7)^2 = 30^2 + 2 \cdot 30 \cdot 7 + 7^2 =$
$= 900 + 420 + 49 = 1\,369$

488 a) falsch, $(8+3)^2 = 11^2 = 121$,
$8^2 + 3^2 = 64 + 9 = 73$

b) richtig, $(3+4)^2 = 7^2 = 49$,
$(-3-4)^2 = (-7)^2 = 49$

c) falsch, $(10-6)^2 = 4^2 = 16$,
$10^2 - 6^2 = 100 - 36 = 64$

d) richtig, $(6-2)^2 = 4^2 = 16$,
$(2-6)^2 = (-4)^2 = 16$

489 a) $(a+b)^2 = (a+b) \cdot (a+b) =$
$= a \cdot a + b \cdot a + a \cdot b + b \cdot b = a^2 + 2ab + b^2$

b) $(a-b)^2 = (a-b) \cdot (a-b) =$
$= a \cdot a - b \cdot a - a \cdot b + b \cdot b = a^2 - 2ab + b^2$

490 a) falsch, $(a+b)^2 = a^2 + 2ab + b^2 \neq a^2 + b^2$

b) falsch, $(a-b)^2 = a^2 - 2ab + b^2 \neq a^2 - b^2$

c) richtig, $(a-b)^2 = a^2 - 2ab + b^2$,
$(b-a)^2 = b^2 - 2ab + a^2 = a^2 - 2ab + b^2$

d) richtig, $(a+b)^2 = a^2 + 2ab + b^2$,
$(-a-b)^2 = (-a)^2 - 2 \cdot (-a) \cdot b + (-b)^2 = a^2 + 2ab + b^2$

491 Peter schreibt die Potenz als Multiplikation auf, multipliziert die Klammern dann aus und fasst schließlich zusammen. Konrad verwendet eine binomische Formel und vereinfacht anschließend. Konrad braucht weniger Rechenschritte, dafür muss sich Peter keine Formel merken.

492 Im Buch ausgeführt.

493 Im Buch ausgeführt.

494 Im Buch ausgeführt.

495 a) $ks + 2kr = k \cdot (s + 2r)$

b) $4ac + 2ab = 2a(2c + b)$

c) $3ab + 6bc = 3b(a + 2c)$

496 a) $8 \cdot (2d - 3)$ **b)** $5 \cdot (5h + 2)$

c) $2 \cdot (5r^2 + 6)$ **d)** $8 \cdot (2 - t^2)$ **e)** $6 \cdot (z - 1)$

f) $23 \cdot (1 - i)$ **g)** $3 \cdot (3g + 2h)$ **h)** $7 \cdot (2f - 3c)$

i) $-9 \cdot (5s + 7e)$ **j)** $2 \cdot (-8b + 9u)$

k) $-7 \cdot (j + 2l)$ **l)** $-12 \cdot (4z + 3w)$

497 Durch das Herausheben von (-1) ändern sich die Vorzeichen.

a) $(-1) \cdot (3e + 7)$ **b)** $(-1) \cdot (4u + 5)$

c) $(-1) \cdot (6z + 7)$ **d)** $(-1) \cdot (7i + 10)$

e) $(-1) \cdot (3d - 5)$ **f)** $(-1) \cdot (6k - 7)$

g) $(-1) \cdot (4h + 5)$ **h)** $(-1) \cdot (13f - 8)$

498 a) $t \cdot (t - 7)$ **b)** $s^2 \cdot (s + 6)$ **c)** $r^2 \cdot (5 - 7r^2)$

d) $k^2 \cdot (3k - 5)$ **e)** $l \cdot (5 - 6l)$ **f)** $f^3 \cdot (10 - 9f^2)$

g) $p \cdot (-14 + 9p^7)$ **h)** $c^2 \cdot (-11c^2 + 5)$

499 a) $12w \cdot (w - 3)$ **b)** $9k^2 \cdot (k - 2)$

c) $5s^2 \cdot (3 + s^3)$ **d)** $9u^2 \cdot (1 + 3u^2)$

e) $5c^2 \cdot (4c^3 - 1)$ **f)** $6e^3 \cdot (5e + 2)$

g) $5p \cdot (-5p^2 + 4)$ **h)** $4b^2 \cdot (-8 + 7b)$

500 a) $(b+1) \cdot (2a - 4)$ **b)** $(2a - 7) \cdot (3 - 5b)$

c) $(a+b) \cdot (4a + 5b)$ **d)** $(a-b) \cdot (2a - 7b)$

e) $(2b - 3) \cdot (7a + 1)$ **f)** $(3 - 5b) \cdot (1 - 3a)$

g) $(3a + 7) \cdot (1 - 5b)$ **h)** $(5b - 6) \cdot (1 - 4a)$

i) $(-2a + 3b) \cdot (a + 1)$

501 a) richtig, falsch, richtig, falsch

b) richtig, falsch, falsch, richtig

502 a) $15a^2 - 5a = 5a \cdot (3a - 1)$

b) $12ab + 8a = 4a \cdot (3b + 2)$

c) $45 - 18a^2 = 9 \cdot (5 - 2a^2)$

d) $36ab - 4b^2 = 4b \cdot (9a - b)$

e) $-5a^2 b - 10a = -5a \cdot (ab + 2)$

f) $21a^3 + 3a^2 = 3a^2 \cdot (7a + 1)$

503

	x	0	1	2	3	4	5	6	7	8	9
a)	$2x+1$	1	3	5	7	9	11	13	15	17	19
b)	$10-x$	10	9	8	7	6	5	4	3	2	1
c)	$-x^2+10$	10	9	6	1	-6	-15	-26	-39	-54	-71
d)	x^2-5x+1	1	-3	-5	-5	-3	1	7	15	25	37

504 richtig, falsch, falsch, richtig

505 a) (1) Neues
Volumen: $(2a)^2 \cdot 4h = 16a^2 h$;
$V_{neu} = 16 \cdot V$

(2)

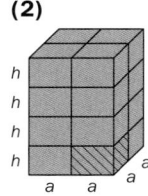

b) (1) Neues
Volumen: $(3a)^2 \cdot \frac{h}{3} = 3a^2 h$;
$V_{neu} = 3 \cdot V$

(2)

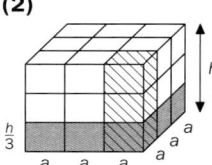

c) (1) Neues
Volumen: $\left(\frac{a}{2}\right)^2 \cdot 4h = a^2 h$;
$V_{neu} = V$

(2)

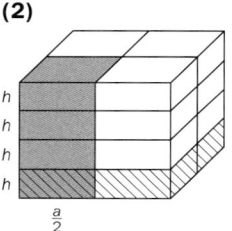

d) (1) Neues
Volumen: $\left(\frac{a}{4}\right)^2 \cdot \frac{h}{2} = \frac{a^2 h}{32}$;
$V_{neu} = \frac{V}{32}$

(2)

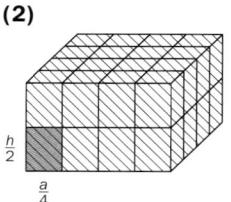

506 (1)

Jahre	0	5	10	15	20	25	30
Holz (m³)	10 000	9 000	8 000	7 000	6 000	5 000	4 000

(2) $10\,000 - 200 \cdot a$

507 (1) Der Techniker kostet 65 €, 90 €, 115 €
bzw. 140 €.
(2) $40 + 50 \cdot t$

508 Ab einer Parkdauer von 12 h ist Parkhaus B am günstigsten.

Anzahl der Stunden	Gebühr in Parkhaus A (€)	Gebühr in Parkhaus B (€)	Gebühr in Parkhaus C (€)
1	0	2	1,1
2	1,2	3	2,2
3	2,4	4	3,3
4	3,6	5	4,4
5	4,8	6	5,5
6	6	7	6,6
7	7,2	8	7,7
8	8,4	9	8,8
9	9,6	10	9,9
10	10,8	11	11
11	12	12	12,1
12	13,2	13	13,2

509 (1) Bei der Geldeinlage handelt es sich um eine lineare Zunahme, da in der gleichen Zeitspanne (jeweils eine Woche) gleich viel dazukommt (jeweils 1 €).
Term: $1 \cdot w$
(2) Beim angesparten Guthaben handelt es sich nicht um eine lineare Zunahme, da in der gleichen Zeitspanne (jeweils eine Woche) nicht gleich viel sondern jedesmal mehr dazukommt (zuerst 1 €, dann 2 €, dann 3 €, etc.).

510 (1)

Zeit (s)	1	2	3	4	5	6	7	8
Geschwindigkeit (km/h)	126	108	90	72	54	36	18	0

(2) Nach 8 Sekunden kommt das Auto zum Stillstand.

511 (1)

Anzahl der Wäschen	0	1	5	10	15	20	25	30
Waschmittelmenge (kg)	2,24	2,17	1,89	1,54	1,19	0,84	0,49	0,14

(2) $2,24 - 0,07 \cdot w$; Nach 22 Waschgängen sind noch 0,7 kg Waschmittel vorhanden.
(3) Bei normaler Verschmutzung sind 32 Waschgänge möglich, das ist genau so viel, wie auf der Packung angegeben worden ist.
(4) Bei starker Verschmutzung sind ungefähr 19 Waschgänge und bei geringer Veschmutzung sind ca. 44 Waschgänge möglich.

512 a) $a - 2b + 1$, Probe: $-3 = -3$
b) $3a - 2b - 2$, Probe: $-2 = -2$
c) $5a + 2b + 1$, Probe: $17 = 17$
d) $4 + 3a + 4b$, Probe: $22 = 22$
e) $21 - 2a - 4b$, Probe: $5 = 5$
f) $7a - b - 12$, Probe: $-1 = -1$
g) $7a + 3b + 3$, Probe: $26 = 26$
h) $a - 5b + 3$, Probe: $-10 = -10$
i) $2a - 5b - 8$, Probe: $-19 = -19$

513 Ⓒ Ⓔ Ⓐ Ⓑ Ⓓ

514 a) $6x^3 y^2$; $2x^7 y^3$ **b)** $18a^3 b^5$; $\frac{5}{12} a^5 b^7$
c) $14h^6 k^2 n^3$; $4h^2 k^7 n^4$ **d)** $-6c^7 d^6$; $-\frac{9}{4} c^7 d^5$
e) $8z^2 w^8$; $2w^3 z^8$ **f)** $-3s^6 u^4 w^6$; $2s^3 u^4 w^5$

515 a) $8x + 12$ **b)** $9x^2 + 12$ **c)** $2x^2 + 4x$
d) $2x^3 + x^4$ **e)** $3x^2 - 9x^3$ **f)** $3x^3 + 3x^2 + 12x$
g) $-4x^2 - 2x^4$ **h)** $x^2 + 2x^3$

516 a) $13a + 2b$, Probe: $17 = 17$
b) $4a - 5b - 3c$, Probe: $-15 = -15$
c) $-5a - 10b$, Probe: $-25 = -25$
d) $-b + 6c$, Probe: $16 = 16$

517 a) falsch, richtig, falsch, richtig
b) richtig, falsch, falsch, richtig

518 Ⓐ Ⓔ Ⓒ Ⓑ Ⓓ

519 a) $-8x^2 - 11x - 5$ **b)** $-2x^2 + 15x - 6$
c) $x^3 - x$ **d)** $2x^3 - 2x$ **e)** $-22x + 4$
f) $2x^2 - 10x + 27$

520 (1) $A_{\text{rot}} = a^2$, $A_{\text{blau}} = a \cdot b$, $A_{\text{grün}} = b^2$
(2) Das große Quadrat hat den Flächeninhalt $(a + b)^2$. Dieses setzt sich zusammen aus dem roten und dem grünen Quadrat sowie den beiden blauen Rechtecken. Diese vier zusammen ergeben $a^2 + 2 \cdot a \cdot b + b^2$.
Daher gilt: $(a + b)^2 = a^2 + 2ab + b^2$

521 Das dunkelgraue Quadrat hat die Seitenlänge $a - b$ und somit den Flächeninhalt $(a - b)^2$. Sein Flächeninhalt kann auch berechnet werden, indem man vom Flächeninhalt des großen Quadrats $(= a^2)$ die beiden hellgrauen Rechtecke $(= a \cdot b)$ abzieht und dann das kleine Quadrat $(= b^2)$ wieder addiert, weil man es doppelt abgezogen hat. Daher gilt:
$(a - b)^2 = a^2 - 2ab + b^2$

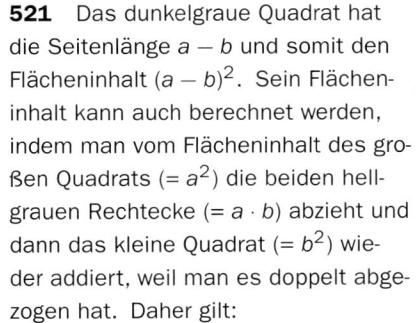

522 Der Flächeninhalt des blauen Rechtecks ist $(a + b) \cdot (a - b)$. Dieser kann aber auch berechnet werden, indem man das kleinere blaue Rechteck an der rechten Seite um 90° dreht und unter das blaue Rechteck schiebt. Dann kann man den Flächeninhalt berechnen, indem man vom großen Quadrat $(= a^2)$ das kleine Quadrat $(= b^2)$ abzieht. Daher gilt: $(a + b) \cdot (a - b) = a^2 - b^2$

523 a) $4x^2 + 12x + 9$; $9a^2 + 30ab + 25b^2$
b) $25 - 30x + 9x^2$; $36a^2 - 84ab + 49b^2$
c) $16t^2 - 8th + h^2$; $e^2 - 18ef + 81f^2$
d) $9b^2 - 54bu + 81u^2$; $9p^2 - 24pq + 16q^2$
e) $4f^2 + 16fs + 16s^2$; $49t^2 + 112ct + 64c^2$
f) $9r^2 + 12rw + 4w^2$; $81k^2 + 72gk + 16g^2$
g) $9x^2 - 16$; $x^2 - y^2$
h) $49z^2 - 64y^2$; $16d^2 - 4s^2$

524 a) richtig; falsch (Korrektur: $\frac{x^2}{9} - \frac{xy}{3} + \frac{y^2}{4}$); falsch (Korrektur: $\frac{4}{9} x^2 + \frac{4}{15} xy + \frac{1}{25} y^2$); falsch (Korrektur: $\frac{1}{16} x^2 - \frac{9}{100}$)
b) richtig; falsch (Korrektur: $4x^4 - 4x^2 y^2 + y^4$); falsch (Korrektur: $9x^6 + 6x^3 y^2 + y^4$); richtig

525 a) $(5x + 2y)^2 = 25x^2 + 20xy + 4y^2$
b) $(4x - 4y)^2 = 16x^2 - 32xy + 16y^2$
c) $(7x - 2y)^2 = 49x^2 - 28xy + 4y^2$
d) $(6x + 9y)^2 = 36x^2 + 108xy + 81y^2$
e) $(8x + 5y) \cdot (8x - 5y) = 64x^2 - 25y^2$
f) $(x - 9y) \cdot (x + 9y) = x^2 - 81y^2$
g) $(4y + 3x)^2 = 16y^2 + 24xy + 9x^2$
h) $\left(\frac{x}{2} - y \right) \cdot \left(\frac{x}{2} + y \right) = \frac{x^2}{4} - y^2$

526 a) $8x^3 - 18x^2 + 17x - 6$
b) $2x^3 + 6x^2 - 22x + 4$ **c)** $3x^3 - 21$
d) $a^2 - 25b^2$ **e)** $36b^2 + 36ab$ **f)** $4b^2$

527 a) $4x^2$, Probe: $16 = 16$
b) $-40x + 32$, Probe: $-48 = -48$
c) $2x^2 - 19x + 24$, Probe: $-6 = -6$

528 a) 0, Probe: $0 = 0$
b) $-18b^2 + 24ab$, Probe: $72 = 72$
c) $3a^2 + 4b^2 - 5ab$, Probe: $13 = 13$
d) $38a^2 + 12a + 10ab$, Probe: $438 = 438$

529 a) $(b + 1) \cdot 2a$ **b)** $(3a - 5) \cdot (-3b - 10)$
c) $(a + b) \cdot (5a + 2b)$ **d)** $(a - 2b) \cdot (7a + 3b)$

530 falsch (Korrektur: $6 \cdot (3a^2 + 5a + 1)$);
falsch (Korrektur: $25a^2 + 80a + 64$);
falsch (Korrektur: $-25 \cdot (2a + 1)$);
falsch (Korrektur: $(a + 1) \cdot (3a - 10)$)

531 Die Terme für die Flächeninhalte bzw. für die Umfänge sind jeweils alle gleich, weil sie sich auf die gleiche Form vereinfachen und umformen lassen, z. B.:

a) $A = a^2 + ab$,
$A = a \cdot (2a) + a \cdot (b-a) = a^2 + ab$,
$A = (2a) \cdot b - a \cdot (b-a) = a^2 + ab$,
$u = 5a + b + (b-a) = 4a + 2b$,
$u = b + a + (b-a) + a + a + 2a = 4a + 2b$,
$u = 2 \cdot b + 2 \cdot 2a = 4a + 2b$

b) $A = 2ab + a^2$,
$A = ab + a \cdot (a+b) = 2ab + a^2$,
$A = 2a \cdot (b+a) - a^2 = 2ab + a^2$,
$u = 5a + b + (a+b) = 6a + 2b$,
$u = (b+a) + a + a + a + b + 2a = 6a + 2b$
$u = 2 \cdot (2a) + 2 \cdot (a+b) = 6a + 2b$

c) $A = a^2 + 2ab$,
$A = ab + a \cdot (a+b) = a^2 + 2ab$,
$A = 2a \cdot (a+b) - a^2 = a^2 + 2ab$,
$u = 6a + 2b$,
$u = a + (a+b) + 2a + b + a + a = 6a + 2b$,
$u = 2 \cdot (a+b) + 2 \cdot 2a = 6a + 2b$

d) $A = 6a^2$,
$A = a^2 + a \cdot 2a + a \cdot 3a = 6a^2$,
$A = (3a)^2 - 3a^2 = 6a^2$,
$u = 12a$,
$u = a + 3a + 3a + a + a + a + a + a = 12a$,
$u = 2 \cdot (3a) + 2 \cdot (3a) = 12a$

e) $A = b^2 - a^2$,
$A = b \cdot (b-a) + a \cdot (b-a) = b^2 - a^2$,
$A = a \cdot (b-a) + (b-a) \cdot b = b^2 - a^2$,
$u = 4b$,
$u = b + b + (b-a) + a + a + (b-a) = 4b$
$u = 2a + 2b + 2 \cdot (b-a) = 4b$,

f) $A = b^2 + 2ab - a^2$,
$A = b^2 + ab + a \cdot (b-a) = b^2 + 2ab - a^2$,
$A = (a+b)^2 - 2a^2 = b^2 + 2ab - a^2$,
$u = 4a + 4b$,
$u = b + b + a + a + b + b + a + a = 4a + 4b$,
$u = 2 \cdot (a+b) + 2 \cdot (a+b) = 4a + 4b$

532 $A_2 = \frac{1}{2} \cdot c_2 \cdot h_c$
$A = A_1 + A_2 = \frac{1}{2} \cdot c_1 \cdot h_c + \frac{1}{2} \cdot c_2 \cdot h_c = \frac{1}{2} \cdot h_c \cdot (c_1 + c_2) =$
$= \frac{1}{2} \cdot h_c \cdot c = \frac{1}{2} \cdot c \cdot h_c$

533 $A_2 = \frac{1}{2} \cdot \frac{f}{2} \cdot e_2$
$A = 2 \cdot (A_1 + A_2) = 2 \cdot \left(\frac{1}{2} \cdot \frac{f}{2} \cdot e_1 + \frac{1}{2} \cdot \frac{f}{2} \cdot e_2 \right) =$
$= \frac{1}{2} \cdot f \cdot e_1 + \frac{1}{2} \cdot f \cdot e_2 = \frac{1}{2} \cdot f \cdot (e_1 + e_2) = \frac{1}{2} \cdot f \cdot e = \frac{1}{2} \cdot e \cdot f$

534 $A_1 = \frac{1}{2} \cdot a_1 \cdot h_a$, $A_2 = a_2 \cdot h_a$
$A = 2 \cdot A_1 + A_2 = 2 \cdot \frac{1}{2} \cdot a_1 \cdot h_a + a_2 \cdot h_a = a_1 \cdot h_a + a_2 \cdot h_a =$
$= (a_1 + a_2) \cdot h_a = a \cdot h_a$

535 $A_2 = \frac{1}{2} \cdot a_2 \cdot h$, $A_3 = c \cdot h = \frac{1}{2} \cdot 2c \cdot h$
$A = A_1 + A_2 + A_3 = \frac{1}{2} \cdot a_1 \cdot h + \frac{1}{2} \cdot a_2 \cdot h + \frac{1}{2} \cdot 2c \cdot h =$
$= \frac{1}{2} \cdot h \cdot (a_1 + a_2 + 2c) = \frac{1}{2} \cdot h \cdot (a_1 + a_2 + c + c) = \frac{1}{2} \cdot h \cdot (a + c)$

536 ☒ ☐ ☐ ☒ ☒ ☒ ☐ ☒
☐ ☒ ☒ ☐ ☐ ☐ ☒ ☐

537 ☐ ☐ ☒ ☒ ☐ ☐
☐ ☒ ☐ ☐ ☒ ☐
☒ ☐ ☐ ☐ ☐ ☒

538 C F E A D B

539 a) Distributivgesetz für die Multiplikation
b) Kommutativgesetz für die Addition
c) Kommutativgesetz für die Multiplikation
d) Distributivgesetz für die Multiplikation
e) Distributivgesetz für die Division
f) Kommutativgesetz für die Multiplikation

540 *Rechenregeln*: Umfang: 1. Schritt: Distributivgesetz für die Multiplikation, 2. Schritt: gleiche Variable und die Zahlen zusammenfassen;
Flächeninhalt: **a) b)** und **d)**: 1. Schritt: zwei Klammern ausmultiplizieren, 2. Schritt: gleiche Variable zusammenfassen; **c)**: binomische Formel
a) $u = 2 \cdot (x-2) + 2 \cdot (x+1) = 2x - 4 + 2x + 2 = 4x - 2$,
$A = (x-2) \cdot (x+1) = x^2 - 2x + x - 2 = x^2 - x - 2$
b) $u = 2 \cdot (x+3) + 2 \cdot (x-1) = 2x + 6 + 2x - 2 = 4x + 4$,
$A = (x+3) \cdot (x-1) = x^2 + 3x - x - 3 = x^2 + 2x - 3$
c) $u = 2 \cdot (x+2) + 2 \cdot (x-2) = 2x + 4 + 2x - 4 = 4x$,
$A = (x+2) \cdot (x-2) = x^2 - 4$
d) $u = 2 \cdot (2x+2) + 2 \cdot (x-3) = 4x + 4 + 2x - 6 = 6x - 2$,
$A = (2x+2) \cdot (x-3) = 2x^2 + 2x - 6x - 6 = 2x^2 - 4x - 6$

541–551 Lösungen siehe Schulbuch (Anhang ab S. 211)

Thema: Pascal'sches Dreieck

T1

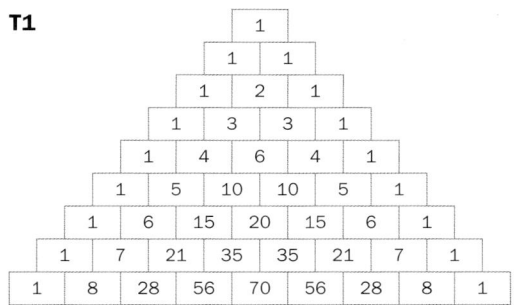

T2 **(1)** Rechnet man „hoch n", muss man die n-te Zeile im Pascal'schen Dreieck verwenden, wobei mit der 0. Zeile zu zählen begonnen wird.

(2) Die Hochzahlen der Variablen a beginnen mit 5 und sinken in jedem weiteren Summanden jeweils um 1 bis zur Hochzahl 0 ($1\,b^5\,a^0 = 1\,b^5$). Die Hochzahlen der Variablen b beginnen mit 0 ($1\,a^5\,b^0 = 1\,a^5$) und steigen in jedem weiteren Summanden jeweils um 1 bis zur Hochzahl 5. Die Hochzahlen in einem Summanden ergeben zusammen immer 5.

(3) Die Zahlen geben die Koeffizienten vor den einzelnen Monomen an.

(4) $(a+b)^6 = 1\,a^6 + 6\,a^5\,b + 15\,a^4\,b^2 +$
$+\, 20\,a^3\,b^3 + 15\,a^2\,b^4 + 6\,a\,b^5 + 1\,b^6$
$(a+b)^7 = 1\,a^7 + 7\,a^6\,b + 21\,a^5\,b^2 + 35\,a^4\,b^3 +$
$+\, 35\,a^3\,b^4 + 21\,a^2\,b^5 + 7\,a\,b^6 + 1\,b^7$

T3 **(1)** Es handelt sich um die natürlichen Zahlen.

(2) Als Summen ergaben sich (von oben nach unten): 1, 2, 4, 8, 16, 32, 64 und 128. Die Zahlen sind eine Folge von Zweierpotenzen: 2^n, wobei n die Zeile im Pascal'schen Dreieck angibt, also 2^0, 2^1, 2^2, etc.
letzte Zeile: $1 + 7 + 21 + 35 + 35 + 21 + 7 + 1 = 128$

T4 **(1)**

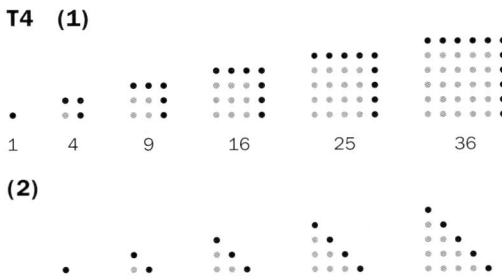

(2)

1   3   6   10   15   21

(3) An der dritten Stelle stehen jeweils die Dreieckszahlen.

(4) Die nächste Dreieckszahl ergibt sich immer aus der vorherigen plus die nächsthöhere natürliche Zahl. Da sich im Pascal'schen Dreieck die nächste Zeile immer aus der Summe der beiden darüberliegenden Zahlen ergibt, entstehen so genau die Dreieckszahlen. Denn über der nächsten Dreieckszahl steht auf der linken Seite die nächste natürliche Zahl und auf der rechten Seite die vorherige Dreieckszahl. Also

$$0 + 1 = 1$$
$$1 + 2 = 3$$
$$3 + 3 = 6$$
$$6 + 4 = 10$$
$$10 + 5 = 15$$
$$15 + 6 = 21$$
$$21 + 7 = 28$$
$$\cdots$$

T5 —

T6 —

6. Lineare Gleichungen

Seite 115 **Beispiel 1** Die Variable x steht für $5\,500$.
Beispiel 2 Die Variable x steht für 180.
Gleichung: $3 \cdot x = 9 \cdot 60$
Masse eines Blauwals: $x = 3 \cdot 60$

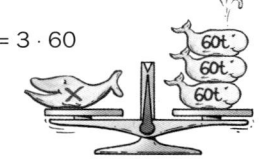

552 Im Buch ausgeführt.

553 Im Buch ausgeführt.

554 Im Buch ausgeführt.

555 **a)** keine Gleichung, Gleichung, keine Gleichung, Gleichung
b) Gleichung, Gleichung, keine Gleichung, Gleichung

556 **a)** ☒☒◯◯ **b)** ☒☒◯◯
c) ◯☒☒◯ **d)** ☒◯☒◯

557 **a)** falsch, falsch, richtig, falsch
b) richtig, falsch, falsch, richtig

558 $\frac{x}{2} = 6 \Leftrightarrow \frac{x}{3} = 4 \Leftrightarrow x = 12$
$4x + 1 = 9 \Leftrightarrow 4x - 1 = 7 \Leftrightarrow x = 2$
$0,5x = -8 \Leftrightarrow -0,25x = 4 \Leftrightarrow x = -16$
$-4x = -20 \Leftrightarrow -2x = -10 \Leftrightarrow x = 5$

559 **(1)** $b = 0$ **(2)** Es kommt x^2, nicht x vor.

560 **a)** linear mit z. B. $a = 3$, $b = -7$ und $c = 9$
b) nicht linear, da x^2 vorkommt
c) linear mit z. B. $a = 1$, $b = -2\frac{1}{5}$ und $c = 9\frac{4}{5}$
d) linear mit z. B. $a = 7$, $b = -28,7$ und $c = 38$
e) linear mit z. B. $a = -\frac{1}{2}$, $b = 7$ und $c = 8$
f) nicht linear, da nach dem Ausmultiplizieren x^2 vorkommt
g) linear mit z. B. $a = 3$, $b = -6$ und $c = 8$
h) nicht linear, da x im Nenner vorkommt

561 Im Buch ausgeführt.

562 Im Buch ausgeführt.

563 Im Buch ausgeführt.

564 Im Buch ausgeführt.

565 **a)** **(1)** $x + 600 = 800$, $x \ldots$ Masse des Schafes
(2) $x = 200\,\text{kg}$
b) **(1)** $12 \cdot 5 = 2x$, $x \ldots$ Masse eines Hundes
(2) $x = 30\,\text{kg}$
c) **(1)** $x + 300 = 330$, $x \ldots$ Masse des Wellensittichs
(2) $x = 30\,\text{g}$

566 **a)** $250 + x = 1000$,
$x = 750$
Eine Giraffe wiegt $750\,\text{kg}$.

b) $30 = 9x$, $x = \frac{10}{3}$
Ein Flamingo wiegt
ca. $3,33\,\text{kg}$

c) $2\,500 = 62x + 20$,
$x = 40$
Ein Eisvogel wiegt $40\,\text{g}$.

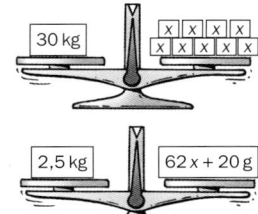

567 **a)** $8x = 48$; $x = 6$
b) $x + 9 = 13$; $x = 4$
c) $\frac{x}{2} = 34$; $x = 68$
d) $x : 4 = 16$; $x = 64$
e) $x - 2,5 = 7,5$; $x = 10$

568 Die Aufgabe kann gelöst werden, indem man Schritt für Schritt links und rechts dieselben Gewichte von den Waagschalen entfernt.
a) $5x + 15 = 3x + 20$; $x = 2,5$;
Eine Kugel wiegt $2,5\,\text{g}$.
b) $8x + 10 = 5x + 20$; $x = \frac{10}{3}$;
Eine Kugel wiegt ca. $3,3\,\text{g}$.

569 **a)** $x + 4 = \frac{2}{3}$; $x = -\frac{10}{3}$ **b)** $x : 9 = 8$; $x = 72$
c) $x + \frac{1}{2} = -3$; $x = -\frac{7}{2}$ **d)** $x \cdot (-2) = 12$; $x = -6$

570 **a)** $14 - 8 = x$ **b)** $7 + 12 = x$
c) $3 \cdot (-7) = x$ **d)** $(-5) : 4 = x$

571 **a)** $x = 32$ **b)** $x = 48$ **c)** $x = 46$
d) $x = -28$ **e)** $x = -\frac{5}{6}$ **f)** $x = \frac{13}{10}$ **g)** $x = -\frac{7}{4}$
h) $x = 27$ **i)** $x = 9$ **j)** $x = -\frac{16}{3}$ **k)** $x = 125$
l) $x = \frac{15}{4}$

572 Im Buch ausgeführt.

573 Im Buch ausgeführt.

574 **a)** $x = 7$ **b)** $x = -2$

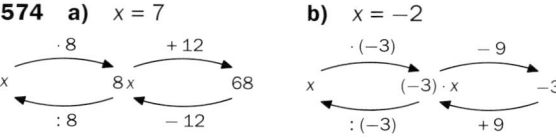

c) $x = 38$

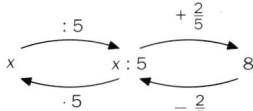

d) $x = 1$

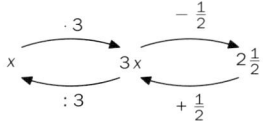

e) $x = -16$

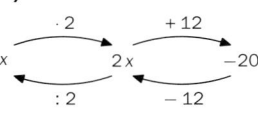

f) $x = -75$

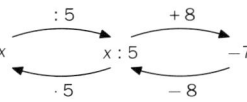

g) $x = -70$

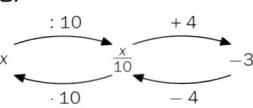

h) $x = -9$

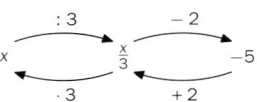

i) $x = -6$

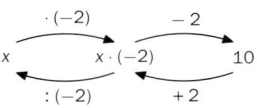

575 a) $x \cdot (-5) + 7 = 4$; $x = \frac{3}{5}$

b) $x : 3 - \frac{2}{3} = 0$; $x = 2$

c) $(x + 9) : 2 = 5$; $x = 1$

d) $(x - 3) : (-8) = -1$; $x = 11$

576 Die beiden Gleichungen sind äquivalent, denn auf beiden Seiten wurde 2 subtrahiert.

577 Die beiden letzten Gleichungen sind nicht äquivalent. Bei den anderen Gleichungen haben sie auf die gegebene Gleichung eine der möglichen Äquivalenzumformungen angewendet.

578 a) C D A E F B
b) D E A F B C

579 a) $x = 31$ **b)** $x = -8{,}5$ **c)** $x = -9$
d) $x = 2$ **e)** $x = 21$ **f)** $x = 4{,}75$ **g)** $x = -\frac{29}{120}$
h) $x = 8$ **i)** $x = \frac{1}{8}$

580 a)
$$5{,}2x - 3{,}4 = 8{,}6 \quad | + 3{,}4$$
$$5{,}2x = 12 \quad | : 5{,}2$$
$$x = \frac{30}{13}$$

b)
$$-2x - 8 = 9 \quad | + 8$$
$$-2x = 17 \quad | : (-2)$$
$$x = -8{,}5$$

c)
$$-2x - 7 = 10 \quad | + 7$$
$$-2x = 17 \quad | : (-2)$$
$$x = -8{,}5$$

d)
$$x \cdot (-4) + 8{,}4 = 7{,}6 \quad | - 8{,}4$$
$$x \cdot (-4) = -0{,}8 \quad | : (-4)$$
$$x = 0{,}2$$

e)
$$\frac{x}{2} - 7 = 12 \quad | + 7$$
$$\frac{x}{2} = 19 \quad | \cdot 2$$
$$x = 38$$

f)
$$8x + 10 = -10 \quad | - 10$$
$$8x = -20 \quad | : 8$$
$$x = -\frac{10}{4}$$

581 Im Buch ausgeführt.

582 Im Buch ausgeführt.

583 Im Buch ausgeführt.

584 Im Buch ausgeführt.

585 a) $x = -19$ **b)** $x = 13$

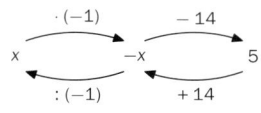 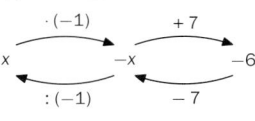

c) $x = 7{,}3$ **d)** $x = -7{,}1$

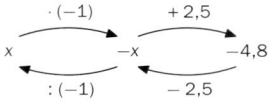 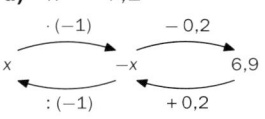

e) $x = 2{,}5$

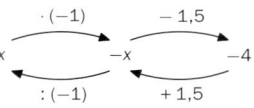

586 1) Auch dieser Lösungsweg ist möglich, da nur Äquivalenzumformungen verwendet wurden.

2) Beim ersten Lösungsweg von **582** wird nur die Addition und Subtraktion verwendet. Bei den anderen beiden Lösungswegen erspare ich mir eine Rechnung, weil bei der Multiplikation mit (-1) nur die Vorzeichen geändert werden müssen. Die Methode von Andreas ist überhaupt die Kürzeste.

587 a) $x = -\frac{1}{3}$ **b)** $x = -\frac{1}{14}$ **c)** $x = \frac{4}{5}$
d) $x = -\frac{6}{7}$ **e)** $x = \frac{45}{68}$

588
D F C
A E B

589 a) $x = 16$; Probe: $30 = 30$
b) $x = \frac{20}{3}$; Probe: $-1 = -1$

c) $x = -38$;   Probe: $-9 = -9$

d) $x = \frac{32}{7}$;   Probe: $46 = 46$

e) $x = 2{,}6$;   Probe: $8{,}6 = 8{,}6$

f) $x = \frac{8}{3}$;   Probe: $-\frac{1}{3} = -\frac{1}{3}$

g) $x = 0{,}6$;   Probe: $10{,}2 = 10{,}2$

590   2. Zeile: Statt $-6x$ muss es $+6x$ heißen.
4. Zeile: Statt $2x = 0$ lautet die Zeile richtig: $2x - 14 = 0$

591 a) $x = -5$;   Probe: $109 = 109$

b) $x = 4{,}5$;   Probe: $-153 = -153$

c) $x = 0$;   Probe: $0 = 0$

d) $x = -1$;   Probe: $20 = 20$

e) $x = -\frac{1}{5}$;   Probe: $7{,}24 = 7{,}24$

f) $x = 0$;   Probe: $25 = 25$

g) $x = -2$;   Probe: $-47 = -47$

h) $x = 21$;   Probe: $-8\,037 = -8\,037$

592 (1)   12 ist der gemeinsame Nenner der Brüche. Somit fallen alle Nenner weg.
(2)   Die rot eingefärbten Zahlen entstehen durch Kürzen von 12 mit den jeweiligen Nennern.

593 a) $30x - 20 = 9x$ **b)** $15 - (3x + 2) = 5$
c) $4 + 7x + 1 = 90$

594 a) $x = 5{,}5$;   Probe: $5 = 5$

b) $x = -12$;   Probe: $-14{,}5 = -14{,}5$

c) $x = 1$;   Probe: $-\frac{1}{2} = -\frac{1}{2}$

d) $x = \frac{7}{17}$;   Probe: $\frac{10}{51} = \frac{10}{51}$

595   Im Buch ausgeführt.

596   Im Buch ausgeführt.

597   Im Buch ausgeführt.

598 a) $a = \frac{A}{h_a}$, $h_a = \frac{A}{a}$,   Parallelogramm, Raute

b) $a = \frac{2 \cdot A}{b}$, $b = \frac{2 \cdot A}{a}$,   rechtwinkliges Dreieck

c) $e = \frac{2 \cdot A}{f}$, $f = \frac{2 \cdot A}{e}$,   Deltoid, Raute

d) $a = \frac{A}{b}$, $b = \frac{A}{a}$,   Rechteck

599 (1)   *1. Schritt*: Anna multipliziert beide Seiten mit 2. *2. Schritt*: Anna dividiert beide Seiten durch h. *3. Schritt*: Anna subtrahiert auf beiden Seiten c. *4. Schritt*: Anna vertauscht die Seiten.
(2) $c = \frac{2 \cdot A}{h} - a$ **(3)** $h = \frac{2 \cdot A}{a + c}$

600 a) $b = \frac{u}{2} - a$, $b = 7{,}5\,\text{cm}$

b) $a = \frac{u}{2} - b$, $a = 2{,}5\,\text{mm}$

c) $a = \frac{u}{2} - b$, $a = 187\,\text{dm}$

601 $\boxed{B}$ $\boxed{C}$ $\boxed{A}$ $\boxed{D}$ $\boxed{E}$

602 a) $b = 13\,\text{cm}$ **b)** $b = 6\,\text{cm}$ **c)** $e = 8\,\text{cm}$
d) $c = 5\,\text{cm}$ **e)** $h_a = 4{,}5\,\text{cm}$ **f)** $a = 6{,}4\,\text{cm}$

603   Der Lösungsweg ist richtig, da diese Gleichung zur Gleichung in **597** äquivalent ist. Es gilt $a = 6$, der Flächeninhalt des Quadrates ist daher $36\,\text{cm}^2$.

604   Quadrat: $a = 6\,\text{cm}$,
Rechteck: $a = 9\,\text{cm}$, $b = 4\,\text{cm}$

605   1. Quadrat: $A = 81\,\text{cm}^2$, ($a = 9\,\text{cm}$),
2. Quadrat: $A = 144\,\text{cm}^2$

606   Quadrat: $a = 8\,\text{cm}$,
Rechteck: $a = 13\,\text{cm}$, $b = 4\,\text{cm}$

607 $\alpha = \beta = 64°$, $\gamma = 52°$

608   Im Buch ausgeführt.

609   Im Buch ausgeführt.

610   Im Buch ausgeführt.

611 a) $3x - 8 = 5x + 4$, $x = -6$
b) $4x + 3 = 4x - 7$,   keine Lösung
c) $\frac{x}{2} - 7 = \frac{x}{4} + 9$, $x = 64$

612   Das Geld reicht für 25 Schüler (es bleiben sogar noch $2{,}50\,€$ übrig).

613 (1) $B - 3 = \frac{M}{2}$
(2)   In dieser Sportgruppe gibt es 28 Mädchen.

614   Isabell ist 8 Jahre alt, Sebastian ist 18 Jahre alt und René ist 9 Jahre alt.

615   Jakob ist 10 Jahre alt, sein Vater ist 30 Jahre alt.

616   Katrin bekommt $24\,€$, Hannes erhält $20\,€$ und Ursula bekommt $11\,€$ Taschengeld.

617   Ewald läuft $13\,\text{km}$, Manfred $6{,}5\,\text{km}$ und Cornelia läuft $10{,}5\,\text{km}$.

618 a)   Ja, es besteht Glatteisgefahr, denn es sind rund $-8{,}3\,°\text{C}$.

b)   Nein, es wird nicht in der Wüste sein, da es nur rund $18{,}3\,°\text{C}$ sind.

619 **(1)** $f = (c + 40) \cdot 1{,}8 - 40 = 1{,}8 \cdot c + 72 - 40 = $
$= c \cdot 1{,}8 + 32$

(2) Es wird Winter sein, denn das sind 0 °C.

620 Auf das gesamte Dach sind 186 hl gefallen.

621 Die Linde ist 52 Ellen hoch ($12 \cdot 8 - 11 \cdot 4 = h$).

622 a) linear mit z. B. $a = 4$, $b = -2$ und $c = 9$
b) linear mit z. B. $a = \frac{1}{10}$, $b = 25$ und $c = 16$
c) nicht linear, da nach dem Ausmultiplizieren x^2 vorkommt
d) linear mit z. B. $a = 1{,}1$, $b = 0$ und $c = \frac{3}{5}$
e) linear mit z. B. $a = 9$, $b = 0$ und $c = 81$
f) nicht linear, da x^2 vorkommt
g) linear mit z. B. $a = 12$, $b = 36$ und $c = 12$
h) linear mit z. B. $a = -18$, $b = 0$ und $c = 2{,}5$

623 z. B.: $\frac{5}{x} = 3$; $5 - \frac{3}{x} = -7$; $3 = \frac{14}{x} + 2$

624 a) (1) nicht äquivalent, da die Gleichungen unterschiedliche Lösungen haben: erste Gleichung: $x = 5$; zweite Gleichung: $x = 1$.
(2) nicht äquivalent, da die zweite Gleichung nicht durch eine Äquivalenzumformung aus der ersten Gleichung hervorging (links $\cdot\, 2$, rechts nicht).

b) (1) äquivalent, da beide Gleichungen die Lösung $x = 7$ haben.
(2) äquivalent, da die zweite Gleichung durch eine Äquivalenzumformung ($\cdot\, 2$) aus der ersten Gleichung hervorging.

c) (1) nicht äquivalent, da die Gleichungen unterschiedliche Lösungen haben: erste Gleichung: $x = 4{,}5$; zweite Gleichung: $x = 3{,}5$.
(2) nicht äquivalent, da die zweite Gleichung nicht durch eine Äquivalenzumformung aus der ersten Gleichung hervorging (links $+ 1$, rechts $- 1$).

d) (1) nicht äquivalent, da die Gleichungen unterschiedliche Lösungen haben: erste Gleichung: $x = 11$; zweite Gleichung: $x = -2{,}5$.
(2) nicht äquivalent, da die zweite Gleichung nicht durch eine Äquivalenzumformung aus der ersten Gleichung hervorging (links $\cdot\, 2$, rechts $: 2$).

625 a) äquivalent, da die zweite Gleichung durch eine Äquivalenzumformung ($+ 3$) aus der ersten Gleichung hervorging bzw. beide Gleichungen die gleiche Lösung ($x = \frac{5}{4}$) haben.

b) äquivalent, da die zweite Gleichung durch eine Äquivalenzumformung (: 5) aus der ersten Gleichung hervorging bzw. beide Gleichungen die gleiche Lösung ($x = \frac{1}{5}$) haben.
c) nicht äquivalent, da die zweite Gleichung nicht durch eine Äquivalenzumformung aus der ersten Gleichung hervorging (links : 2, rechts nicht) bzw. die Gleichungen unterschiedliche Lösungen haben (erste Gleichung: $x = \frac{1}{2}$, zweite Gleichung: $x = 2$).
d) nicht äquivalent, da die zweite Gleichung nicht durch eine Äquivalenzumformung aus der ersten Gleichung hervorging (1 wurde nicht, wie alle anderen Zahlen mit 4 multipliziert) bzw. die Gleichungen unterschiedliche Lösungen haben (erste Gleichung: $x = 28$, zweite Gleichung: $x = 25$).

626 a) $x - 4 = -15$, $x = -11$
b) $x \cdot 12 = -52$, $x = -\frac{13}{3}$
c) $x : 7 = -15$, $x = -105$
d) $x + 3 = 29$, $x = 26$

627 a) $x = 5$ **b)** $x = 26$ **c)** $x = 8$

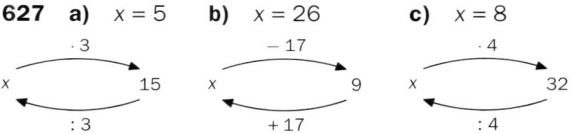

d) $x = 86$ **e)** $x = 288$

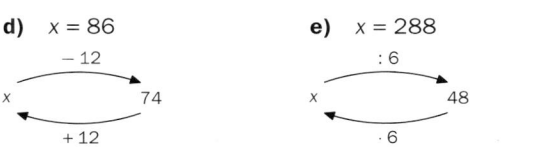

628 a) $a + 2 = -30$, **b)** $b - 65 = -82$,
$a = -32$ $b = -17$

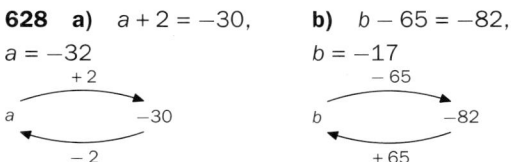

c) $c : 7 = -54$, $c = -378$ **d)** $d \cdot 8 = 88$, $d = 11$

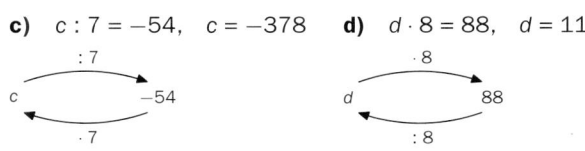

629 $7 \cdot 2 + 4\,l = 3 \cdot (3 \cdot 2 + l)$, $l = 4\,\text{cm}$

630 Von der ersten Waage werden auf jeder Seite sechs 1 er weggenommen. Dann wird auf jeder Seite nur noch ein Viertel der vorher vorhandenen Menge dagelassen. Somit weiß man, was x wiegt.
$$6 + 4x = 14 \qquad | - 6$$
$$4x = 8 \qquad | : 4$$
$$x = 2$$

631 a) $x = 3$

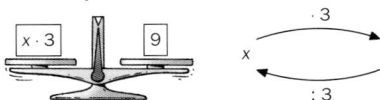

b) $x = 13$

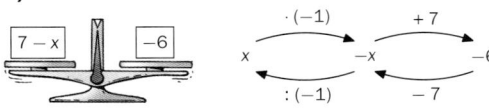

Waagen zu zeichnen ist etwas aufwändiger, dafür ist es anschaulicher.

632 a) Ⓐ Ⓑ Ⓓ Ⓒ
b) Ⓐ Ⓒ Ⓓ Ⓑ

633 a) $x = -3$, Fehler: es wurde auf der rechten Seite $+6$ statt $:(-6)$ gerechnet

b) $x = 19$, Fehler: es wurde auf der rechten Seite -7 statt $+7$ gerechnet

c) $x = 49$, Fehler: es wurde auf der rechten Seite -9 statt $+9$ gerechnet

d) $x = 27$, Fehler: es wurde auf der rechten Seite $:3$ statt $\cdot\,3$ gerechnet

e) $x = -13$, Fehler: es wurde auf der rechten Seite $+13$ statt -13 gerechnet

f) $x = 0$, Fehler: es wurde auf der rechten Seite $+2$ statt -2 gerechnet

g) $x = 16$, Fehler: es wurde auf der rechten Seite -8 statt $+8$ gerechnet

h) $x = -24$, Fehler: es wurde auf der rechten Seite $\cdot\,2$ statt $\cdot\,(-2)$ gerechnet

634 a) $x : 2 + 13 = 30$, $x = 34$

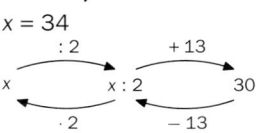

b) $x : 8 - 67 = 81$, $x = 1184$

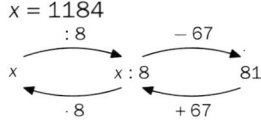

c) $x : 4 - 28 = 92$, $x = 480$

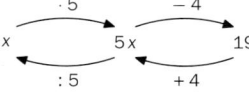

d) $6x - 23 = 67$, $x = 15$

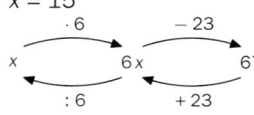

635 a) $x = 4,6$

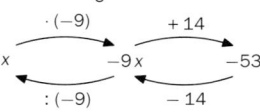

b) $x = -10$

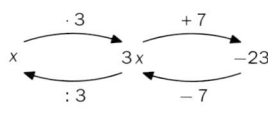

c) $x = \frac{67}{9}$

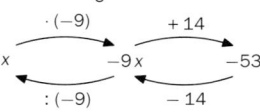

d) $x = 392$

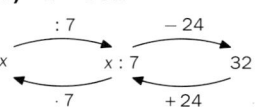

636 a) $x = 77$ **b)** $x = 32$ **c)** $x = -147$
d) $x = -3$ **e)** $x = \frac{16}{3}$ **f)** $x = -9$ **g)** $x = -\frac{17}{24}$
h) $x = 6$

637 a) äquivalent, da die zweite Gleichung durch eine Äquivalenzumformung (-3) aus der ersten Gleichung hervorging bzw. beide Gleichungen die gleiche Lösung $\left(x = \frac{10}{9}\right)$ haben.

b) nicht äquivalent, da die zweite Gleichung nicht durch eine Äquivalenzumformung aus der ersten Gleichung hervorging (links $\cdot\,16$, rechts $\cdot\,4$) bzw. die Gleichungen unterschiedliche Lösungen haben (erste Gleichung: $x = 2$, zweite Gleichung: $x = -4$).

c) äquivalent, da die zweite Gleichung durch eine Äquivalenzumformung (-9) aus der ersten Gleichung hervorging bzw. beide Gleichungen die gleiche Lösung ($x = 132$) haben.

d) nicht äquivalent, da die zweite Gleichung nicht durch eine Äquivalenzumformung aus der ersten Gleichung hervorging (links $-5+14$, rechts $+5-14$) bzw. die Gleichungen unterschiedliche Lösungen haben (erste Gleichung: $x = -4,5$, zweite Gleichung: $x = 4,5$).

638 a) $x = 21,7$, Probe: $2,3 = 2,3$

b) $x = -3$, Probe: $-8 = -8$

c) $x = -\frac{22}{3}$, Probe: $35 = 35$

d) $x = 0,8$, Probe: $7 = 7$

e) $x = 4,5$, Probe: $4 = 4$

639 Ⓓ Ⓒ Ⓑ
Ⓔ Ⓕ Ⓐ

640 a) $x = -\frac{34}{15}$, Probe: $\frac{257}{15} = \frac{257}{15}$

b) $x = \frac{8}{3}$, Probe: $\frac{5}{3} = \frac{5}{3}$

c) $x = \frac{38}{3}$, Probe: $2,2 = 2,2$

d) $x = -\frac{21}{4}$, Probe: $-\frac{37}{4} = -\frac{37}{4}$

e) $x = 7$, Probe: $29 = 29$

f) $x = \frac{11}{6}$, Probe: $\frac{35}{3} = \frac{35}{3}$

641 a) $x = -1$ **b)** $x = 4,5$ **c)** $x = 3$
d) $x = -1$

642 a) $x = 9,5$ **b)** $x = -1,6$ **c)** $x = -\frac{48}{59}$
d) $x = -\frac{1}{3}$ **e)** $x = \frac{24}{13}$ **f)** $x = \frac{43}{24}$

643
$$\begin{aligned} r \cdot y + t &= w &&\,|-t \\ r \cdot y &= w - t &&\,|:r \\ y &= \frac{w-t}{r} \end{aligned}$$

644 a) $a = \frac{u+t}{x}$, $\quad t = a \cdot x - u$, $\quad x = \frac{u+t}{a}$

b) $p = x : z - w$, $\quad x = (w + p) \cdot z$, $\quad z = \frac{x}{w+p}$

c) $r = f - z \cdot x$, $\quad z = \frac{f-r}{x}$, $\quad x = \frac{f-r}{z}$

645

	1. Formel	2. Formel	äquivalent	nicht äquivalent	Korrektur
a)	$A = a \cdot h_a$	$a = A \cdot h_a$	☐	☒	$a = \frac{A}{h_a}$
b)	$A = \frac{a \cdot b}{2}$	$b = \frac{2A}{a}$	☒	☐	
c)	$u = (a+b) \cdot 2$	$a = 2u - b$	☐	☒	$a = \frac{u}{2} - b$
d)	$A = \frac{e \cdot f}{2}$	$f = 2A + e$	☐	☒	$f = \frac{2A}{e}$
e)	$A = \frac{(a+c) \cdot h}{2}$	$c = \frac{2A+a}{h}$	☐	☒	$c = \frac{2A}{h} - a$
f)	$u = 4a$	$a = u - 4$	☐	☒	$a = \frac{u}{4}$

646 a) $b = 12\,\text{cm}$ **b)** $b = 1,6\,\text{dm}$ **c)** $a = 24\,\text{cm}$
d) $f = 4,8\,\text{cm}$ **e)** $a \approx 3,82\,\text{cm}$ **f)** $c \approx 6,41\,\text{cm}$
g) $a = 1,5\,\text{m}$ **h)** $h_a = 8,5\,\text{cm}$

647 a) $\alpha = 90°$, $\quad \beta = 55°$, $\quad \gamma = 35°$
b) $\alpha = 75°$, $\quad \beta = 25°$, $\quad \gamma = 80°$

648 $\alpha = 77°$, $\quad \beta = 154°$, $\quad \gamma = 97°$, $\quad \delta = 32°$

649 $\alpha = 80°$, $\quad \beta = 105°$, $\quad \gamma = 140°$, $\quad \delta = 35°$

650 a) $b = \frac{A}{a}$, $\quad b = 7\,\text{cm}$ **b)** $b = \frac{2 \cdot A}{a}$, $\quad b = 16\,\text{cm}$
c) $e = \frac{2 \cdot A}{f}$, $\quad e = 22\,\text{cm}$ **d)** $a = \frac{2 \cdot A}{h} - c$, $\quad a = 14\,\text{cm}$

651
$$A = \frac{c \cdot h_c}{2} \qquad | \cdot 2$$
$$2A = c \cdot h_c \qquad | : h_c$$
$$\frac{2A}{h_c} = c \qquad \Rightarrow c = 14\,\text{cm}$$

652 $a = 58\,\text{m}$

653 $h_a = 8,5\,\text{cm}$
Es gibt unendlich viele solche Parallelogramme, denn man kann den Winkel α beliebig wählen.

654 a) $2 \cdot (x - 3) = x + 4$, $\quad x = 10$
b) $5x - \frac{x}{2} = 3x - 9$, $\quad x = -6$

655 a) $20x = 260$;
Eine Amsel hat eine Spannweite von $13\,\text{cm}$.
b) $15 \cdot 2,4 = 6x$; Eine Netzpython wird $6\,\text{m}$ lang.

656 $t = \frac{s}{v}$; Für diese Strecke benötigt man eine $\frac{3}{4}\,\text{h}$.

657 Johanna ist 42 Jahre alt, Simone 21 Jahre und Joachim 7 Jahre.

658 Louisa und Willi sind 10 Jahre und Nadine ist 19 Jahre alt.

659 Martin kann damit 390 Minuten (= $6,5\,\text{h}$) pro Monat YouTube-Videos auf seinem Handy anschauen.

660 (1) Jene Zahl(en), die man für die Unbekannte einsetzen kann, damit die Gleichung stimmt.
(2) Weil das Einsetzen von -5 auf der linken und rechten Seite zu verschiedenen Ergebnissen führt.

661 (1) gleichwertig
(2) Eine Äquivalenzumformung verwandelt eine Gleichung in eine andere, gleichwertige Gleichung (d. h. eine Gleichung mit derselben Lösung).

662 (1) wenn sie dieselbe Lösung haben bzw. wenn die eine Gleichung durch Äquivalenzumformungen aus der anderen Gleichung hervorgeht.
(2) äquivalent, da beide Gleichungen die gleiche Lösung ($x = -3$) haben bzw. lassen sich die Gleichungen durch folgende Äquivalenzumformungen umformen:
$$1 - \frac{3x}{12} = \frac{7}{4} \qquad | - 1$$
$$-\frac{3x}{12} = \frac{3}{4} \qquad | \cdot 12$$
$$-3x = 9 \qquad | : (-3)$$
$$x = -3 \qquad | \cdot 2$$
$$2x = -6$$

663 Die zweite Gleichung ist zur ersten äquivalent, da nur die Klammer ausmultipliziert wurde. Die dritte Gleichung ist dazu nicht äquivalent, da die Klammer ohne Anwendung des Distributivgesetzes einfach weggelassen wurde.

664 Bernhards Lösung ist richtig. Er hat auf beiden Seiten 10 subtrahiert. Sabrina hat mit 2 multipliziert, aber vergessen, auch 7 mal 2 zu rechnen.

665 ⬚D⬚ ⬚C⬚ ⬚A⬚ ⬚B⬚

666 falsch, richtig, falsch, falsch, richtig

667–682 Lösungen siehe Schulbuch (Anhang ab S. 211)

Thema: Von Al-Khwarizmi bis zum Algorithmus

Quiz 1A, 2A, 3C, 4B, 5D, 6B

7. Prozent- und Zinsrechnung

Seite 137   Bernd ↔ Bausparen;
Herr und Frau Huber ↔ Sparbuch, 10 Jahre Laufzeit;
Johannes ↔ Sparbuch, täglich fällig;
Silke ↔ Jugendkonto

683   Im Buch ausgeführt.

684   Im Buch ausgeführt.

685   Im Buch ausgeführt.

686   a)   350 m,   20 %,   10 kg,   7,2 m
b)   75 %,   80 l,   1 125 ha,   75 dag

687   a)   Es sollten ungefähr 270 Kinder (269,5) davon ein eigenes Facebook-Profil haben.
b)   —

688   a)   50 g Orangen decken bei Frauen ca. 26,3 % und bei Männern ca. 22,7 % des Tagesbedarfs ab.
b)   50 g Paprika decken bei Frauen ca. 63,2 % und bei Männern ca. 54,5 % des Tagesbedarfs ab.
c)   50 g Tomaten decken bei Frauen ca. 13,2 % und bei Männern ca. 11,4 % des Tagesbedarfs ab.
d)   50 g Brokkoli decken bei Frauen ca. 60,5 % und bei Männern ca. 52,3 % des Tagesbedarfs ab.

689   a)   Die EU müsste 1,496 Milliarden Tonnen CO_2 einsparen.
b)   Die USA müssten 2,076 Milliarden Tonnen CO_2 und China 3,944 Milliarden Tonnen CO_2 einsparen.

690   Ein Erwachsener sollte maximal rund 90,8 g Zucker pro Tag zu sich nehmen.

691   Die Reisezeit hat sich um rund 39,0 % verkürzt.

692   a)   Der Nettopreis der Jacke beträgt 62,50 €.
b)   Der Bruttopreis des Rucksacks beträgt 58,80 €.
c)   Entscheidend ist der Bruttopreis, da man beim Kauf auch die MWSt bezahlen muss.

693   Die Jacke kostet rund 108,33 € ohne MWSt.

694   Der Bruttopreis B sind 110 % vom Nettopreis N
$\Rightarrow B = 110\,\%$ von $N \Rightarrow B = \frac{110}{100} \cdot N \Rightarrow B = 1,1 \cdot N \Rightarrow$
$\Rightarrow N = B : 1,1$

695   Im Buch ausgeführt.

696   Im Buch ausgeführt.

697   Im Buch ausgeführt.

698   a)   63 % aller Schülerinnen und Schüler sind Fahrschüler/-innen.
b)   14 % aller österreichischen Familien haben mindestens 3 Kinder.
c)   22 % der Österreicher sind über 60 Jahre alt.
d)   Der Artikelpreis ist von 2013 bis 2014 um 2 % gestiegen.
e)   Innerhalb von sechs Jahren nahm die Einwohnerzahl um 4 % zu.

699   a) $G = 0,32 \cdot E$ **b)** $V = 0,17 \cdot G$
c) $K = 0,28 \cdot S$ **d)** $R = 0,73 \cdot Ö$

700

	neuer Preis	1. Änderung	2. Änderung	ges. Preisänd.
a)	$x \cdot 1,20 \cdot 1,04$	+20 %	+4 %	+24,8 %
b)	$x \cdot 1,08 \cdot 0,92$	+8 %	−8 %	−0,64 %
c)	$x \cdot 1,1 \cdot 1,2$	+10 %	+20 %	+32 %
d)	$x \cdot 0,9 \cdot 0,8$	−10 %	−20 %	−28 %
e)	$x \cdot 0,75 \cdot 0,95$	−25 %	−5 %	−28,75 %
f)	$x \cdot 1,3 \cdot 1,8$	+30 %	+80 %	+134 %

701 $z \cdot 1,3 \cdot 0,7 = z \cdot 0,91 \neq z$
D. h. die Zahl ist um 9 % kleiner geworden.

702   (1) $v = p \cdot 1,35 \cdot 1,2 = p \cdot 1,62$,
v … Verkaufspreis, p … Preis beim Großhändler
(2)   Es kommen insgesamt 62 % dazu.

703   Gemessen am Bruttopreis machen die 20 % MWSt ja nicht 20 %, sondern einen kleineren Anteil aus.
Die Ware wird bei dem Angebot zum Nettopreis N verkauft.
Es gilt: $\frac{N}{1,2 \cdot N} \approx 0,833 \cdot N$, d. h. der Nettopreis macht ca. 83,3 % des Preises mit MWSt aus, was einer Reduktion von 16,67 % entspricht.

704   Bei der Nationalratswahl 2013 haben von 100 000 Wahlberechtigten durchschnittlich 75 000 ihre Stimme abgegeben und bei der EU-Wahl 2014 durchschnittlich 45 000. Damit ist die Wahlbeteiligung aber sogar um 40 % gesunken und nicht, wie in der Schlagzeile behauptet, um 30 %.

705   (1)   Hier wurden Prozente und Prozentpunkte miteinander vermischt. Die Aussage ist falsch.
(2)   Von 100 Burschen wären also durchschnittlich 44 und von 100 Mädchen wären durchschnittlich 49 Nichtraucher. D. h. es sind ungefähr 11 % mehr Mädchen als Burschen, die nicht rauchen.

706 **(1)** rund 10,2 % **(2)** rund 11,4 %
Die Zahlenangaben sind nicht gleich, weil bei den Berechnungen nicht derselbe Grundwert verwendet wird: Bei **(1)** ist $G = 49\,\%$ und bei **(2)** ist $G = 44\,\%$.

707 Im Buch ausgeführt.

708 Im Buch ausgeführt.

709 a) $Z_{\text{eff}} = 15\,€$, $K_{\text{neu}} = 515\,€$
b) $Z_{\text{eff}} = 3,75\,€$, $K_{\text{neu}} = 253,75\,€$
c) $Z_{\text{eff}} = 17,55\,€$, $K_{\text{neu}} = 1\,317,55\,€$
d) $Z_{\text{eff}} = 67,50\,€$, $K_{\text{neu}} = 3\,067,50\,€$

710 Karl bekommt mit 9,45 € (vor KESt-Abzug) mehr Zinsen als Hannes mit 9,2 €. Die KESt braucht man bei dieser Aufgabe nicht zu berücksichtigen.

711 **(1)** $p_{\text{eff}} = 0,75 \cdot 2 = 1,5$;
$Z_{\text{eff}} = \frac{1,5}{100} \cdot 452,50 \approx 6,79$
Es wurde zuerst der effektive Zinssatz direkt berechnet. Mit diesem wurden dann die Zinsen berechnet.
(2) Die Rechenwege sind sich sehr ähnlich. Bei beiden werden zwei Rechenschritte benötigt. Es kommt auf die konkreten Zahlen an, mit welcher Methode es einfacher zu rechnen ist. Anders sieht es aus, wenn der Zinssatz öfter verwendet wird. Hier ist es günstiger den effektiven Zinssatz zu berechnen und mit diesem zu arbeiten.

712 Im ersten Schritt wird die Definition der effektiven Zinsen verwendet. Dann wird für Z der Term, mit dem man Z berechnen kann, eingesetzt. Im nächsten Schritt wird alles außer K auf einen Bruchstrich geschrieben. Im letzten Schritt wird die Definition für p_{eff} verwendet und ersetzt.

713 189 Tage, 67 Tage, 64 Tage, 82 Tage, 101 Tage

714 Am 23. Oktober (nach 166 Tagen) beträgt das Kapital rund 1 210,38 €.

715 a)

Tage	10	20	30	40	50	60	70	80	90	100
Zinsen (in €)	0,80	1,60	2,40	3,20	4,00	4,80	5,60	6,40	7,20	8,00

b) Dominik bekommt (nach 310 Tagen) 18,60 € Zinsen.

716 a) $p = 2,4\,\%$ **b)** $p = 1,2\,\%$ **c)** $p = 2\,\%$

717 Tanjas Sparbuch wurde mit 4 % verzinst (264 Tage).

718 Barbara müsste mindestens 1 428,58 € auf ihr Jugendkonto legen.

719 Im Buch ausgeführt.

720 Im Buch ausgeführt.

721 Die Kreditsumme am Ende des Jahres beträgt 18 175 €.

722 Herr Koberler hat am Ende des Jahres 10 408,33 € Schulden.

723 **(1)** Es werden 817 € Schulden verrechnet (für 215 Tage).
(2) Er muss 29 617 € zurückzahlen.

724 Die Kreditsumme am Ende des Jahres beträgt 11 700 €.

725

Jahr	Schulden am Anfang	Zinsen	Rate
1	62 500 €	3 437,50 €	5 000 €
2	60 937,50 €	3 351,56 €	5 000 €
3	59 289,06 €	3 260,90 €	5 000 €
4	57 549,96 €	3 165,25 €	5 000 €

726 **(1)**

Jahr	Schulden am Anfang	Zinsen	Rate
1	40 000 €	2 400 €	7 000 €
2	35 400 €	2 124 €	7 000 €
3	30 524 €	1 831,44 €	7 000 €
4	25 355,44 €	1 521,33 €	7 000 €
5	19 876,77 €	1 192,61 €	7 000 €
6	14 069,38 €	844,16 €	7 000 €

(2) Julia hat nach 8 Jahren den Kredit komplett abbezahlt.

727 **(1)** Die Kreditsumme beträgt 10 000 €.
(2) Es wurde ein Zinssatz von 6 % vereinbart.
(3) Der Geldbetrag in der zweiten Zeile ergibt sich aus den Schulden am Anfang plus den Zinsen abzüglich der Rate in der 1. Zeile.

Monat	Schulden am Anfang	Zinsen	Rate
1	10 000 €	50 €	400 €
2	9 650 €	48,25 €	400 €
3	9 298,25 €	46,49 €	400 €
4	8 944,74 €	44,72 €	400 €

728 Im Buch ausgeführt.

729 Im Buch ausgeführt.

730 Im Buch ausgeführt.

731 **(1)** $K_1 = 5\,067,50\,€$, $K_2 = 5\,135,91\,€$, $K_3 = 5\,205,25\,€$, $K_4 = 5\,275,52\,€$, $K_5 = 5\,346,74\,€$
(2) $67,50\,€$; $68,41\,€$; $69,33\,€$; $70,27\,€$; $71,22\,€$

732 **(1)**

Jahre	1	2	3	4
Kapital (in €)	1 218	1 236,27	1 254,81	1 273,64

(2) Nach 6 Jahren hat Anna mehr als $1\,300\,€$ auf dem Sparbuch.

733

	Anfangs-kapital	Laufzeit n in Jahren	Zinssatz	Formel	Kapital nach n Jahren
a)	300	4	2 %	$K_4 = 300 \cdot \left(1 + \frac{1,5}{100}\right)^4$	$K_4 = 318,41\,€$
b)	800	3	5 %	$K_3 = 800 \cdot \left(1 + \frac{3,75}{100}\right)^3$	$K_3 = 893,42\,€$
c)	1 200	7	3,2 %	$K_7 = 1\,200 \cdot \left(1 + \frac{2,4}{100}\right)^7$	$K_7 = 1\,416,71\,€$
d)	45 000	9	2 %	$K_9 = 45\,000 \cdot \left(1 + \frac{1,5}{100}\right)^9$	$K_9 = 51\,452,55\,€$
e)	45	2	1,8 %	$K_2 = 45 \cdot \left(1 + \frac{1,35}{100}\right)^2$	$K_2 = 46,22\,€$
f)	750	1	0,8 %	$K_1 = 750 \cdot \left(1 + \frac{0,6}{100}\right)$	$K_1 = 754,50\,€$
g)	12 000	13	3,5 %	$K_{13} = 12\,000 \cdot \left(1 + \frac{2,625}{100}\right)^{13}$	$K_{13} = 16\,806,31\,€$

734 Lukas erhält nach 6 Jahren $1\,247,18\,€$.

735 wie in Aufgabe **728**: $K_7 = 1\,109,85\,€$,
mit Formel: $K_7 = 1\,000 \cdot 1,015^7 = 1\,109,84\,€$;
Mit der Formel kann man K_7 viel schneller berechnen. Außerdem treten hier keine Rundungsfehler auf. Dafür muss man sich aber die Formel merken.

736 **a)**

Jahre	1	2	3	4
Kapital (in €)	1 636	1 672,81	1 710,45	1 748,93

b) $36\,€$; $36,81\,€$; $37,64\,€$; $38,48\,€$
c) Die Zinsen werden immer von einem neuen Grundwert berechnet, können also nicht gleich hoch sein.

737 **a)** **(1)** $2\,200\,€$ **(2)** $3\,243,40\,€$
b) Durch den wachsenden Grundwert werden bei Verwendung der Zinseszinsen auch die jährlich dazukommenden Zinsen immer mehr, während sie ohne Zinseszinsen immer gleichbleiben.

738 Es ist ein Nachteil, da so das zu verzinsende Kapital auch während des Jahres immer größer wird.

739 **a)** $50\,g$ **b)** $89,98\,g$ **c)** $70,07\,g$
d) $2,39\,g$

740 China: $18,77\,\%$; USA: $4,38\,\%$; Deutschland: $1,12\,\%$

741 Im Jahr 2000 war die Zahl der Selbstständigen ungefähr $110\,000$.

742 Sein Ergebnis ist falsch, denn er nimmt die $10\,\%$ von der vergrößerten Zahl und nicht von x.
$+\,10\,\%$ bedeutet $\cdot\,1{,}1$, die Umkehroperation ist daher:
$x = \frac{4\,400}{1,1} = 4\,000$

743 dunkelblau: $+20\,\%$, orange: $-20\,\%$, rot: $+5\,\%$, hellgelb: $-5\,\%$, dunkelgrün: $+15\,\%$, hellblau: $-10\,\%$, rosa: $+9\,\%$, dunkelgelb: $+3\,\%$, hellgrün: $+100\,\%$

744 **a)** $L = 0,2 \cdot E$ **b)** $Z = 0,28 \cdot B$
c) $A = 0,06 \cdot E$ **d)** $L = 0,14 \cdot F$

745 **a)** Der eingezahlte Geldbetrag ist um $3,7\,\%$ gewachsen.
b) Das Einkommen wurde um $2,5\,\%$ erhöht.
c) Der Stromverbrauch ist um $5\,\%$ gesunken.

746 $G \cdot 1,2 \cdot 0,8 = G \cdot 0,96 \neq G$
Er hat also insgesamt um $4\,\%$ abgenommen.

747 **a)** **(1)** 37 Prozentpunkte **(2)** $+185\,\%$
b) **(1)** 59 Prozentpunkte **(2)** $+236\,\%$
c) **(1)** 68 Prozentpunkte **(2)** $+340\,\%$

748 Der Stimmenanteil muss um $14,1\,\%$ steigen.

749 ⬚C ⬚D ⬚A ⬚E ⬚B

750 **(1)** $F_2 = 1,15 \cdot F_1$ bedeutet, dass die Firma ihre Produktion vom ersten auf das zweite Jahr um $15\,\%$ steigern konnte.
(2) $F_3 = 0,85 \cdot F_2$ bedeutet, dass vom zweiten auf das dritte Jahr die Produktion um $15\,\%$ zurückgegangen ist. D. h. die Produktion konnte nicht gesteigert werden.

(3) $F_3 = 0,85 \cdot F_2 = 0,85 \cdot 1,15 \cdot F_1 = 0,9775 \cdot F_1$
Die Firma hat ihre Produktionszahlen nicht steigern kön-
nen. Die Produktion ist insgesamt um 2,25 % zurückgegangen.

751 Schülerin B hat richtig gerechnet. Die 20 % und
die 15 % werden nicht, wie es Schülerin A gerechnet hat,
vom selben Grundwert K berechnet.

752 (1) Herr Müller hat nicht recht. Der Grundwert
ändert sich während der Berechnung. Seine Aktien sind
nur um 4 % gestiegen.
(2) Zum Schluss haben die Aktien einen Wert von
5 200 €.

753 Es macht keinen Unterschied, denn:
$100 \cdot 1,2 \cdot 0,8 = 100 \cdot 0,8 \cdot 1,2 = 96$

754 a) $Z \approx 13,13 \,€, \quad K_1 = 513,13 \,€$
b) $Z \approx 11,25 \,€, \quad K_1 = 611,25 \,€$
c) $Z \approx 55,65 \,€, \quad K_1 = 2\,705,65 \,€$

755 (1) Maria erhält nach 10 Tagen 8 €, nach
20 Tagen 16 € und nach 30 Tagen 24 €.
(2)

Tage	10	20	30	40	50
Zinsen (in €)	8	16	24	32	40

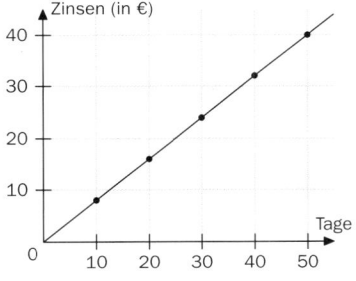

(3) Maria bekommt nach $6\frac{1}{2}$ Monaten 156 € Zinsen.

756 (1) Das Sparbuch wurde mit 3,6 % verzinst.
(2) Nach 164 Tagen bekommt Sophie 49,20 € Zinsen
ausbezahlt.

757 (1) Das Sparbuch wurde mit 2,4 % verzinst.
(2) Nach 208 Tagen bekommt Lena 39 € Zinsen ausbezahlt.

758

Zeile	Rechnungen	Kontostand in €
1	Sparbucheröffnung: 750 €	750
2	Tage: 26 + 2 · 30 = 86, Zinsen: $\frac{86}{360} \cdot \frac{3,4}{100} \cdot 750 = 6,09$	750 + 6,09 = 756,09
3	KESt: 6,09 · 0,25 = 1,52	756,09 − 1,52 = 754,57
4	Abheben von 150 €	754,57 − 150 = 604,57
5	Tage (1.1.-4.3.): 2 · 30 + 4 = 64, Zinsen (1.1.-4.3.): $\frac{64}{360} \cdot \frac{3,4}{100} \cdot 754,57 = 4,56$	604,57 + 4,56 = 609,13
6	KESt: 4,56 · 0,25 = 1,14	609,13 − 1,14 = 607,99
7	Tage (4.3.-31.12.): 26 + 9 · 30 = 296, Zinsen (4.3.-31.12.): $\frac{296}{360} \cdot \frac{3,4}{100} \cdot 604,57 = 16,90$	607,99 + 16,90 = 624,89
8	KESt: 16,90 · 0,25 = 4,23	624,89 − 4,23 = 620,66
9	Zinsen (für ein Jahr): $\frac{3,4}{100} \cdot 620,66 = 21,10$	620,66 + 21,10 = 641,76
10	KESt: 21,10 · 0,25 = 5,28	641,76 − 5,28 = 636,48
11	Tage (1.1.-11.4.): 3 · 30 + 11 = 101, Zinsen (1.1.-11.4.): $\frac{101}{360} \cdot \frac{3,4}{100} \cdot 636,48 = 6,07$	636,48 + 6,07 = 642,55
12	KESt: 6,07 · 0,25 = 1,52	642,55 − 1,52 = 641,03

759 a) Jasmin bekommt am 1. August 2014
568,53 € ausbezahlt. *Hinweis:*

10. 7. 2012	Eröffnung	400,00 €
30. 10. 2012	Einzahlung 150 €	550,00 €
31. 12. 2012	2,06 € Zinsertrag von 400 € für 110 Tage (10. 7. – 30. 10.)	552,06 €
31. 12. 2012	1,55 € Zinsertrag von 550 € für 60 Tage (30. 10. – 31. 12.)	553,61 €
31. 12. 2013	9,35 € Zinsertrag von 553,61 €	562,96 €
1. 8. 2014	5,57 € Zinsertrag von 562,96 € für 211 Tage (1. 1. – 1. 8.)	568,53 €

b) Daniel bekommt am 20. September 2017
5 497,72 € ausbezahlt. *Hinweis:*

16. 1. 2014	Eröffnung	4 800,00 €
6. 7. 2014	Einzahlung 200 €	5 000,00 €
31. 12. 2014	59,50 € Zinsertrag von 4 800 € für 170 Tage (16. 1. – 6. 7.)	5 059,50 €
31. 12. 2014	63,44 € Zinsertrag von 5 000 € für 174 Tage (6. 7. – 31. 12.)	5 122,94 €
31. 12. 2015	134,48 € Zinsertrag von 5 122,94 €	5 257,42 €
31. 12. 2016	138,01 € Zinsertrag von 5 257,42 €	5 395,43 €
20. 9. 2017	102,29 € Zinsertrag von 5 395,43 € für 260 Tage (1. 1. – 20. 9.)	5 497,72 €

760 $p = 1,5\,\%$

761 Darios Schulden betragen nach einem weiteren Jahr 8 427 € ($p = 6\,\%$).

762 **(1)** Herr Hirner hat 13 200 € Kredit aufgenommen.
(2) Im ersten Monat sind 68,75 € Zinsen angefallen.

763 Die Kreditsumme am Ende des Jahres beträgt 99 000 €. Die Schulden sind also in diesem Jahr nur um 1 000 € geringer geworden.

764

Jahr	Schulden am Anfang	Zinsen	Rate
1	85 000 €	5 525 €	6 000 €
2	84 525 €	5 494,13 €	6 000 €
3	84 019,13 €	5 461,24 €	6 000 €
4	83 480,37 €	5 426,22 €	6 000 €
5	82 906,59 €	5 388,93 €	6 000 €

765 Die Rückzahlung wird in etwa 24 Jahre dauern.

Jahr	Schulden am Anfang	Zinsen	Rate
1	100 000 €	6 000 €	8 000 €
2	98 000 €	5 880 €	8 000 €
3	95 880 €	5 752,80 €	8 000 €
4	93 632,80 €	5 617,97 €	8 000 €
5	91 250,77 €	5 475,05 €	8 000 €
6	88 725,82 €	5 323,55 €	8 000 €
7	86 049,37 €	5 162,96 €	8 000 €
8	83 212,33 €	4 992,74 €	8 000 €
9	80 205,07 €	4 812,30 €	8 000 €
10	77 017,37 €	4 621,04 €	8 000 €

766 **(1)** Eine Rate von 800 € wäre auf jeden Fall zu niedrig, da so die Schulden immer größer werden, weil die Zinsen mehr als 800 € ausmachen. Sie könnte so ihre Schulden nie zurückzahlen. Mit einer Rate von 1 400 € könnte sie den Kredit nach 16 Jahren zurückzahlen.

Jahr	Schulden am Anfang	Zinsen	Rate
1	12 000 €	960 €	800 €
2	12 160 €	972,80 €	800 €
3	12 332,80 €	986,62 €	800 €
4	12 519,42 €	1 001,55 €	800 €
5	12 720,97 €	1 017,68 €	800 €

Jahr	Schulden am Anfang	Zinsen	Rate
1	12 000 €	960 €	1 400 €
2	11 560 €	924,80 €	1 400 €
3	11 084,80 €	886,78 €	1 400 €
4	10 571,58 €	845,73 €	1 400 €
5	10 017,31 €	801,38 €	1 400 €
6	9 418,69 €	753,50 €	1 400 €
7	8 772,19 €	701,78 €	1 400 €
8	8 073,97 €	645,92 €	1 400 €
9	7 319,89 €	585,59 €	1 400 €
10	6 505,48 €	520,44 €	1 400 €
11	5 625,92 €	450,07 €	1 400 €
12	4 675,99 €	374,08 €	1 400 €
13	3 650,07 €	292,01 €	1 400 €
14	2 542,08 €	203,37 €	1 400 €
15	1 345,45 €	107,64 €	1 400 €
16	53,09 €	4,25 €	57,34 €

(2) Aus finanzieller Sicht macht die höhere Ratenzahlung mehr Sinn, da insgesamt weniger Zinsen anfallen. Dafür muss man aber mehr Geld pro Jahr aufbringen können.

767 Mit doppelt so hohem Zinssatz bekommt man doppelt so viel Zinsen.

768 Bei doppelt, dreimal, etc. so hohem Kapital sind die Zinsen auch doppelt, dreimal, etc. so hoch.

(1)

768-1 — B2 =A2/12*0,8/100*600

Monat	Zinsen
1	0,4
2	0,8
3	1,2
4	1,6
5	2
6	2,4
7	2,8
8	3,2
9	3,6
10	4
11	4,4
12	4,8

(2)

768-2 — B2 =A2/12*0,8/100*900

Monat	Zinsen
1	0,6
2	1,2
3	1,8
4	2,4
5	3
6	3,6
7	4,2
8	4,8
9	5,4
10	6
11	6,6
12	7,2

(3)

768-3 — B2 =A2/12*0,8/100*1200

Monat	Zinsen
1	0,8
2	1,6
3	2,4
4	3,2
5	4
6	4,8
7	5,6
8	6,4
9	7,2
10	8
11	8,8
12	9,6

(4)

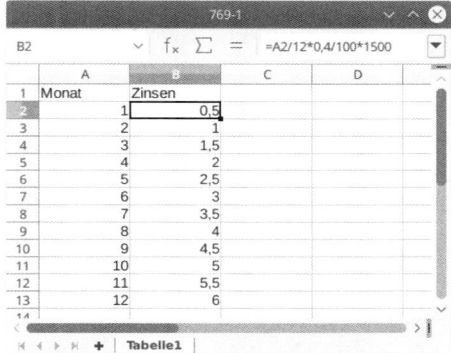

768-4 — B2 =A2/12*0,8/100*3600

Monat	Zinsen
1	2,4
2	4,8
3	7,2
4	9,6
5	12
6	14,4
7	16,8
8	19,2
9	21,6
10	24
11	26,4
12	28,8

769 Bei doppelt, dreimal, etc. so hohem Zinssatz sind die Zinsen auch doppelt, dreimal, etc. so hoch.

(1)

769-1 — B2 =A2/12*0,4/100*1500

Monat	Zinsen
1	0,5
2	1
3	1,5
4	2
5	2,5
6	3
7	3,5
8	4
9	4,5
10	5
11	5,5
12	6

(2)

769-2 — B2 =A2/12*0,6/100*1500

Monat	Zinsen
1	0,75
2	1,5
3	2,25
4	3
5	3,75
6	4,5
7	5,25
8	6
9	6,75
10	7,5
11	8,25
12	9

(3)

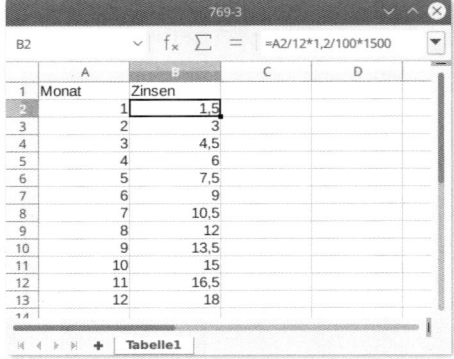

	A	B	C	D
	B2		f_x $\sum$ =	=A2/12*1,2/100*1500
1	Monat	Zinsen		
2	1	1,5		
3	2	3		
4	3	4,5		
5	4	6		
6	5	7,5		
7	6	9		
8	7	10,5		
9	8	12		
10	9	13,5		
11	10	15		
12	11	16,5		
13	12	18		

(4)

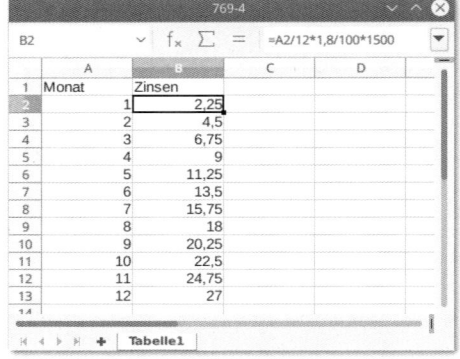

	A	B	C	D
	B2		f_x $\sum$ =	=A2/12*1,8/100*1500
1	Monat	Zinsen		
2	1	2,25		
3	2	4,5		
4	3	6,75		
5	4	9		
6	5	11,25		
7	6	13,5		
8	7	15,75		
9	8	18		
10	9	20,25		
11	10	22,5		
12	11	24,75		
13	12	27		

770 **(1)** Im 7. Monat sind die Schulden erstmals weniger als 1 000 €. Bei einer halb so großen Rate ist das erst im 13. Monat der Fall.

(2) Im 8. Monat ist der Kredit abbezahlt. Bei einer halb so großen Rate ist er erst im 14. Monat abbezahlt.

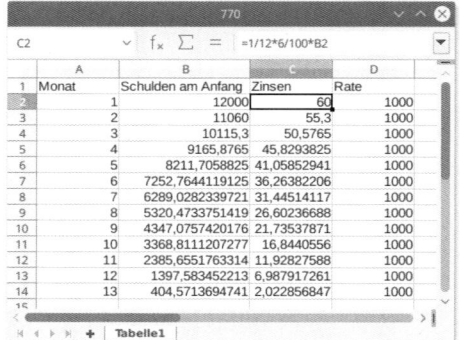

	A	B	C	D
	C2		f_x $\sum$ =	=1/12*6/100*B2
1	Monat	Schulden am Anfang	Zinsen	Rate
2	1	12000	60	1000
3	2	11060	55,3	1000
4	3	10115,3	50,5765	1000
5	4	9165,8765	45,8293825	1000
6	5	8211,7058825	41,05852941	1000
7	6	7252,7644119125	36,26382206	1000
8	7	6289,0282339721	31,44514117	1000
9	8	5320,4733751419	26,60236688	1000
10	9	4347,0757420176	21,73537871	1000
11	10	3368,8111207277	16,8440556	1000
12	11	2385,6551763314	11,92827588	1000
13	12	1397,583452213	6,987917261	1000
14	13	404,5713694741	2,022856847	1000

771

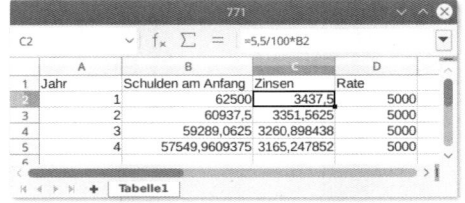

	A	B	C	D
	C2		f_x $\sum$ =	=5,5/100*B2
1	Jahr	Schulden am Anfang	Zinsen	Rate
2	1	62500	3437,5	5000
3	2	60937,5	3351,5625	5000
4	3	59289,0625	3260,898438	5000
5	4	57549,9609375	3165,247852	5000

772 Nach 24 Jahren ist der Kredit zurückgezahlt. (Im letzten Jahr sind nur mehr 6 368,84 € zu zahlen.)

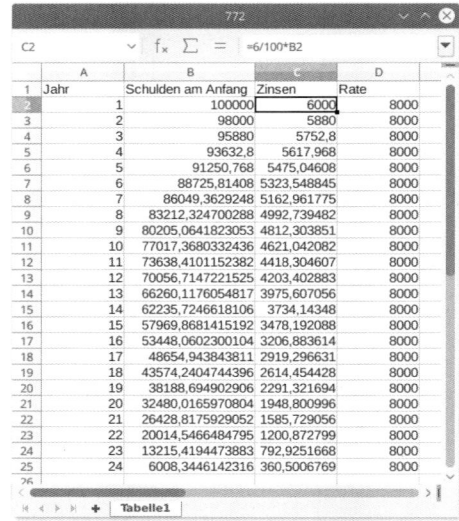

	A	B	C	D
	C2		f_x $\sum$ =	=6/100*B2
1	Jahr	Schulden am Anfang	Zinsen	Rate
2	1	100000	6000	8000
3	2	98000	5880	8000
4	3	95880	5752,8	8000
5	4	93632,8	5617,968	8000
6	5	91250,768	5475,04608	8000
7	6	88725,81408	5323,548845	8000
8	7	86049,3629248	5162,961775	8000
9	8	83212,324700288	4992,739482	8000
10	9	80205,0641823053	4812,303851	8000
11	10	77017,3680332436	4621,042082	8000
12	11	73638,4101152382	4418,304607	8000
13	12	70056,7147221525	4203,402883	8000
14	13	66260,1176054817	3975,607056	8000
15	14	62235,7246618106	3734,14348	8000
16	15	57969,8681415192	3478,192088	8000
17	16	53448,0602300104	3206,883614	8000
18	17	48654,943843811	2919,296631	8000
19	18	43574,2404744396	2614,454428	8000
20	19	38188,694902906	2291,321694	8000
21	20	32480,0165970804	1948,800996	8000
22	21	26428,8175929052	1585,729056	8000
23	22	20014,5466484795	1200,872799	8000
24	23	13215,4194473883	792,9251668	8000
25	24	6008,3446142316	360,5006769	8000

773 z. B.: Kredit 60 000 €, Zinssatz 4 %, jährl. Rate 8 000 €

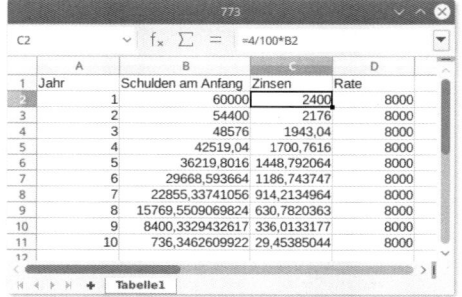

	A	B	C	D
	C2		f_x $\sum$ =	=4/100*B2
1	Jahr	Schulden am Anfang	Zinsen	Rate
2	1	60000	2400	8000
3	2	54400	2176	8000
4	3	48576	1943,04	8000
5	4	42519,04	1700,7616	8000
6	5	36219,8016	1448,792064	8000
7	6	29668,593664	1186,743747	8000
8	7	22855,33741056	914,2134964	8000
9	8	15769,5509069824	630,7820363	8000
10	9	8400,3329432617	336,0133177	8000
11	10	736,3462609922	29,45385044	8000

1) falsch

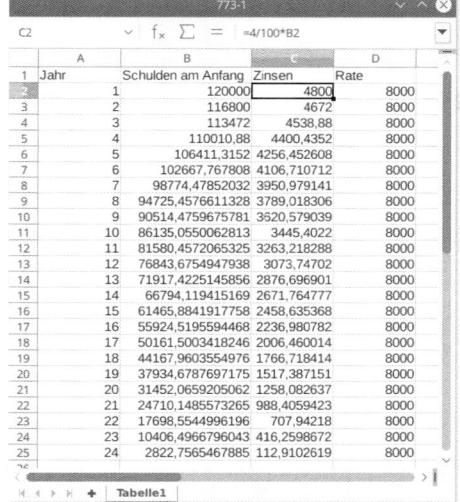

2) falsch

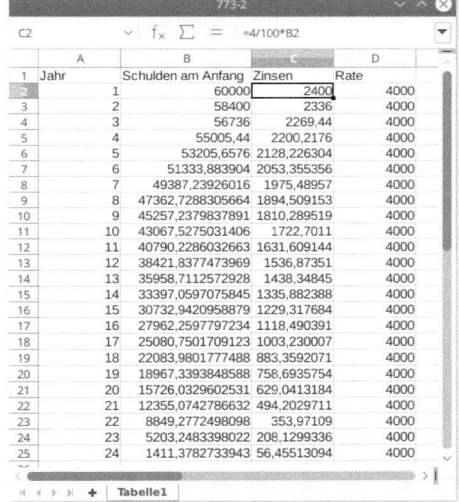

3) falsch

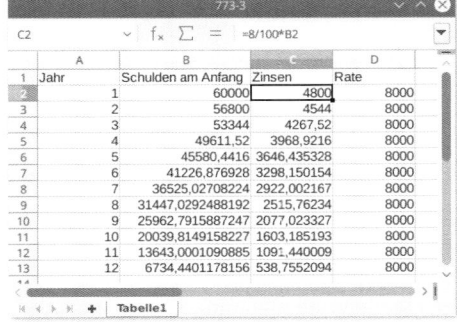

774 a) z. B.: Der Preis einer Jacke wird im Ausverkauf zuerst um 25 % , dann nochmals um 20 % gesenkt.

b) z. B.: Eine Ware kostet netto $P€$. Dazu kommen 20 % MWSt, und 5 % Rabatt werden abgezogen.

c) z. B.: Eine Firma konnte ihre Produktion vom ersten auf das zweite Jahr um 80 % erhöhen.

d) z. B.: Herr Müller nimmt zuerst 30 % seines Gewichts zu, dann nimmt er wieder 30 % ab.

775 Der neue Preis müsste 14,50 € statt 19 € betragen, wenn es eine Reduktion von 50 % sein sollte.

776 Beide Behauptungen sind richtig, denn 5 Prozentpunkte entsprechen in diesem Fall tatsächlich den 25 % des ursprünglichen Stimmenanteils.

777 (1) In diesem Fall eignet sich die prozentuelle Zunahme besser, denn sie wirkt beeindruckender.
(2) Für eine unabhängige Zeitung eignen sich Prozentpunkte besser.

778 Sabine rechnet sich zuerst den effektiven Zinssatz aus und kann mit diesem dann direkt die effektiven Zinsen berechnen.

779 *Gläubiger*: jemand, der vom Schuldner (Kreditnehmer) eine Leistung (Geld) fordern kann
Hypothek: Sicherungsmittel für Kredite, z. B. ein Grundstück
Kredit tilgen: Rückzahlung der Schulden
Darlehen: Kredit
Girokonto: Konto über das Geschäfte durch Scheck oder Überweisung durchgeführt werden
Bonität: Kreditwürdigkeit einer Person oder Firma
Kredithai: ein Kredit, der zu besonders hohen, wucherischen Zinsen angeboten wird
Wertpapiere: Aktien

780 Variante A bringt mehr Geld, da ich nur so für den gesamten Betrag Zinsen für das ganze Jahr erhalte.

781 Bei Variante A zahlt man weniger Zinsen, da immer nur das tatsächlich geschuldete Geld verzinst werden kann und das wird im Lauf des Jahres weniger.

782–791 Lösungen siehe Schulbuch (Anhang ab S. 211)

8. Proportionen und Ähnlichkeit

Seite 157 Man könnte meinen, die Menschen sehen tatsächlich ihren Hunden ähnlich. Im mathematischen Sinn sind sie sich allerdings nicht ähnlich.
Bei den Mona Lisa Bildern sind sich Bild Nummer 1 und 3 auch mathematisch ähnlich, weil es das exakt gleiche, gespiegelte Bild ist. Zwei Figuren sind mathematisch ähnlich, wenn sich nur die Größe ändert oder das Bild z. B. gespiegelt wird.

792 Im Buch ausgeführt.

793 Im Buch ausgeführt.

794 a) Alle Seiten wurden verdoppelt.
b) Alle Seiten der zweiten Figur sind 1,5-mal so lang wie bei der ersten Figur.

795 a und i; b und d; c und e; f und h; g und j

796 richtig, falsch, falsch, richtig

797 a) 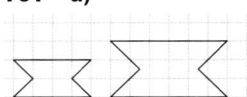 **b)**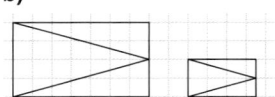

798 Diagonalen: $d \approx 2,2\,\text{cm}$, $d' \approx 6,7\,\text{cm}$
Die Diagonalen des großen Rechtecks sind 3-mal so lang wie die Diagonalen des kleinen Rechtecks: $d' = 3 \cdot d$
Daher stehen sie im selben Verhältnis wie die Seiten.

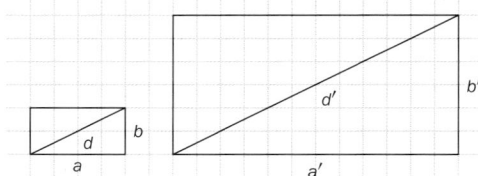

799 Diagonalen: $d \approx 10,8\,\text{cm}$, $d' \approx 7,2\,\text{cm}$
Die Diagonalen des großen Rechtecks sind 1,5-mal so lang wie die Diagonalen des kleinen Rechtecks: $d = 1,5 \cdot d'$ bzw. $d' = \frac{2}{3} \cdot d$
Daher stehen sie im selben Verhältnis wie die Seiten.

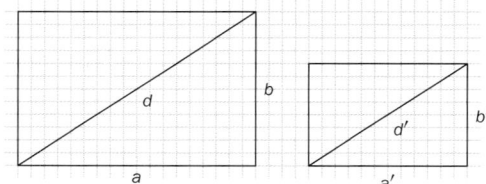

800 a) Die Seiten wurden halbiert, der Flächeninhalt wurde geviertelt.

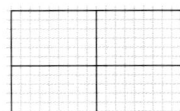

b) Die Seiten wurden gedrittelt, der Flächeninhalt beträgt $\frac{1}{9}$ der ursprünglichen Fläche.

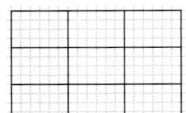

c) Die Seiten wurden durch 6 geteilt, der Flächeninhalt beträgt $\frac{1}{36}$ der ursprünglichen Fläche.

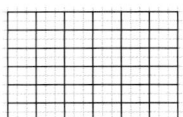

801 Im Buch ausgeführt.

802 Im Buch ausgeführt.

803 Im Buch ausgeführt.

804 a) $1:2$, $1:2$, $1:3$, $1:3$
b) $4:9$, $3:2$, $4:3$, $3:5$
c) $8:45$, $5:4$, $7:3$, $4:3$
d) $4:5$, $4:9$, $2:1$, $4:1$

805 a) a ist fünfmal so lang wie b.
b) a ist dreimal so lang wie b.
c) a ist 1,5-mal so lang wie b.
d) a und b stehen im Verhältnis $4:3$.
e) a ist ein Viertel von b.

806 a) Sowohl die Basis als auch die Höhe des zweiten Dreiecks ist $\frac{4}{3}$-mal so lang, wie die entsprechenden Längen des ersten Dreiecks.
Da es sich um gleichschenklige Dreiecke handelt, sind die beiden Dreiecke zueinander ähnlich.
b) $f:c = 1,5$; $e:a = 1,5$; $d:b = 1,5$;
Alle Seiten der zweiten Figur sind 1,5-mal so lang wie bei der ersten Figur. Daher sind die Dreiecke zueinander ähnlich.
Hinweis: Das zweite Dreieck wurde gespiegelt.

807 A und H, B und D, C und F, E und G

808 a) Die Winkel ∢ABC und ∢ADE sowie ∢BCA und ∢DEA sind jeweils gleich große Parallelwinkel. Daher stimmen alle drei Winkel überein und damit sind die beiden Dreiecke zueinander ähnlich.

b) Die Winkel ⊲ABC und ⊲AFG sowie ⊲BCA und ⊲FGA sind jeweils gleich große Parallelwinkel. Daher stimmen alle drei Winkel überein und damit sind die beiden Dreiecke zueinander ähnlich.

c) Die Winkel ⊲ADE und ⊲AFG sowie ⊲DEA und ⊲FGA sind jeweils gleich große Parallelwinkel. Daher stimmen alle drei Winkel überein und damit sind die beiden Dreiecke zueinander ähnlich.

809 $\alpha = \alpha' \approx 105°$, $\beta = \beta' = 38°$, $\gamma = \gamma' \approx 37°$

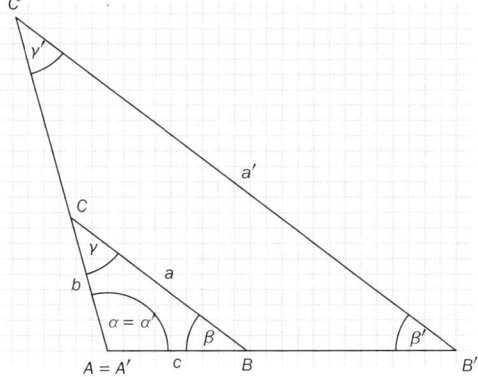

810 $\alpha = \alpha' \approx 47°$, $\beta = \beta' = 36°$, $\gamma = \gamma' \approx 97°$

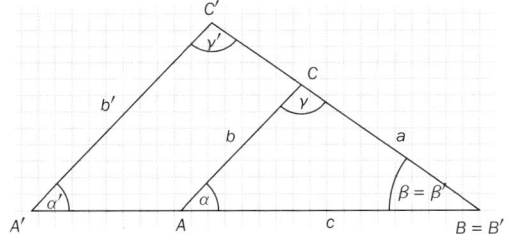

811 a) Winkel des ersten Dreiecks: 37°, 102°, 41°, Winkel des zweiten Dreiecks: 41°, 37° und 102°; Die beiden Dreiecke haben gleich große Winkel. Daher sind sie zueinander ähnlich.

b) Winkel des ersten Dreiecks: 68°, 44° und 68°, Winkel des zweiten Dreiecks: 68°, 68° und 44°; Die beiden Dreiecke haben gleich große Winkel. Daher sind sie zueinander ähnlich.

c) Winkel des ersten Dreiecks: 102°, 44° und 34°, Winkel des zweiten Dreiecks: 44°, 34° und 102°; Die beiden Dreiecke haben gleich große Winkel. Daher sind sie zueinander ähnlich.

812 Im Buch ausgeführt.

813 Im Buch ausgeführt.

814 a) Vergrößerung, Vergrößerung, Verkleinerung
b) Verkleinerung, Vergrößerung, Vergrößerung

815 a) $a' = 12\,cm$

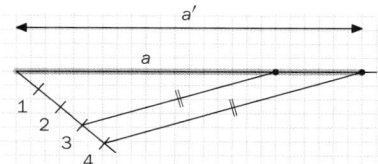

b) $a' = 15\,cm$

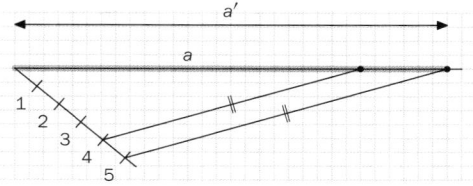

c) $a' = 9\,cm$

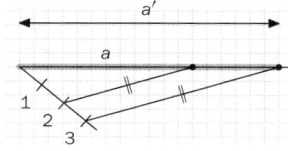

816 a) $a' = 6\,cm$

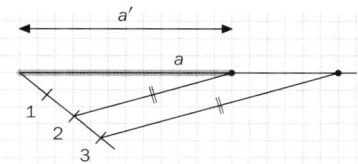

b) $a' = 8\,cm$

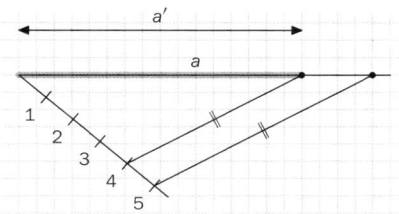

c) $a' = 4\,cm$

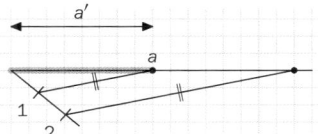

817 a)

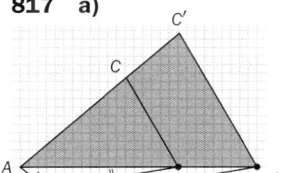

b)

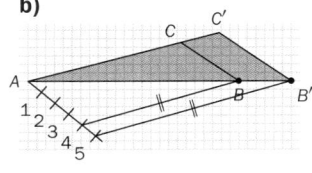

c)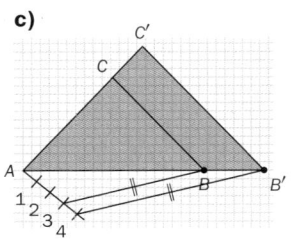

d)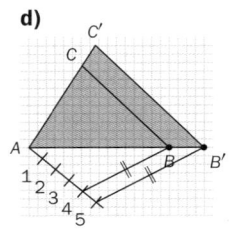

818 a)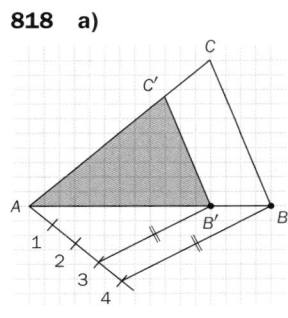

b)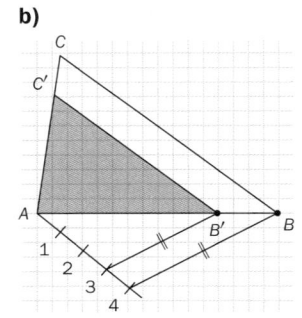

c)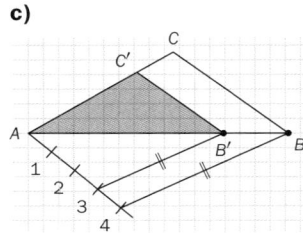

819 (1) Bei der ersten Variante werden zwei Hilfsstrahle gezeichnet, einer um die Seite *AB* zu vergrößern und einer, um die Seite *AD* zu vergrößern.
(2) Bei der zweiten Variante wird mit einem Hilfsstrahl sowohl die Seite *AB* als auch die Seite *AD* vergrößert. Hier braucht man also einen Hilfsstrahl weniger.
(3) Bei der dritten Variante wird überhaupt nur die Seite *AB* vergrößert. Um die Seite *BC* zu vergrößern, wird die Diagonale zu Hilfe genommen.

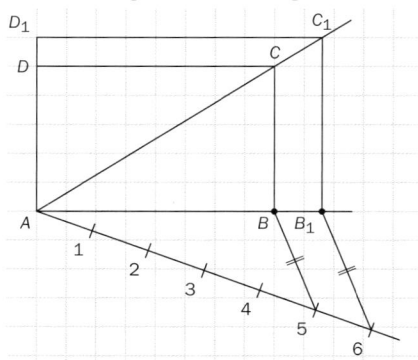

820 (1) *1. Schritt*: Zeichne einen Hilfsstrahl ein und markiere darauf acht (= 3 + 5) gleich lange Abschnitte. *2. Schritt:* Verbinde den 8. Punkt mit dem Endpunkt der Strecke *AB*.   *3. Schritt* Verschiebe diese Linie parallel durch den 3. Punkt. Der Schnittpunkt mit der Strecke *AB* ist der Teilungspunkt *T*.
(2) $\overline{AT} : \overline{TB} = 3{,}2\,\text{cm} : 7{,}2\,\text{cm} = 4 : 9$

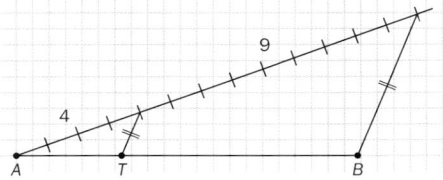

821 a) $\overline{AT} \approx 4{,}3\,\text{cm}$, $\overline{TB} \approx 5{,}7\,\text{cm}$ **b)** $\overline{AT} \approx 5{,}5\,\text{cm}$, $\overline{TB} \approx 2{,}2\,\text{cm}$

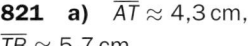

c) $\overline{AT} \approx 1{,}2\,\text{cm}$, $\overline{TB} \approx 4{,}4\,\text{cm}$ **d)** $\overline{AT} \approx 6{,}6\,\text{cm}$, $\overline{TB} \approx 5{,}5\,\text{cm}$

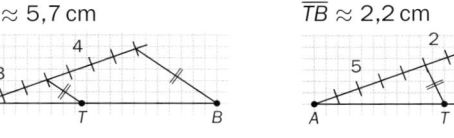

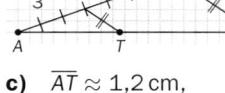

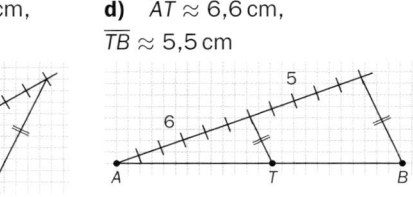

822 Im Buch ausgeführt.

823 Im Buch ausgeführt.

824 Im Buch ausgeführt.

825 a) $x = 3{,}5$ **b)** $x = \frac{40}{3}$ **c)** $x = 4{,}5$
d) $x = 2{,}8$ **e)** $x = 4$ **f)** $x = 22$ **g)** $x = 4$
h) $x = 23$

826 *1. Schritt*: Die Division wird als Bruch geschrieben.   *2. Schritt*: Es wird mit dem gemeinsamen Nenner erweitert.   *3. Schritt*: Es wird gekürzt.

827 a) z. B.: $\overline{AB} : \overline{AD} = \overline{AC} : \overline{AE}$, $\overline{AC} : \overline{AG} = \overline{AB} : \overline{AF}$
b) z. B.: $\overline{AB} : \overline{CB} = \overline{AD} : \overline{ED}$, $\overline{CE} : \overline{BD} = \overline{AC} : \overline{AB}$
c) z. B.: $\overline{BD} : \overline{DF} = \overline{CE} : \overline{EG}$, $\overline{BC} : \overline{FG} = \overline{AB} : \overline{AF}$
d) z. B.: $\overline{BF} : \overline{DF} = \overline{CG} : \overline{EG}$, $\overline{AE} : \overline{EG} = \overline{AD} : \overline{DF}$

828 a) $x \approx 28{,}2\,\text{mm}$ **b)** $x \approx 19{,}8\,\text{mm}$
c) $x \approx 24{,}2\,\text{mm}$

829 a) $a_1 = 9\,\text{cm}$, $b_1 = 2{,}85\,\text{cm}$
b) $a_1 = 4{,}74\,\text{cm}$, $b_1 = 2{,}7\,\text{cm}$

830 a) $855\,\text{m}$ **b)** $620\,\text{m}$

831 **a)** $x = 20$ **b)** $x = 60$

832 Im Buch ausgeführt.

833 Im Buch ausgeführt.

834 In 2 h kommt Iris 14 km weit.

835 Joachim würde 52,5 min (= 0,875 h) brauchen.

836 Er müsste insgesamt 5 Forstarbeiter beschäftigen.

837 Familie Neumayer muss mit 182,81 € Treibstoffkosten rechnen.

838 Es wurden um 18 720 Bilder mehr verwendet.

839 Es müsste zusätzlich 1 Arbeiter engagiert werden.

840 **a)** Es werden 60 g Waschmittel benötigt.
b) Es werden 97,5 g Waschmittel benötigt.

841 1 Meter sind rund 39,37 Zoll.

842 Der Bus kostet für jeden rund 44,91 €.

843 Wenn sich Onkel Franz und Tante Lisa auch beteiligen, zahlt jeder nur 100 €.

844 Im Buch ausgeführt.

845 Im Buch ausgeführt.

846 **a)** Es gehen 12 Mädchen in diese Klasse.
b) In dieser Klasse sind rund 57 % Schülerinnen und 43 % Schüler.

847 Die einzelnen Sparten bekommen jeweils 50 000 €, 20 000 € und 40 000 € für Werbemittel.

848 Aus 800 g Farbe kann 1080 g Lack hergestellt werden. Dazu werden noch 200 g Härtemittel und 80 g Verdünnung benötigt.

849 Für den Kleister werden 4 l (= 4 kg) Wasser benötigt.

850 Zum Färben des Haaransatzes benötigt man 45 ml Wasserstoffperoxyd, zum Färben von schulterlangen Haaren benötigt man 60 ml Wasserstoffperoxyd.

851 Es werden 0,625 l Wasser benötigt.

852 Das Bild ist rund 61 cm hoch.

853 Die Entfernung ist in Wirklichkeit 106,4 km.

854 **(1)** Die Karte hat den Maßstab 1 : 200 000.
(2) Vom Autobahnknoten bis Neunkirchen sind es ca. 11 km, vom Autobahnknoten bis Wr. Neustadt sind es ca. 4 km.

855 A und F, B und I, C und G, D und H, E und J

856 A und H, B und F, C und E, D und G

857 Die beiden Dreiecke sind zueinander ähnlich, da sie die gleichen Winkel haben.

858 **a)** $a' = 17,5\,\text{cm}$

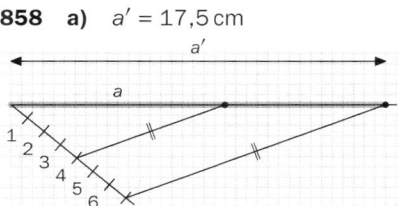

b) $a' = 9\,\text{cm}$

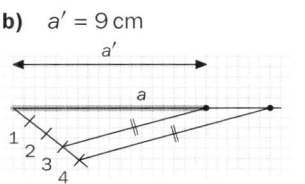

c) $a' = 13,5\,\text{cm}$

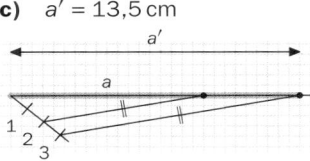

d) $a' \approx 9,29\,\text{cm}$

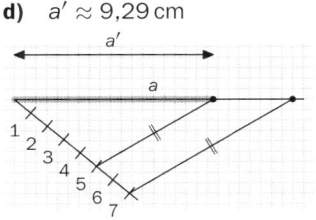

859 **a)** **b)**

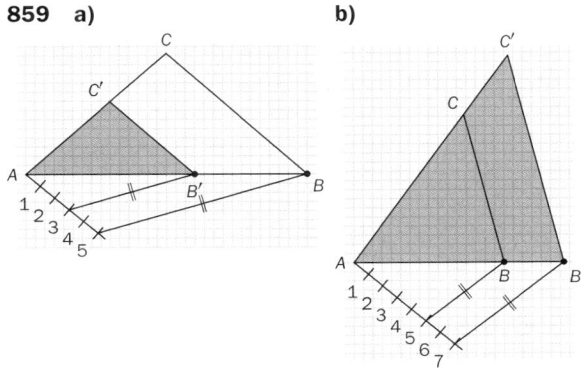

c)

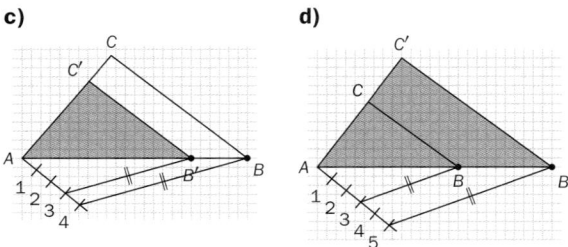

d)

862

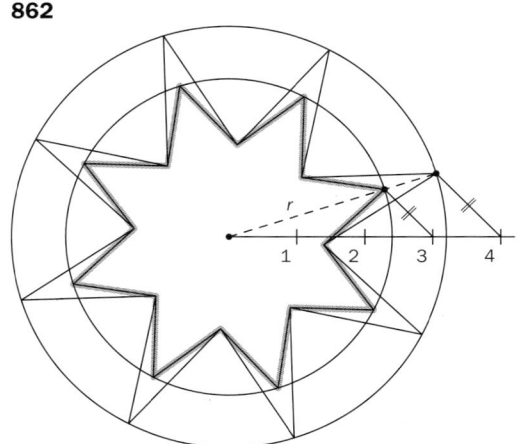

860 Mit dem Hilfsstrahl wird die Länge des Radius im Verhältnis 1 : 3 vergrößert.

1. Schritt: Es wird vom Mittelpunkt aus (Beginn des Radius) ein Hilfsstrahl mit drei Unterteilungen gezeichnet und die Zahl 1 mit dem Ende des Radius verbunden;

2. Schritt: die soeben gezeichnete Strecke wird parallel durch die Zahl 3 verschoben. Somit erhält man den vergrößerten Radius;

3. Schritt: Mithilfe der Diagonalen wird das vergrößerte Sechseck fertig gezeichnet.

861 a)

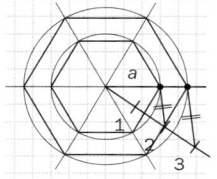

863 a)

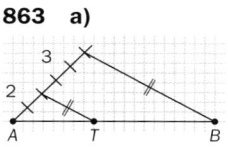

b)

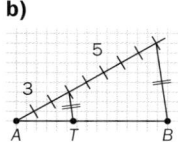

c)

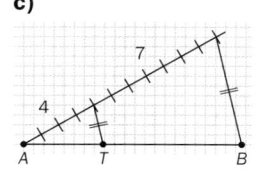

d)

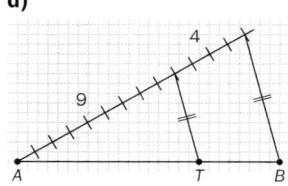

e)

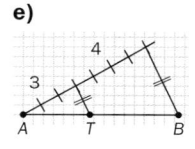

f)

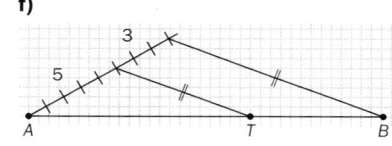

b)

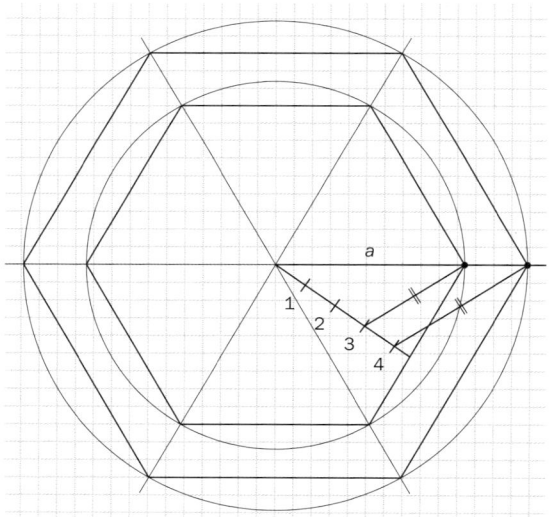

864 Der Teilungspunkt *T* teilt die Strecke im Verhältnis 3 : 4, da am Hilfsstrahl zuerst drei Unterteilungen (vor der Strecke zum Teilungspunkt) und dann vier Unterteilungen sind.

865 Das dunkelblaue Dreieck ist zum großen Dreieck ähnlich, da ein Winkel β ist und der zweite Winkel 90°. Damit stimmen bei den beiden Dreiecken zwei Winkel überein und somit muss auch der dritte Winkel gleich groß sein. Daraus folgt, dass die beiden Dreiecke ähnlich sind. Das hellblaue Dreieck hat den Winkel α und 90° und mit dem gleichen Argument wie beim dunkelblauen Dreieck muss auch dieses Dreieck zum großen Dreieck ähnlich sein.

866 a) $x = 32$ **b)** $x = \frac{28}{3}$ **c)** $x = 4$ **d)** $x = 0{,}5$

867 a) $x \approx 23{,}43\,\text{mm}$ **b)** $x \approx 40{,}37\,\text{mm}$
c) $x = 31{,}35\,\text{m}$

868 a) $x = 5\,\text{cm}$, $y = 3\,\text{cm}$
b) $x = 10\,\text{cm}$, $y = 7,5\,\text{cm}$

869 Das Gebäude ist ungefähr 49 m hoch.

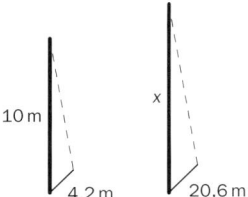

870 Der Millennium Tower ist ungefähr 203 m hoch.

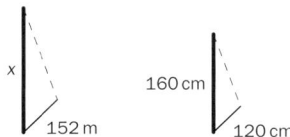

871 Das Försterdreieck ist zum großen Dreieck, das durch die Entfernung und die obere Höhe h_1 des Objekts (hier Baum) gegeben ist, ähnlich. Daher gilt:
Entfernung : $h_1 = y : x$ und daher Entfernung $\cdot\, x = h_1 \cdot y$
Damit gilt: $h_1 = $ Entfernung $\cdot \frac{x}{y}$
Um die Gesamthöhe zu bekommen, wird noch die Augenhöhe dazu addiert, also:
Höhe = Entfernung $\cdot \frac{x}{y}$ + Augenhöhe

872 a) $h = 37,45\,\text{m}$ **b)** $h = 27,22\,\text{m}$

873 a) $1 : 1,5$; $x = 3\,\text{cm}$; $y \approx 1,73\,\text{cm}$
b) $1 : 1,26$; $x \approx 3,91\,\text{cm}$; $y \approx 2,06\,\text{cm}$

874 In einem Monat gehen 22,5 l Wasser verloren.

875 a) Es liegt ein indirektes Verhältnis vor, da bei der doppelten, dreifachen, etc. Anzahl der Kinder, jedes einzelne nur halb so viel, ein Drittel so viel, etc. zahlen muss.
b) Bei der Lösung mit Proportionen benötigt man weniger Platz, dafür muss man sich allerdings genau überlegen, wo welcher Wert hinkommt, damit nichts vertauscht wird.

876 20 km sind rund 12,44 Meilen.

877 Julia bekommt 20 250 €, Martin bekommt 33 750 €, Gabriel und Thomas bekommen jeweils 13 500 €.

878 Wien erhält rund 129 661 016,90 €, NÖ bekommt 122 033 898,30 €, OÖ erhält 106 779 661 € und die Steiermark bekommt 91 525 423,73 €.

879 Das Buch hätte dann eine Masse von 528,75 g.

880 Eine 4,5 km lange Strecke wäre in diesem Plan 0,9 m.

881 Wird ein Rechteck in einem gewissen Verhältnis vergrößert, so vergrößert sich auch der Umfang im gleichen Verhältnis. Der Flächeninhalt wird im Verhältnis der Quadrate vergrößert.
a) (1)

	Rechteck 1	Rechteck 2
a	2	4
b	3	6
u	10	20
A	6	24

(2) $a_1 : a_2 = b_1 : b_2 = u_1 : u_2 = 1 : 2$; $A_1 : A_2 = 1 : 4$
b) (1)

	Rechteck 1	Rechteck 2
a	4	12
b	5	15
u	18	54
A	20	180

(2) $a_1 : a_2 = b_1 : b_2 = u_1 : u_2 = 1 : 3$; $A_1 : A_2 = 1 : 9$
c) (1)

	Rechteck 1	Rechteck 2
a	4	6
b	6	9
u	20	30
A	24	54

(2) $a_1 : a_2 = b_1 : b_2 = u_1 : u_2 = 2 : 3$; $A_1 : A_2 = 4 : 9$

882 a) $u = 12\,\text{cm}$, $A = 6\,\text{cm}^2$,
vergrößertes Dreieck: $a_1 = 9\,\text{cm}$, $b_1 = 12\,\text{cm}$,
$c_1 = 15\,\text{cm}$, $u_1 = 36\,\text{cm}$, $A_1 = 54\,\text{cm}$,
$u : u_1 = 1 : 3$, $A : A_1 = 1 : 9$
Die Gesätzmäßigkeiten gelten also auch hier.
b) $u = 16,5\,\text{cm}$, $A = 12\,\text{cm}^2$,
vergrößertes Dreieck: $a_1 = 9,6\,\text{cm}$, $b_1 = 6,15\,\text{cm}$,
$c_1 = 9\,\text{cm}$, $h_{c_1} = 6\,\text{cm}$, $u_1 = 24,75\,\text{cm}$,
$A_1 = 27\,\text{cm}$, $u : u_1 = 2 : 3$, $A : A_1 = 4 : 9$
Die Gesätzmäßigkeiten gelten also auch hier.

c) $u = 17,2\,\text{cm}$, $A = 15\,\text{cm}^2$,
vergrößertes Parallelogramm: $a_1 = 6,25\,\text{cm}$,
$b_1 = 4,5\,\text{cm}$, $h_{a_1} = 3,75\,\text{cm}$, $u_1 = 21,5\,\text{cm}$,
$A_1 = 23,4375\,\text{cm}$, $u : u_1 = 4 : 5$, $A : A_1 = 16 : 25$
Die Gesätzmäßigkeiten gelten also auch hier.

883 Die Oberflächen stehen im Verhältnis 1 : 9, da
die Oberfläche des kleinen Würfels aus 6 Quadraten und
die Oberfläche des großen Würfels aus 54 Quadraten
besteht und 6 : 54 = 1 : 9. Die Volumina stehen im
Verhältnis 1 : 27, da der große Würfel aus 27 kleinen
Würfeln besteht.

884 a) Oberflächen: 1 : 16; Volumina: 1 : 64
b) Oberflächen: 4 : 9; Volumina: 8 : 27
c) Oberflächen: 9 : 25; Volumina: 27 : 125

885 ⬡B⬡ ⬡D⬡ ⬡A⬡ ⬡C⬡ ⬡E⬡

886 falsch, richtig, richtig, falsch

887 Im ersten Beweisschritt wird ein beliebiges Dreieck
in zwei rechtwinklige Dreiecke zerlegt.
Im zweiten Beweisschritt wird daraus gefolgt, dass der
Satz somit nur für rechtwinklige Dreiecke bewiesen werden muss.
Im dritten Schritt wird der Flächeninhalt für A_2 konkret
ausgerechnet: Zuerst wird die Formel für rechtwinklige
Dreiecke verwendet, dann wird für a_2 und b_2 der Zusammenhang für ähnliche Dreiecke von ganz oben eingesetzt.
Im nächsten Schritt werden die Klammern aufgelöst und
die Variablen miteinander multipliziert.
Im letzten Schritt wird die Flächeninhaltsformel für das
erste Dreieck verwendet, da es sich hierbei ja auch um
ein rechtwinkliges Dreieck handelt.

888 richtig, falsch, falsch, falsch, richtig

9. Pythagoras

Seite 177 z. B.:

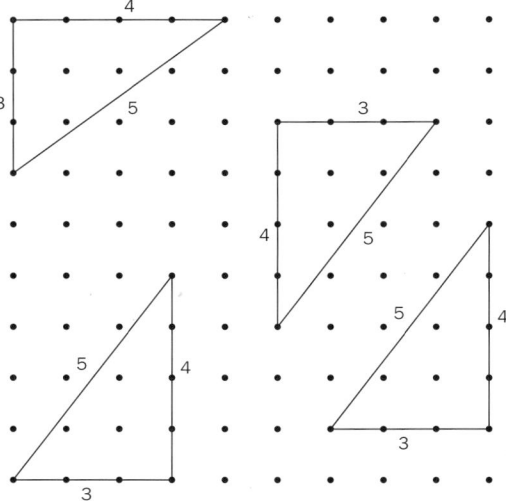

Alle gezeichneten Dreiecke sind rechtwinklig und haben
jeweils die Seitenlängen 3, 4 und 5 Einheiten.

900 Im Buch ausgeführt.

901 Im Buch ausgeführt.

902 Im Buch ausgeführt.

903 Im Buch ausgeführt.

904 ☐ ☒ ☐ ☐ ☒ ☐ ☐ ☒ ☐ ☐ ☐ ☒ ☐ ☐ ☐ ☒

905 0, 1, 4, 9, 16, 25

$0 = 0^2$ $1 = 1^2$ $4 = 2^2$ $9 = 3^2$ $16 = 4^2$ $25 = 5^2$

906 Es gibt keine natürlichen Zahlen x oder y für die
gilt: $x^2 = 8$ oder $y^2 = 12,25$.

907 Es gibt unendlich viele Quadratzahlen, da jede
natürliche Zahl quadriert eine neue Quadratzahl liefert.

908 Die pythagoräischen Tripel sind (3, 4, 5),
(5, 12, 13), (6, 8, 10), (9, 12, 15), (10, 24, 26) und
(15, 20, 25).

a	2	3	3	5	6	8	9	9	10	12	15
b	3	4	5	12	8	14	12	14	24	25	20
$a^2 + b^2$	13	25	34	169	100	260	225	277	676	769	625
c	–	5	–	13	10	–	15	–	26	–	25

909 $3^2+4^2 = 5^2$ und $7^2+24^2 = 25^2$, aber $2^2+3^2 \neq 4^2$

910 a) 4, 5, 7, 8, 9
b) 10, 11, 12, 15, 20

911 $\sqrt{9^2} = \sqrt{81} = 9$ und $\sqrt{9^2} = 3^2 = 9$

912 a) 4, 5, 7, 12, 15
b) 3, 6, 8, 10, 11

913 a) 2 und 3 **b)** 3 und 4 **c)** 5 und 6
d) 8 und 9 **e)** 8 und 9 **f)** 9 und 10
g) 9 und 10

914 a) zwischen 4 und 5 cm, genau: $a = 4,5$ cm

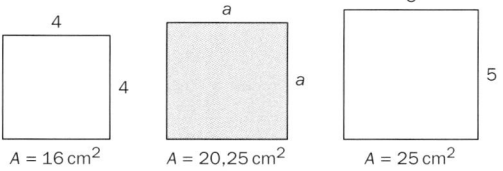

$A = 16$ cm^2 $\quad$ $A = 20,25$ cm^2 $\quad$ $A = 25$ cm^2

b) zwischen 6 cm und 7 cm, genau: $a = 6,3$ cm

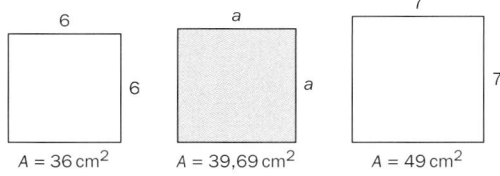

$A = 36$ cm^2 $\quad$ $A = 39,69$ cm^2 $\quad$ $A = 49$ cm^2

c) zwischen 2 m und 3 m, genau: $a = 2,7$ m

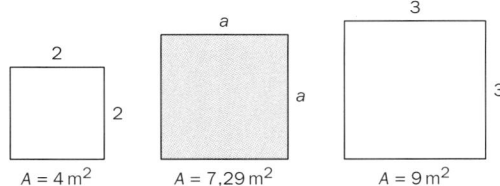

$A = 4$ m^2 $\quad$ $A = 7,29$ m^2 $\quad$ $A = 9$ m^2

d) zwischen 7 m und 8 m, genau: $a = 7,2$ m

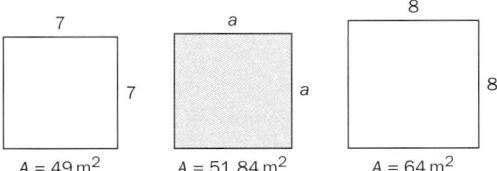

$A = 49$ m^2 $\quad$ $A = 51,84$ m^2 $\quad$ $A = 64$ m^2

e) zwischen 9 dm und 10 dm, genau: $a = 9,4$ dm

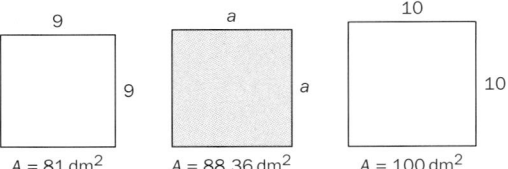

$A = 81$ dm^2 $\quad$ $A = 88,36$ dm^2 $\quad$ $A = 100$ dm^2

915 a) 3,2; 4,4 **b)** 8,1; 9,2
c) 13,7; 25,9 **d)** 33; 87,3

916 a) 0,5 **b)** 0,7 **c)** 0,2 **d)** 0,3 **e)** 1,2

917 Im Buch ausgeführt.

918 Im Buch ausgeführt.

919 Im Buch ausgeführt.

920

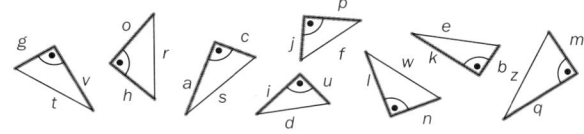

921 (1) z. B.:

	a	b	c	a^2	b^2	c^2	$a^2 + b^2$
1. Eselsohr	6,3 cm	2,6 cm	6,8 cm	39,69	6,76	46,24	46,45
2. Eselsohr	3,6 cm	4,2 cm	5,5 cm	12,96	17,64	30,25	30,6
3. Eselsohr	5,1 cm	1,9 cm	5,4 cm	26,01	3,61	29,16	29,62
4. Eselsohr	6,7 cm	6,9 cm	9,6 cm	44,89	47,61	92,16	92,5

(2) Die Beziehung $a^2+b^2 = c^2$ gilt hier nicht ganz genau, da die Seiten nur abgemessen werden und es daher zu einer kleinen Messungenauigkeit kommt.

922 a) rechtwinklig **b)** nicht rechtwinklig
c) rechtwinklig **d)** rechtwinklig **e)** rechtwinklig
f) nicht rechtwinklig **g)** rechtwinklig
h) nicht rechtwinklig **i)** rechtwinklig

923 a) $b^2 + k^2 = s^2$ **b)** $c^2 + k^2 = r^2$
c) $k^2 + t^2 = r^2$ **d)** $c^2 + s^2 = t^2$ **e)** $z^2 + n^2 = v^2$

924 (1) & **(2)** $\qquad\qquad$ **(3)**

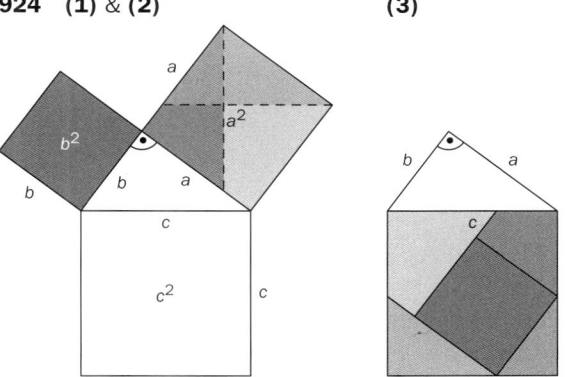

(4) Die fünf Puzzleteile sind a^2 und b^2 und sie finden genau im großen Quadrat c^2 Platz, daher gilt $a^2 + b^2 = c^2$.

925 Im Buch ausgeführt.

926 Im Buch ausgeführt.

927 Im Buch ausgeführt.

928 a) $c = 10\,cm$ **b)** $c = 11,1\,m$
c) $c = 15,7\,cm$ **d)** $c = 53\,m$ **e)** $c = 24,1\,cm$
f) $c = 389\,mm$

929 a) $a = 5\,cm$, $A = 30\,cm^2$
b) $c = 2,9\,cm$, $A = 2,1\,cm^2$
c) $b = 4\,cm$, $A = 15\,cm^2$
d) $a = 6\,m$, $A = 5,25\,m$
e) $c = 37,7\,cm$, $A = 262,2\,cm^2$
f) $b = 133\,mm$, $A = 10\,374\,mm^2$

930 a) $k = 2,4\,cm$ **b)** $f = 12\,cm$ **c)** $h = 4\,cm$
d) $d = 1,4\,cm$ **e)** $k = 2,8\,cm$

931 a) $c \approx 11,3\,cm$, $u \approx 27,3\,cm$
b) $a \approx 3,0\,cm$, $u \approx 10,3\,cm$
c) $c \approx 18,1\,cm$, $u \approx 43,7\,cm$
d) $a \approx 58,7\,cm$, $u \approx 200,4\,cm$

932 Sein Weg ist um 3 m kürzer.

933 Es werden 40 Tiefbordsteine benötigt.

934 a) $h_c = 4,5\,cm$ **b)** $h_c = 21\,cm$
c) $h_c = 5,5\,cm$ **d)** $h_c = 28\,cm$

935 $h_c = \sqrt{a^2 - \left(\dfrac{c}{2}\right)^2}$

936 a) $c \approx 84\,cm$, $u \approx 204\,cm$
b) $a = b \approx 715\,cm$, $u \approx 1\,930\,cm$
c) $c \approx 402\,cm$, $u \approx 1\,262\,cm$
d) $a = b \approx 95\,cm$, $u \approx 224\,cm$
e) $c \approx 106\,cm$, $u \approx 216\,cm$
f) $a = b \approx 76\,cm$, $u \approx 267\,cm$

937 $l \approx 170\,cm$

938 a) $c = 60\,cm$, $c_2 = 11,7\,cm$, $b = 48,5\,cm$,
$u = 121\,cm$
b) $a = 24\,cm$, $a_1 = 4,5\,cm$, $b = 19,7\,cm$,
$u = 49\,cm$
c) $b = 63\,cm$, $b_1 = 5,5\,cm$, $c = 57,7\,cm$,
$u = 128\,cm$
d) $a = 40\,cm$, $a_2 = 7,7\,cm$, $c = 32,5\,cm$,
$u = 81\,cm$

939 Im Buch ausgeführt.

940 Im Buch ausgeführt.

941 a) $d = 25\,cm$ **b)** $d = 11,9\,cm$
c) $b = 84\,cm$ **d)** $a = 4,9\,cm$

942 Die Tischplatte passt durch, da die Diagonale der Tür mit 2,5 m größer ist als eine Seitenkante des Tisches.

943 $d = \sqrt{a^2 + b^2}$

944 Die Fußballer laufen insgesamt 685 m.

945 Ja, die Aktion gilt auch für diesen Fernseher, da er eine Bildschirmdiagonale von rund 107 cm aufweist.

946 a) $a = 20\,cm$ **b)** $a = 25\,cm$ **c)** $f = 48\,cm$
d) $f = 19,2\,cm$

947 a) $e = 48\,cm$, $a = 30\,cm$
b) $f = 45\,m$, $a = 26,5\,m$
c) $f = 88\,cm$, $a = 68,5\,cm$
d) $e = 91\,m$, $a = 54,5\,m$

948 a) $u = 336\,cm$, $k = 24\,cm$, $A = 5\,940\,cm^2$
b) $u = 81\,cm$, $A = 378\,cm^2$
c) $h = 7,7\,cm$, $u = 32\,cm$, $A = 60,83\,cm^2$
d) $h = 8,4\,cm$, $u = 49,4\,cm$, $A = 133,98\,cm^2$

949 a) $b = 30\,cm$, $u = 112\,cm$,
kein spezielles Deltoid
b) $b = 5,1\,cm$, $u = 20,4\,cm$, Raute
c) $b = 10,1\,dm$, $u = 26\,dm$, kein spezielles Deltoid

950 Die Gesamtlänge des Zaunes beträgt 233 m.

951

Zahl	11	12	13	14	15	16	17	18	19	20
Quadratzahl	121	144	169	196	225	256	289	324	361	400

Zahl	21	22	23	24	25	26	27	28	29	30
Quadratzahl	441	484	529	576	625	676	729	784	841	900

952 36 und 49

$36 = 6^2$ $49 = 7^2$

953 a) $25 = 5^2$ **b)** $49 = 7^2$ **c)** $16 = 4^2$
d) $36 = 6^2$

954 Zwischen 0 und 50 gibt es mehr Quadratzahlen. Je größer die natürlichen Zahlen werden, desto weiter liegen die Quadrate aufeinanderfolgender Zahlen auseinander.

955 **(1)** Es gilt $3^2 + 4^2 = 5^2$.

(2) Es gilt $5^2 + 12^2 = 13^2$

und auch $(3 \cdot 5)^2 + (3 \cdot 12)^2 = (3 \cdot 13)^2$

und auch $(5 \cdot 5)^2 + (5 \cdot 12)^2 = (5 \cdot 13)^2$.

(3) $(n \cdot x)^2 + (n \cdot y)^2 = (n \cdot z)^2$

$n^2 \cdot x^2 + n^2 \cdot y^2 = n^2 \cdot z^2$

$n^2 \cdot (x^2 + y^2) = n^2 \cdot z^2 \qquad | : n^2$

$x^2 + y^2 = z^2$

Dies ist eine wahre Aussage, da die Zahlen x, y und z ein pythagoräisches Tripel bilden und damit sind auch $n \cdot x$, $n \cdot y$ und $n \cdot z$ ein pythagoräisches Tripel.

956 **(1)** Beim spitzwinkligen Dreieck ist die Summe der beiden kleinen Quadratflächen größer als die große Quadratfläche.

(2) Beim stumpfwinkligen Dreieck ist die Summe der beiden kleinen Quadratflächen kleiner als die große Quadratfläche.

957 **(1)** z. B.:

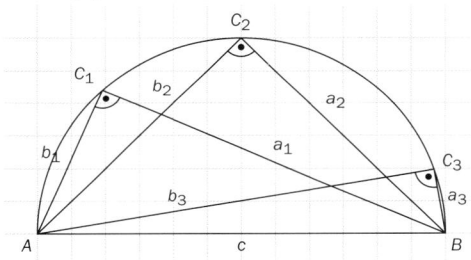

$a_1 = 5{,}5\,\text{cm}, \quad b_1 = 2{,}4\,\text{cm}, \quad a_1^2 + b_1^2 \approx c^2$

$a_2 = 4{,}3\,\text{cm}, \quad b_2 = 4{,}3\,\text{cm}, \quad a_2^2 + b_2^2 \approx c^2$

$a_3 = 1\,\text{cm}, \quad b_3 = 5{,}9\,\text{cm}, \quad a_3^2 + b_3^2 \approx c^2$

(2) —

958 Ja, die neuen Dreiecke sind auch rechtwinklig, da die Dreiecke zueinander ähnlich sind.

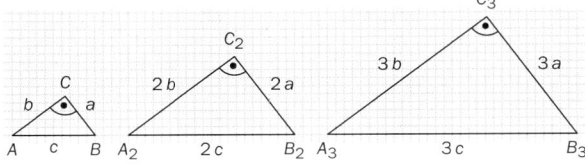

959 **(1)** Wenn die Seitenlängen eines rechtwinkligen Dreiecks vervielfacht werden, entsteht wieder ein rechtwinkliges Dreieck.

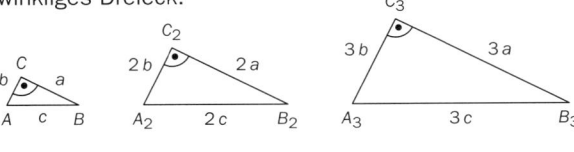

(2) —

(3) $(k \cdot a)^2 + (k \cdot b)^2 = (k \cdot c)^2$

$k^2 \cdot a^2 + k^2 \cdot b^2 = k^2 \cdot c^2$

$k^2 \cdot (a^2 + b^2) = k^2 \cdot c^2 \qquad | : k^2$

$a^2 + b^2 = c^2$

Dies ist eine wahre Aussage, da das Dreieck mit den Seiten a, b und c rechtwinklig ist und damit ist auch das Dreieck mit den Seiten $k \cdot a$, $k \cdot b$ und $k \cdot c$ ein rechtwinkliges Dreieck.

960 ☐ ☐ ☒ ☒ ☒

961 **a)** $b = 16\,\text{cm}$ **b)** $a = 8\,\text{cm}$ **c)** $a = 24\,\text{cm}$
d) $c = 6{,}5\,\text{m}$

962 **a)** $z = 2\,\text{cm}, \quad u = 7\,\text{cm}$
b) $c = 6{,}3\,\text{cm}, \quad u = 14{,}4\,\text{cm}$
c) $d = 15\,\text{cm}, \quad u = 40\,\text{cm}$
d) $m = 7\,\text{cm}, \quad u = 16{,}8\,\text{cm}$

963 **a)** $f = 5\,\text{cm}, \quad c \approx 4{,}9\,\text{cm}, \quad u \approx 12{,}9\,\text{cm}$
b) $e = 4\,\text{cm}, \quad c \approx 2{,}6\,\text{cm}, \quad u \approx 13{,}6\,\text{cm}$
c) $e \approx 4{,}5\,\text{cm}, \quad c \approx 3{,}4\,\text{cm}, \quad u \approx 12{,}4\,\text{cm}$

964 **a)** $c = 6{,}5\,\text{cm}, \quad h_c \approx 2{,}31\,\text{cm}$
b) $b = 6{,}5\,\text{cm}, \quad h_c \approx 4{,}82\,\text{cm}$
c) $a = 8\,\text{cm}, \quad h_c \approx 1{,}76\,\text{cm}$
d) $c = 2{,}9\,\text{cm}, \quad h_c \approx 1{,}45\,\text{cm}$

965 **a)** Die andere Kathete ist 19,8 cm lang.
b) Die Hypotenuse ist 20,2 cm lang.

966 Das Seil muss mindestens 11,82 m lang sein.

967 Sie müssen die Station nun rund 4,14 m von der Mauer entfernt bauen.

968 *Hinweis*: Es kann auch vorkommen, dass zwei Flächen nicht oder nur ungefähr im rechten Winkel aufeinander stehen. Dann gilt der Satz des Pythagoras nicht.

969 ☒ ☒ ☐ ☐ ☐

970 **a)** $h_c = 5{,}6\,\text{cm}, \quad a = 6{,}5\,\text{cm}$
b) $c = 120\,\text{m}, \quad a = 109\,\text{m}$
c) $c = 119{,}30\,\text{cm}, \quad a = 80{,}46\,\text{cm}$
d) $h_c = 258{,}56\,\text{m}, \quad a = 261{,}06\,\text{m}$

971 Er bestimmt die Längen der Katheten (Differenz der x- bzw. y-Koordinaten) und wendet den Satz des Pythagoras an. Damit erhält er als Abstand $\overline{AB} = 5\,\text{E}$.

972 **a)** $\overline{AB} = 5\,\text{cm}$ **b)** $\overline{PQ} = 13\,\text{cm}$
c) $\overline{AB} = 6{,}5\,\text{cm}$ **d)** $\overline{AB} = 5{,}3\,\text{cm}$ **e)** $\overline{ST} = 10\,\text{cm}$
f) $\overline{PQ} = 6{,}5\,\text{cm}$

973 a) $u = 22\,\text{cm}$ **b)** $u = 18\,\text{cm}$

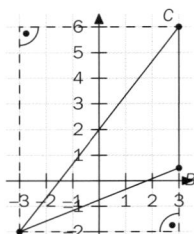

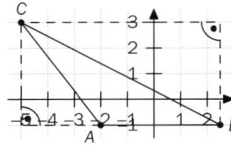

c) $u = 29\,\text{cm}$ **d)** $u = 27\,\text{cm}$

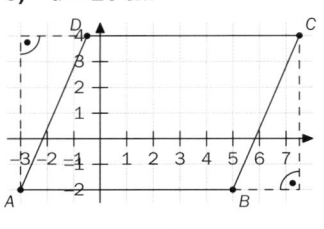

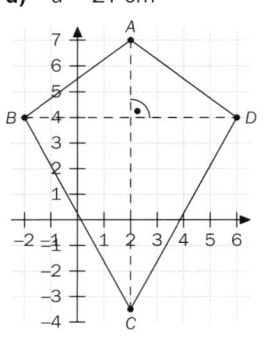

974 a) Das Rechteck ist $6{,}3\,\text{cm}$ lang.
b) Die Diagonale ist $8{,}7\,\text{cm}$ lang.

975 (1) Das große Quadrat hat einen Flächeninhalt von $(3+4)^2$. Von dieser Fläche werden die Flächen der vier rechtwinkligen Dreiecke $\left(\frac{3\cdot 4}{2}\right)$ abgezogen, um die Fläche des kleinen grünen Quadrats zu erhalten.
(2) Quadrat 2: $c^2 = 169$,
Quadrat 3: $c^2 = 100$

976 $c^2 = (a+b)^2 - 4 \cdot \frac{a \cdot b}{2}$
$\qquad c^2 = a^2 + 2\,a\,b + b^2 - 2\,a\,b$
$\qquad c^2 = a^2 + b^2$
Es kommt genau der Satz des Pythagoras heraus, was diesen auch beweist.

977 a) $x = \sqrt{a^2 + n^2}$ **b)** $x = \sqrt{f^2 - d^2}$
c) $x = \sqrt{k^2 - b^2}$ **d)** $x = \sqrt{a^2 + (h-s)^2}$
e) $x = \sqrt{k^2 + (b+c)^2}$

978 Diagonale $d \approx 2{,}56\,\text{m}$
a) passt nicht **b)** passt **c)** passt **d)** passt

979 a) $h = 30\,\text{cm}$, $u = 180\,\text{cm}$, $A = 1\,200\,\text{cm}^2$
b) $h = 40\,\text{cm}$, $p = 30\,\text{cm}$, $u = 240\,\text{cm}$,
$A = 2\,100\,\text{cm}^2$
c) $b = 2{,}9\,\text{cm}$, $a = 10{,}1\,\text{cm}$, $u = 20{,}8\,\text{cm}$,
$A = 7{,}8\,\text{cm}^2$
d) $h = 40\,\text{cm}$, $a = 85\,\text{cm}$, $u = 210\,\text{cm}$,
$A = 420\,\text{cm}^2$

980 Die Wurzel aus einer Quadratzahl ist eine natürliche Zahl.

981 (1) Drei Zahlen a, b, c, für die gilt: $a^2 + b^2 = c^2$
(2) z. B.: $(3, 4, 5)$, $(5, 12, 13)$ und $(6, 8, 10)$
(3) dreifach

982 Bei einem gleichseitigen Dreieck gibt es keine speziellen Bezeichnungen. Die beiden gleich langen Seiten im gleichschenkligen Dreick werden Schenkel genannt, die dritte Seite heißt Basis.

983 Die Katheten bilden den rechten Winkel. Die Hypotenuse ist die längste Seite im rechtwinkligen Dreieck und liegt dem rechten Winkel gegenüber.

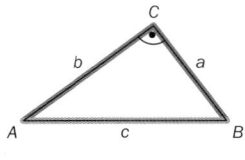

984 Die Zahlen im pythagoräischen Tripel entsprechen Seitenlängen eines rechtwinkligen Dreiecks. Dabei ist die größte Zahl im pythagoräischen Tripel die Länge der Hypotenuse.

985

gegeben	dritte Zahl des pythagoräischen Tripels	Satz von Pythagoras
12, 20	16	$12^2 + 16^2 = 20^2$
7, 24	25	$7^2 + 24^2 = 25^2$
3, 5	4	$3^2 + 4^2 = 5^2$
9, 12	15	$9^2 + 12^2 = 15^2$
8, 10	6	$6^2 + 8^2 = 10^2$

986 *1. Schritt*: Man nimmt ein rechtwinkliges Dreieck.
2. Schritt: Aus vier gleichen rechtwinkligen Dreiecken legt man ein Quadrat mit Seitenlänge c und Flächeninhalt c^2. (Dieser Flächeninhalt ist etwas größer als 4-mal die Dreiecksfläche.)
3. Schritt: Es werden das grüne und das blaue Dreieck von oben nach unten verschoben.
4. Schritt: Durch diese Verschiebung und Neueinteilung erhält man zwei Quadrate, die zusammen immer noch den Flächeninhalt c^2 haben. Ihre Fläche kann aber auch berechnet werden als $a^2 + b^2$.

987–998 Lösungen siehe Schulbuch (Anhang ab S. 211)

10. Prisma und Pyramide

Seite 195 **(1)** z. B.:

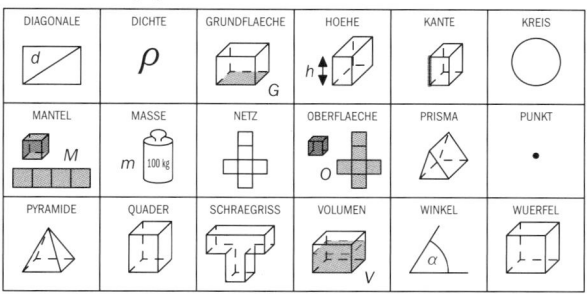

DIAGONALE	DICHTE	GRUNDFLAECHE	HOEHE	KANTE	KREIS
d	ρ	G	h		
MANTEL	MASSE	NETZ	OBERFLAECHE	PRISMA	PUNKT
M	m 100 kg		O		•
PYRAMIDE	QUADER	SCHRAEGRISS	VOLUMEN	WINKEL	WUERFEL
			V	α	

(2)

G	R	U	N	D	F	L	A	E	C	H	E	P	K	D	S	N	B
H	K	R	D	C	O	J	L	P	F	D	W	Y	D	S	B	E	E
U	R	J	S	P	B	X	O	F	Q	W	J	R	D	F	G	T	P
G	E	H	Z	O	E	W	F	W	U	V	X	A	B	N	H	Z	U
R	I	K	H	P	R	I	S	M	A	W	J	M	G	C	O	H	N
E	S	A	M	I	F	N	L	F	D	J	D	I	X	P	F	K
M	A	N	T	E	L	K	S	D	E	Z	S	D	M	N	B	V	T
L	Z	T	L	Z	A	E	Q	E	R	V	N	E	M	U	L	O	V
J	A	E	K	Q	E	L	E	L	A	N	O	G	A	I	D	N	T
D	S	Q	U	S	C	H	R	A	E	G	R	I	S	S	H	J	G
S	E	W	O	Y	H	O	H	F	S	W	G	H	S	G	R	O	D
M	L	E	F	R	E	U	W	S	J	G	H	O	E	H	E	T	P

999 Im Buch ausgeführt.

1000 Im Buch ausgeführt.

1001 falsch, falsch, falsch, richtig

1002 richtig, richtig, falsch, falsch

1003 **a)** 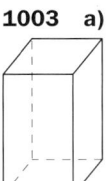 **b)**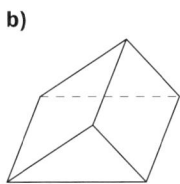

1004 **a)** Bei dem Gebäudeteil handelt es sich annähernd um ein Prisma, dabei ist die Grundfläche (die Seitenwand ohne Fenster) ein Trapez.

b)
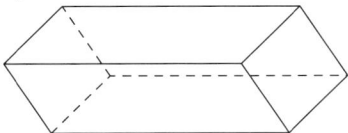

1005

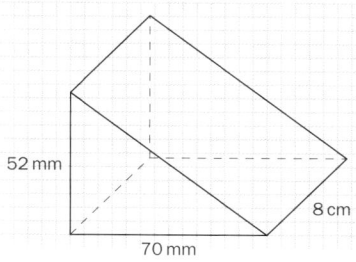

52 mm
70 mm
8 cm

1006

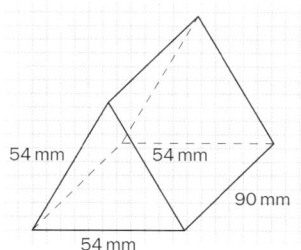

54 mm
54 mm
90 mm
54 mm

1007

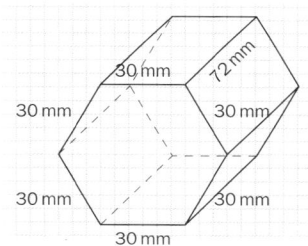

30 mm
72 mm
30 mm
30 mm
30 mm
30 mm
30 mm

1008 Im Buch ausgeführt.

1009 Im Buch ausgeführt.

1010 **a)** Die Abbildung stellt das Netz einer quadratischen Pyramide dar, da alle Seitenflächen kongruent sind und sich zu einer Pyramide aufklappen lassen.

b) Die Abbildung stellt kein Netz einer Pyramide dar, da die Höhen der Dreiecke genau halb so groß wie die Seitenlänge vom Quadrat ist und daher die Pyramide die Höhe 0 hätte.

c) Die Abbildung stellt kein Netz einer Pyramide dar, da die benachbarten Seiten der Dreiecke (= Seitenkanten der Pyramide) unterschiedliche Längen haben.

d) Die Abbildung stellt das Netz einer quadratischen Pyramide dar, da alle Seitenflächen kongruent sind und sich zu einer Pyramide aufklappen lassen.

1011   a)

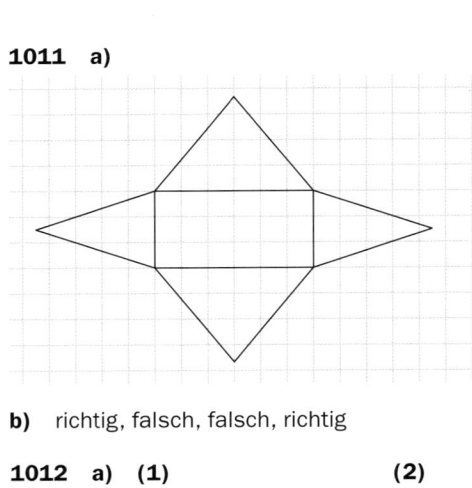

b)   richtig, falsch, falsch, richtig

1012   a)   (1)   (2)

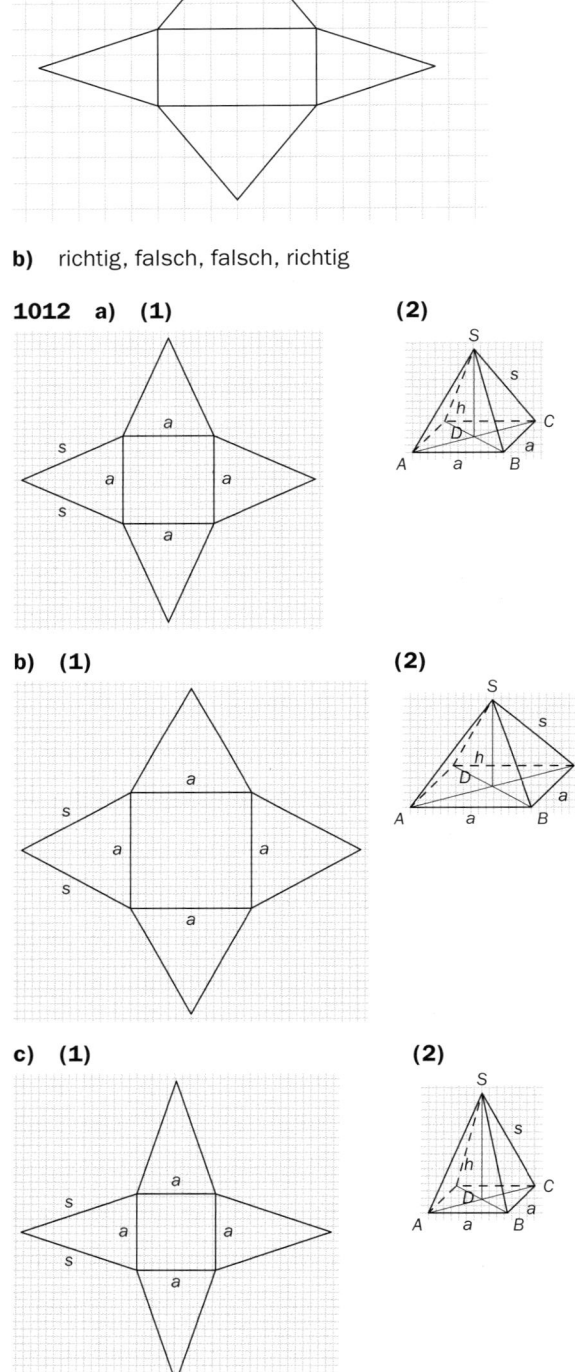

b)   (1)   (2)

c)   (1)   (2)

d)   (1) 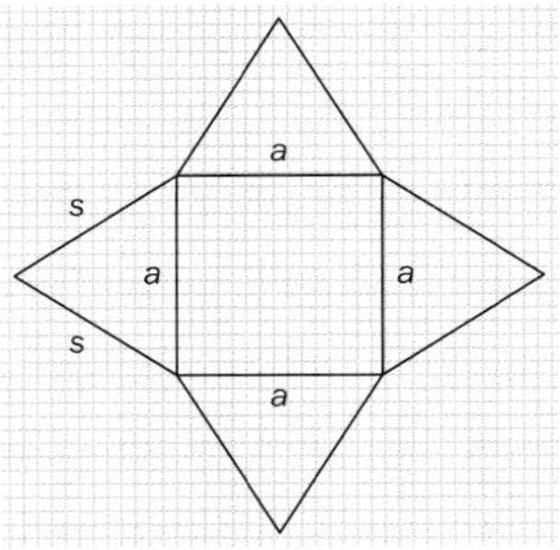   (2)

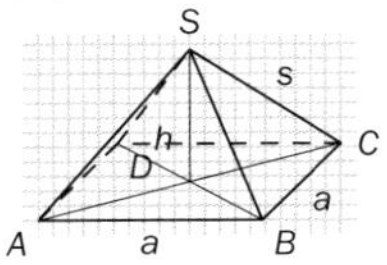

1013   a) 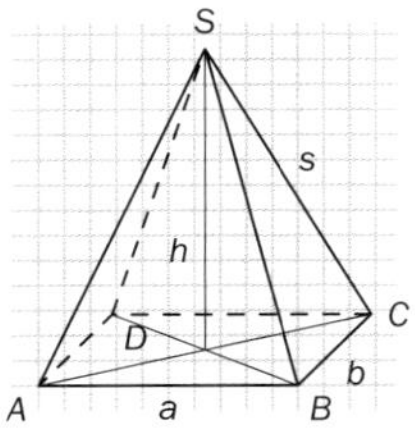   b)

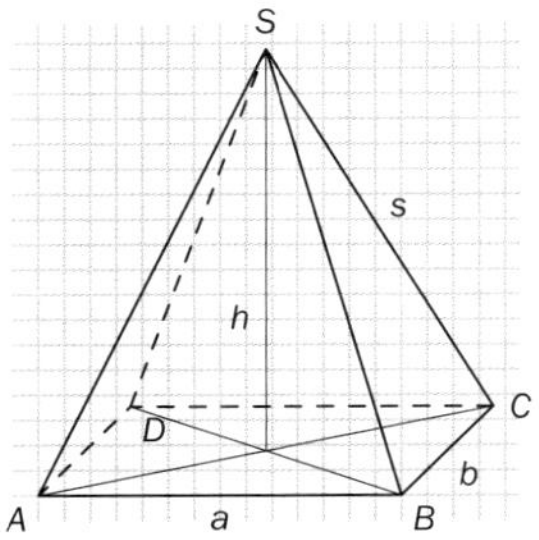

c) 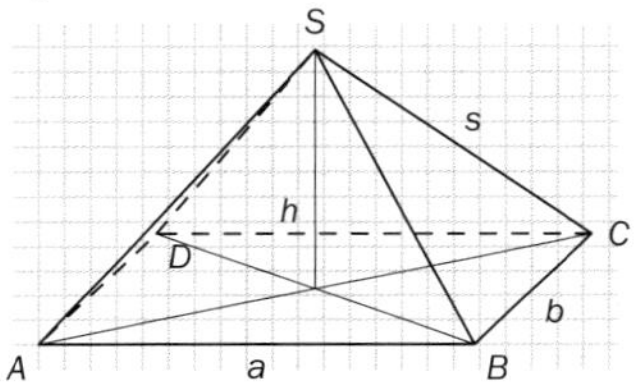   d)

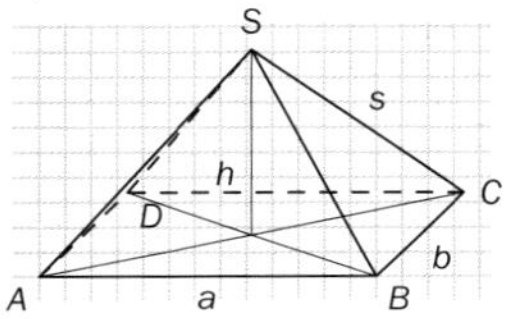

1014   a)   von rechts oben   **b)**   von links unten
c)   von rechts unten   **d)**   von links oben

1015   a)   b)

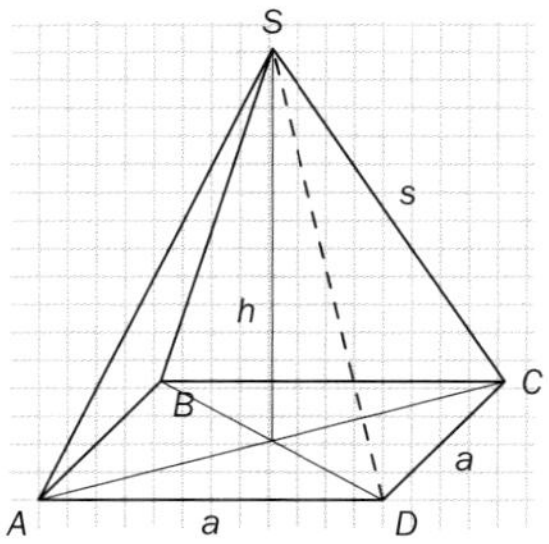

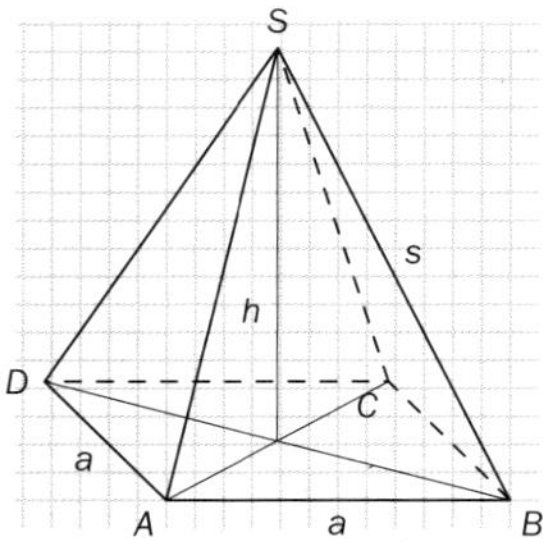

c) 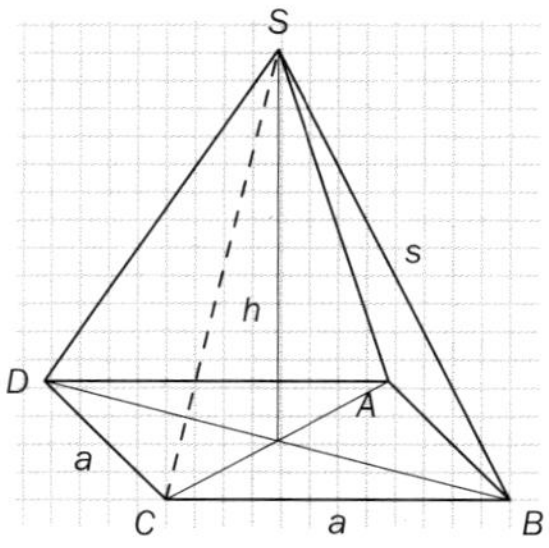   d)

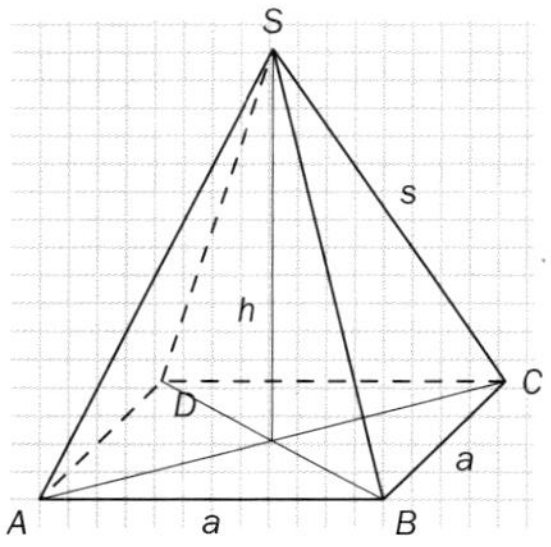

1016 *1. Schritt*: Konstruiere das rechtwinklige Dreieck. Verkürze dabei die nach hinten laufende Kathete auf die Hälfte. Der rechte Winkel hat jetzt eine Größe von 90° + 45° = 135°.

2. Schritt: Halbiere die Hypotenuse und zeichne senkrecht die Höhe h.

3. Schritt: Verbinde die Eckpunkte mit der Spitze.

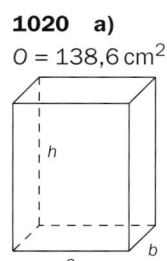

1017 Bei der Netzdarstellung kann man alle Kantenlängen direkt herauslesen, allerdings lässt sich die Höhe der Pyramide darin nicht erkennen. Bei der Darstellung als Schrägriss kann man sich den Körper viel besser dreidimensional vorstellen und auch die Höhe der Pyramide ist hier ersichtlich. Jedoch muss man berücksichtigen, dass die Kanten, die aus dem Papier herausragen würden, um die Hälfte vekürzt dargestellt sind, man also die tatsächlichen Längen erst berechnen muss. Die Längen von Diagonalen sind überhaupt ohne Rechnung nicht ablesbar, was bei der Netzdarstellung schon möglich ist.

1018 Im Buch ausgeführt.

1019 Im Buch ausgeführt.

1020 a)
$O = 138,6\,\text{cm}^2$

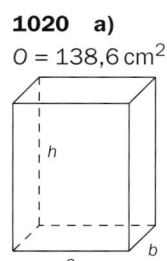

b)
$O = 120\,\text{cm}^2$

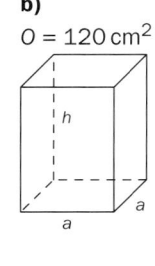

c)
$O = 195\,\text{cm}^2$

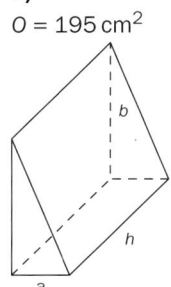

1021 a) $O \approx 248\,\text{cm}^2$
b) $O = 99,5\,\text{dm}^2$
c) $O \approx 235\,\text{cm}^2$

1022 a) Für eine Seitenflächen des Zelts benötigt man 3,36 m² Stoff.
b) Für das Zelt werden daher inkl. Verschnitt rund 13,71 m² benötigt.

1023 a) $O \approx 90\,\text{cm}^2$ **b)** $O \approx 96\,\text{cm}^2$

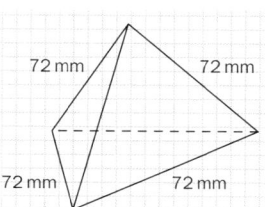 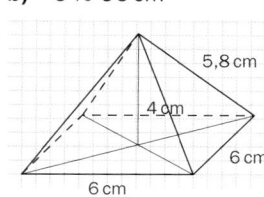

c) $O \approx 362\,\text{cm}^2$

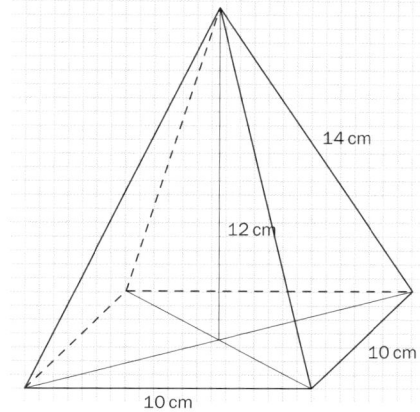

1024 a) 110,88 m² **b)** $\approx 40\,\text{m}^2$

1025 a) Pyramide mit allgemeinem Dreieck als Grundfläche
b) quadratische Pyramide
c) Pyramide mit allgemeinem Dreieck als Grundfläche

1026 $O = a \cdot b + 2 \cdot \frac{a \cdot h_a}{2} + 2 \cdot \frac{b \cdot h_b}{2} = a \cdot b + a \cdot h_a + b \cdot h_b$

1027 a) $O = 84,24\,\text{cm}^2$ **b)** $O \approx 176\,\text{cm}^2$

1028 Im Buch ausgeführt.

1029 z. B.: Klassenzimmer mit 10 m × 8 m × 3 m, $V = 240\,000\,\text{dm}^3$, $m = 312\,\text{kg}$

1030 a) $V = 1\,530\,\text{m}^3$ **b)** $V \approx 1\,296\,\text{m}^3$
c) $V = 477\,\text{m}^3$

1031 $m = 44\,160\,\text{kg}$ ($V = 19\,200\,\text{dm}^3$)

1032 a) $V = 1,475\,\text{dm}^3$ ($A = 196,62\,\text{dm}^2$)
b) $\rho \approx 0,17\,\text{kg/dm}^3$;
Die Dichte ist deutlich geringer als die Dichte der Schokolade, weil in der Packung auch viel Luft ist.

1033 a) $V \approx 14\,647\,\text{cm}^3$, $m \approx 33,69\,\text{kg}$
b) $V = 28,08\,\text{cm}^3$, $m \approx 143,21\,\text{g}$
c) $V = 8,06\,\text{dm}^3$, $m = 9,67\,\text{kg}$
d) $V = 27,55\,\text{dm}^3$, $m = 48,21\,\text{kg}$

1034 a) $V = 17{,}6\,\text{cm}^3$ **b)** $m = 46{,}64\,\text{g}$

1035 a) Es handelt sich nicht um eine Pyramide, da das Netz überall leicht durchhängt.

b) Da beide Moskitonetze die gleiche Grundfläche und die gleiche Höhe haben, gilt $V_{\text{kastenförmig}} = G \cdot h$ und $V_{\text{pyramidenförmig}} = \frac{G \cdot h}{3}$. Das Volumen im pyramidenförmigen Moskitonetz ist also nur ein Drittel vom kastenförmigen Moskitonetz und daher ist auch nur ein Drittel der Luft vorhanden. Das Multiplizieren mit der Dichte macht dabei keinen Unterschied.

1036 Keines ist ein Netz, da überall die Innenwände des L fehlen.

1037

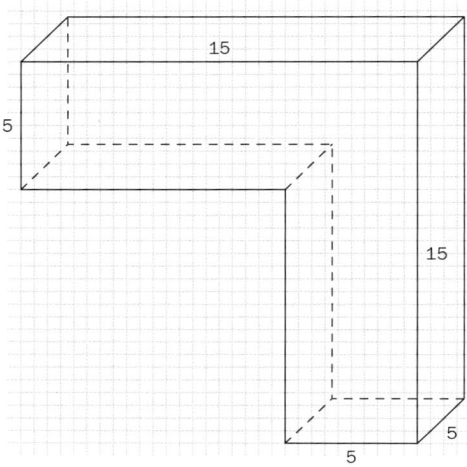

1038 a) Die Abbildung stellt das Netz einer quadratischen Pyramide dar, da alle Seitenflächen kongruent sind und sich zu einer Pyramide aufklappen lassen.

b) Die Abbildung stellt kein Netz einer Pyramide dar, da die benachbarten Seiten der Dreiecke (= Seitenkanten der Pyramide) unterschiedliche Längen haben.

c) Die Abbildung stellt ein Netz einer rechteckigen Pyramide dar, da die benachbarten Seiten der Dreiecke (= Seitenkanten der Pyramide) gleich lang sind und sich so zu einer Pyramide aufklappen lassen.

1039 a)   **b)**

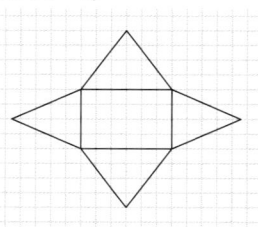 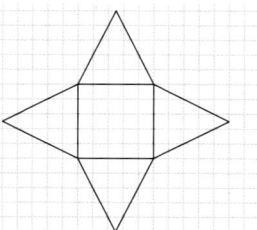

1040

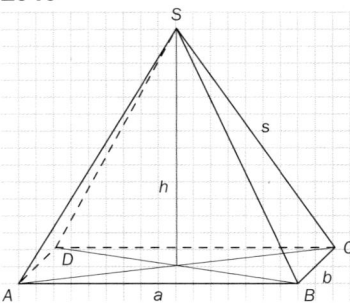

1041 *1. Schritt*: Konstruiere die quadratische Grundfläche. Verkürze dabei die nach hinten laufenden Seiten auf die Hälfte.

2. Schritt: Zeichne die Höhe h vom Punkt A aus senkrecht nach oben.

3. Schritt: Verbinde die Eckpunkte mit der Spitze.

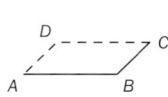 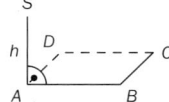 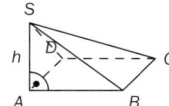

1042

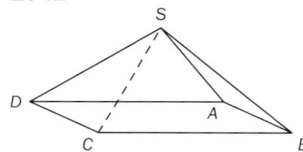

1043 $O \approx 126{,}65\,\text{cm}^2$, $V \approx 75{,}78\,\text{cm}^3$

1044 $O = 225{,}12\,\text{cm}^2$, $V = 141{,}12\,\text{cm}^3$

1045 a) $V = (a \cdot c + b \cdot c) \cdot l$
b) $V = (a \cdot b + a \cdot c) \cdot l$
c) $V = (4 \cdot a \cdot b + 2 \cdot a^2 + a \cdot c) \cdot l$
d) $V = (2 \cdot a \cdot c + (b - 2\,c) \cdot c) \cdot l$

1046 a) $V = 39{,}6\,\text{dm}^3$, $m = 312{,}84\,\text{kg}$
b) $V = 36\,\text{dm}^3$, $m = 284{,}4\,\text{kg}$
c) $V = 61{,}2\,\text{dm}^3$, $m = 483{,}48\,\text{kg}$
d) $V = 36\,\text{dm}^3$, $m = 284{,}4\,\text{kg}$

1047 Das Volumen wird verdoppelt. $V_{\text{alt}} = a \cdot b \cdot c$, $V_{\text{neu}} = 2a \cdot 3b \cdot \frac{c}{3} = 2 \cdot a \cdot b \cdot c = 2 \cdot V_{\text{alt}}$

1048 a) $O = 99{,}84\,\text{cm}^2$, $V \approx 58{,}59\,\text{cm}^3$
b) $O = 50{,}85\,\text{cm}^2$, $V \approx 16{,}88\,\text{cm}^3$
c) $O \approx 20\,066\,\text{mm}^2$, $V \approx 162\,266\,\text{mm}^3$
d) $O \approx 378{,}08\,\text{cm}^2$, $V = 432{,}18\,\text{cm}^3$

1049 Die gesamte Glasfläche hat eine Größe von rund $1\,964{,}39\,\text{m}^2$.